核设施退役及放射性废物治理科研项目
国家自然科学基金项目（编号：51278428，51778538）
四川省科技厅科技创新创业项目（2019JDRC0109）

复杂软岩边坡工程地质问题研究与实践

岳建国　田　华　董　云　刘成清　等著

中国建筑工业出版社

图书在版编目（CIP）数据

复杂软岩边坡工程地质问题研究与实践／岳建国等著，
—北京：中国建筑工业出版社，2020.3
ISBN 978-7-112-24766-0

Ⅰ.①复…　Ⅱ.①岳…　Ⅲ.①软岩层—边坡—工程地质—
研究　Ⅳ.①P642

中国版本图书馆CIP数据核字（2020）第022308号

本书结合四川飞凤山处置场边坡治理，详细介绍了复杂软岩边坡工程地质问题的研究与实践，全书共8章，包括软岩边坡的区域地质环境条件，软岩边坡的工程地质特征，软岩边坡水文地质特征研究的方法，软岩边坡稳定性分析及治理方法，大型振动台模型试验，岩质边坡监测等，本书内容丰富，叙述详细，图文并茂。

本书可供软岩边坡工程治理勘察、设计、施工技术人员工作用书，也可作为高等院校相关专业教学参考资料。

责任编辑：王砾瑶
责任校对：赵　菲

复杂软岩边坡工程地质问题研究与实践

岳建国　田　华　董　云　刘成清　等著

＊

中国建筑工业出版社出版、发行（北京海淀三里河路9号）
各地新华书店、建筑书店经销
北京科地亚盟排版公司制版
天津图文方嘉印刷有限公司印刷

＊

开本：787×1092毫米　1/16　印张：19¼　字数：395千字
2020年5月第一版　　2020年5月第一次印刷
定价：175.00元
ISBN 978-7-112-24766-0
（35240）

《复杂软岩边坡工程地质问题研究与实践》
编著人员名单

岳建国　田　华　董　云　刘成清

彭盛恩　杨金川　李辉良　周　勇

冯　瑞　赵国华　陈龙飞　朱　丹

于丰泽　任海波　金　斌　张　龙

梁　勇　胡　鹏　王　龙　刘晶晶

郑百录　李　萍　齐云龙

序一

　　软岩在世界上分布非常广泛，是一种在特定环境下具有显著变形特征的复杂力学介质。随着工程建设规模不断扩大，在城乡建设、水电、交通、矿山、建筑、港口以及国防军事等领域都涉及软岩问题，特别是在大坝、隧洞、边坡工程中，软岩的稳定性有时起到关键性的控制作用。

　　据调查，软岩是世界上分布最为广泛的一种岩石，其中页岩和泥岩占地球表面所有岩石的 50% 左右。软岩工程中涉及的破坏机制、施工工艺、支护方式等与一般硬质岩有所区别，这就要求在软岩工程的工作中更多地运用水文地质、构造地质、岩土力学等多学科、多方法、多技术来进行综合分析研究。

　　位于四川省广元市的飞凤山低中放固体废物处置场是我国西南地区极为重要的低中放固体废物处置场。处置场边坡工程遭受过严重的地质灾害，是典型的软岩失稳边坡。该边坡岩性为志留系下统龙马溪组以泥质页岩，是典型软岩；边坡区存在复杂的褶皱构造，发育 E～W 向和近 S～N 向构造，节理密集带发育，发育多条泥化夹层；边坡中地下水活动强烈，坡脚有大于 $100m^3/d$ 的泉点出露；边坡地质环境条件复杂，加之前期工程建设的多方面影响，边坡勘察、设计、施工的成功经验，具有较为重大的工程意义。

　　我有幸拜读了由岳建国先生所著的《复杂软岩边坡工程地质问题研究与实践》一书的初稿。面对这许多新的复杂的情况和科研成果，作者以飞凤山低中放固体废物处置场从勘察到边坡加固施工的工程为例，结合多年软岩工程勘察设计经验，向读者展示了在复杂构造条件下西南山区软岩边坡工程的可贵资料。作者采用构造地质学、水文地质学、工程地质学、工程地震学等多学科现代理论、大型振动台模型试验和三维数值模拟等诸多先进技术的综合研究方法，建立了一套软岩边坡稳定性的评价方法、分析理论和处置技术，取得的成果对类似条件下高陡软岩边坡的勘察、设计、支护加固具有重要的指导作用。

　　本书将软岩理论知识和实际工程紧密结合，当使广大读者从学习本书中汲取营养，备受教益，故乐于写述以上文字，谨供参考。

西南交通大学

2019 年 11 月

序二

软岩，从地质与工程结合来定义，是一种特定条件下的明显塑性变形的特殊岩石介质。软岩分布十分广泛，仅作为典型软岩的泥岩和页岩就覆盖地球陆地表面的一半左右。随着近一个世纪人类工程活动日益广泛而剧烈的开展，软岩工程已涉及诸如边坡工程、大坝工程、隧道与井巷工程、采矿工程等众多领域，同时也凸显软岩带来的危害日趋频繁而严重。尤其是深大路堑、建筑工程、水电站首部以及露天矿山等软岩边坡工程更为高大与常见，触目惊心的边坡变形失稳灾害也时有降临。

软岩工程问题的频繁发生，与其低强度、高流变等特性密切相关。软岩的这些有别于硬质岩的特性，导致软岩工程与硬质岩工程有着较为明显的区别，针对硬质岩的弹性理论和弹塑性变形理论并不完全适用于描述软岩的变形与破坏机制。诚然，软岩问题作为世界性难题早在 20 世纪 60 年代就已被提出，但几十年来，软岩问题仍然是当今科技攻关与工程实践的一个热点和难点。

尤其是，软岩边坡的长期演化活动属于动力学范畴，对其稳定性问题的研究涉及多学科的交叉与融合。要在掌握软岩的地质体特性的基础上，揭示其边坡在结构面、开挖卸荷、地下水、地震动等影响下的动态发展变化规律，这将有助于学科的发展进而指导工程实践。

有幸，近日拜读的岳建国先生撰写的《复杂软岩边坡工程地质问题研究与实践》一书，基于对国内外软岩边坡研究的总结，以飞凤山边坡为案例，搜集难能可贵的第一手现场资料，对上述软岩地质问题的研究与边坡工程技术的实践提供了新鲜的成果与经验。

位于四川广元的飞凤山边坡，岩性为下志留系龙马溪组的泥质页岩，边坡最高达 120m，已触发两处滑坡，极具地质典型性与工程代表性。本书以此为实例，对其工程地质特性进行了全面论述。工程场地居"5·12"汶川大地震发震构造的龙门山构造带的北段，故首先从区域工程地质条件审视了场区的宏观稳定性；在归纳软岩边坡工程地质特征中，突出了作为边坡稳定性重要控制因素的坡体结构特征的论述；坡体地下水是边坡稳定性另一重要控制因素，通过多种手段的勘查与模拟，查明了场区内富存远程补给的承压裂隙水的特性。在此基础上，对边坡（滑坡）的稳定性进行了定性分析与定量评价。

基于对地质特性的认识与研究，本书进而对飞凤山软岩边坡的治理提出了抗滑桩支挡与坡体锚固相结合、并辅以疏排地下水的综合方案，并经数值分析、振动台试验，肯定了其技术可行性。工程竣工后的长期多手段现场监测显示，工程运行正常，边坡已趋稳定，可视为成功处置软岩高边坡的范例。

研究中，开展的对抗滑桩与锚固联合工程的大型振动台试验具有新意，因为这种联合支护结构的受力情况、抗震性能以及边坡的破坏过程在过去尚缺乏大型试验的论证。飞凤山边坡工程的大型振动台试验，考虑抗滑桩与锚杆（预应力锚索）的受力情况，充分分析了在地震作用下，支护措施对边坡的作用。这对同类型的软岩边坡治理工程具有重要的参考价值。

纵观全书，作者通过有别于教科书式的传统论述方法，致力于将工程地质、水文地质、地质构造等各种技术手段有机结合，并通过数值模拟、振动台试验将其渗入于工程方案与结构分析中，展现地质为工程奠基、理论与实践结合的理念。通过飞凤山边坡这一典型实例，充分展示了一线工程技术人员的风范。期望本书的出版，能使广大读者从中汲取营养，领受教益。

当然，软岩类型众多，时代与性质各异，除泥（页）岩外，西南的川中"红层"与滇中"红层"、广西第三系膨胀泥岩、全国遍布的煤系地层、片岩与千枚岩等变质岩系、半成岩的"昔格达组"以及各种类型的软弱夹层，皆因其特殊的地质性质而屡对其边坡工程带来危害。至于软岩边坡的加固处置技术，自20世纪中期的抗滑桩和后期的预应力锚索问世以来也鲜有重大创新，基于绿色环保理念的边坡坡面防护技术近期也才受到关注。无疑，全面解决软岩问题仍任重而道远，希望工程地质界与岩土工程界的同仁携手奋进，再续辉煌！

中国中铁二院工程
集团有限责任公司
2019 年 11 月

前言

软岩是在特定环境下具有显著变形特征的一种特殊岩石介质，其变形具有明显的蠕动变形特性。软岩在世界上分布非常广泛，其中的泥岩和页岩就占地球表面所有岩石的50%左右。我国软岩分布范围较广，西南、中南、东北等地均有软岩分布。近年来，软岩问题一直困扰着人类工程活动的生产和建设，且随着工程活动的不断开展和扩大，软岩带来的危害越来越严重。软岩工程已涉及各行各业，如边坡工程、大坝工程、隧道工程、井巷工程等，因此软岩问题关系到国家和人民的命脉，是现如今工程实践和科技攻关的热点和难点。

软岩边坡是指构成边坡的岩石介质为软弱岩体的斜坡，软岩工程系指与塑性大变形工程岩体有关的岩体工程，软岩边坡下属软岩工程。随着工程建设的开展，软岩问题愈趋突出，软岩边坡变形失稳是最常见的岩质边坡工程问题。相对土质边坡而言，岩质边坡介质特性要更加复杂，受岩性、构造、产状、结构面及其发育程度、结构面的组合形态及其连通性、岩石的水理性质、岩石的抗风化能力、结构面与边坡形态之间的组合关系、岩体完整性等因素的影响，而且岩质边坡的稳定性往往受多个单因素组合而成的多因素的控制，而软岩作为岩石中的一种更加特殊的介质，由于其性质的特殊性和脆弱性，其边坡的稳定性更难以控制，以至软岩边坡变形失稳的问题随着工程强度的增加而愈加突出。在工程建设的进程中，工程界已充分认识到软岩边坡变形失稳的巨大危害，随着社会经济的发展，环境保护和安全意识的增强，对软岩边坡的防治提出了更高的要求，对变形的控制要求越来越严格。因此，本书以飞凤山低中放固体废物处置场软岩边坡实际工程为例，建立一套系统性的综合技术分析体系，为西南地区软岩边坡工程地质及加固设计提供理论与技术支撑。

软岩边坡的变形破坏通常由软岩结构和边坡体内的软弱夹层控制，研究其特性对提高软岩边坡的稳定性起着至关重要的作用。飞凤山处置场处于龙门山断裂带，地质环境本身十分复杂，处置场地层展布受不同应力作用，展布特征复杂、边坡区存在复杂的褶皱构造；边坡坡脚下存在一定规模的断裂，边坡内发现多条缓倾角的泥化夹层。同时，边坡内地下水活动强烈，地下水来源不仅仅是附近大气降雨渗入补给，还存在来源较远的相邻水文地质单元的地下水补给，水量较大。飞凤山处置场存在的工程地质、水文地质问题涉及强地震作用下断裂（裂隙密集带）和地下水相互作用对场地稳定性的影响，是一个复杂的科学问题，具有较大的研究难度和复杂性，采用一般的工程勘察方法难以解决。

面对这许多新的复杂情况和科研成果，我们总结多年勘察设计经验，综合运用构造地质学、水文地质学、工程地质学、工程地震学等多学科现代理论，结合大型振动台模型试验和三维数值模拟等诸多先进技术对飞凤山软岩边坡进行研究，并以此为例撰写本书，希望通过实际的工程实例，向读者展示在复杂构造条件下西南山区软岩工程的第一手可贵资料，分享项目的分析、评价方法，也希望为不断推进软岩工程的科学发展尽一份绵薄之力。

本书的主要内容有以下几个方面：

（1）软岩边坡的区域地质环境条件

包括大陆动力学环境、地层岩性、地形地貌等，以飞凤山处置场边坡为研究对象，阐述了西南山区区域地质环境条件，以期揭示区域工程地质环境对崩塌、滑坡、泥石流等地质灾害的发生、发展及空间分布的约束作用。

（2）软岩边坡的工程地质特征

论述了国内外软岩成因、分类等原则，并介绍了我国学者在边坡坡体结构特征方面的研究成果，就飞凤山处置场边坡的基本工程地质特征做了简介。

（3）软岩边坡水文地质特征研究的方法

结合飞凤山处置场边坡的水文地质调查与评价，重点介绍了一些典型方法在边坡水文地质研究中的运用与实践，如利用同位素试验查明低渗透性软岩中地下水来源。同时，介绍了利用数值模拟软件，分析评价边坡截排水措施在边坡中的效果与作用。

（4）软岩边坡稳定性分析及治理方法

系统总结了国内外在边坡稳定分析评价及治理方法，以飞凤山处置场边坡为实例，针对地震对软岩边坡的影响，论述软岩边坡加固支挡后的动力响应。

（5）大型振动台模型试验

由于地震的复杂性，在地震作用下边坡计算结果往往同实际具有较大差异性。过去，锚杆和抗滑桩联合支护的受力情况、抗震性能以及边坡的破坏过程尚缺乏大型试验论证。在飞凤山处置场边坡的设计过程中，运用了大型振动台模型试验，考虑锚杆和抗滑桩联合支护的受力情况，充分分析了地震作用下，支护措施对边坡作用。

飞凤山处置场项目在实施过程中得到了国防科工局的关心；在项目开展过程中四川省核工业地质局领导多次亲临现场指导；项目还得到了西南交通大学张建经教授、胡卸文教授、成都理工大学李晓教授、四川省冶金地质勘查局何平教授的指导和帮助。在本书编写过程中，陶瑜、扈玥昕、何进、韩俊等参与了本书的绘图、校对、审阅；

谨此表示衷心的感谢!

由于作者水平所限,书中难免存在疏漏和欠妥之处,敬请读者指正。

岳建国

2019 年 11 月

目　录

第1章　绪论 ··· 1

1.1　软岩概述 ··· 1

1.2　软岩边坡工程地质问题研究现状 ·· 3

1.3　飞凤山软岩边坡工程地质问题 ·· 5

1.4　本书内容及意义 ·· 5

第2章　区域工程地质环境条件 ··· 7

2.1　区域大陆动力学环境 ··· 7

    2.1.1　大地构造位置 ·· 7

    2.1.2　地球物理场与地壳结构 ·· 8

    2.1.3　区域大陆动力学环境特征 ··· 11

2.2　地形地貌与地层岩性 ··· 14

    2.2.1　地形地貌 ·· 14

    2.2.2　地层分区 ·· 15

    2.2.3　岩土体类型与工程地质岩组 ·· 17

2.3　地质构造及构造稳定性 ·· 18

    2.3.1　基本构造单元及其特征 ·· 18

    2.3.2　区域主干断裂及活动性 ·· 23

    2.3.3　构造稳定性评价 ·· 28

2.4　地震与新构造 ··· 30

    2.4.1　地震 ··· 30

    2.4.2　新构造运动 ·· 33

2.5　水文地质条件 ··· 36

    2.5.1　水文地质单元划分 ·· 36

2.5.2 地下水类型及特征 ……………………………………… 36

2.6 外动力地质环境 …………………………………………………… 40

2.6.1 气象气候特征 ……………………………………………… 40

2.6.2 龙门山地形雨 ……………………………………………… 40

2.6.3 水文特征 …………………………………………………… 41

2.6.4 人类工程活动 ……………………………………………… 43

第3章 软岩边坡工程地质 ………………………………………… 45

3.1 软岩 …………………………………………………………… 45

3.1.1 软岩的成因 ………………………………………………… 45

3.1.2 软岩的物质成分 …………………………………………… 46

3.1.3 软岩的分类 ………………………………………………… 48

3.1.4 软岩的分布特征 …………………………………………… 49

3.1.5 软岩结构 …………………………………………………… 53

3.2 飞凤山软岩边坡工程地质特征 ……………………………… 54

3.2.1 边坡地形地貌 ……………………………………………… 54

3.2.2 边坡地层岩性 ……………………………………………… 55

3.2.3 边坡地质构造 ……………………………………………… 56

3.2.4 边坡工程地质分区 ………………………………………… 65

3.3 边坡坡体结构特征 …………………………………………… 68

3.3.1 坡体结构概念 ……………………………………………… 68

3.3.2 坡体结构划分 ……………………………………………… 70

3.3.3 飞凤山坡体结构特征 ……………………………………… 74

第4章 软岩边坡水文地质 ………………………………………… 77

4.1 软岩边坡水文地质结构 ……………………………………… 77

4.1.1 一般特征 …………………………………………………… 77

4.1.2 飞凤山边坡水文地质结构 ………………………………… 78

4.2 典型方法在边坡水文地质调查中的运用 …………………… 81

4.2.1 水文地质试验 ……………………………………………… 81

4.2.2 同位素方法 ………………………………………………… 96

4.3 边坡地下水渗流模拟 ………………………………………… 102

4.3.1 天然渗流场模拟 …………………………………………… 103

4.3.2 边坡截排水效果模拟 ……………………………………… 107

第5章 软岩边坡稳定性分析 ················· 119

5.1 概述 ················· 119
5.2 边坡变形破坏特征 ················· 120
5.2.1 软岩边坡破坏基本特征 ················· 120
5.2.2 飞凤山软岩边坡变形破坏特征 ················· 122
5.3 边坡变形破坏成因分析 ················· 130
5.3.1 软岩边坡变形破坏成因分析 ················· 130
5.3.2 飞凤山边坡变形破坏成因分析 ················· 134
5.4 软岩边坡稳定性分析 ················· 141
5.4.1 定性评价方法 ················· 142
5.4.2 定量评价方法 ················· 142
5.4.3 飞凤山软岩边坡稳定性评价 ················· 150

第6章 软岩边坡的治理研究 ················· 159

6.1 软岩边坡的治理方法 ················· 159
6.1.1 软岩边坡的常用治理方法 ················· 159
6.1.2 抗滑桩与锚杆（索）的组合使用及协同机制 ················· 161
6.1.3 典型边坡锚杆（索）与抗滑桩的联合支挡设计案例 ················· 167
6.2 软岩边坡加固支挡后动力响应数值计算 ················· 168
6.2.1 常用数值分析软件 ················· 168
6.2.2 软岩边坡加固支挡后动力响应分析 ················· 171
6.2.3 加固前后的动力响应比较分析 ················· 204

第7章 软岩边坡振动台模型试验研究 ················· 209

7.1 概述 ················· 209
7.1.1 振动台模型试验 ················· 209
7.1.2 大型振动台主要特性及参数简介 ················· 210
7.2 加固整治后飞凤山边坡振动台模型试验 ················· 211
7.2.1 工程概况 ················· 211
7.2.2 模型试验相似关系设计 ················· 212
7.2.3 模型箱 ················· 212
7.2.4 试验模型制作 ················· 213
7.2.5 加载工况 ················· 217

　　　　7.2.6　传感器布置 ·· 219

　7.3　加固整治后飞凤山边坡振动台模型试验结果分析·············· 220

　　　　7.3.1　边坡锚索轴力响应 ···································· 220

　　　　7.3.2　边坡抗滑桩受力特征 ·································· 233

　　　　7.3.3　边坡坡面位移响应 ···································· 244

　　　　7.3.4　边坡加速度响应 ······································ 252

　7.4　结论 ·· 263

第8章　软岩边坡监测 ·· 265

　8.1　概述 ·· 265

　8.2　监测技术方法 ·· 266

　8.3　边坡监测设计 ·· 267

　　　　8.3.1　监测设计的原则 ······································ 267

　　　　8.3.2　监测项目选择的依据 ·································· 268

　　　　8.3.3　监测仪器布置的原则 ·································· 270

　　　　8.3.4　监测仪器选型原则 ···································· 270

　8.4　飞凤山边坡监测设计 ······································ 271

　　　　8.4.1　项目概况 ·· 271

　　　　8.4.2　飞凤山边坡监测项目设计 ······························ 272

　　　　8.4.3　飞凤山边坡监测点位设计 ······························ 275

　8.5　飞凤山边坡监测数据分析 ···································· 275

　　　　8.5.1　地表位移监测数据分析 ································ 275

　　　　8.5.2　深部位移监测数据分析 ································ 277

　　　　8.5.3　应力监测数据分析 ···································· 281

　　　　8.5.4　地下水监测 ·· 282

　　　　8.5.5　雨量监测 ·· 283

　8.6　小结 ·· 284

参考文献 ·· 285

第1章 绪 论

1.1 软岩概述

软岩在世界上分布非常广泛，其中的泥岩和页岩就占地球表面所有岩石的50%左右，其次还分布有泥页岩的浅变质岩，例如千枚岩、板岩等，可见分布之广。软岩是一种特定环境下具有显著变形特征的复杂力学介质，它与工程建设息息相关，特别是对大坝、隧洞、边坡工程的稳定性起控制作用，给工程勘察、设计、施工带来一系列特殊问题。因此，探讨软岩的成因类型与空间展布规律、物质成分与结构特征、软岩与围岩的接触形态、地质时代与强度的关系等都是研究软岩特殊工程性质和优化工程治理的关键问题。

软岩的分布区域与气候、地形、生物、地质构造等因素密切相关。原生软岩常见于新生代海相沉积或陆相沉积的碎屑岩中，如泥岩、页岩、泥灰岩和泥质砂岩等，其岩性在水平方向与垂直方向常不稳定；多见泥岩与砂岩互层或泥岩呈夹层分布。

四川省广泛分布白垩系陆相红色碎屑岩。红层成因是古川盆地周围山地火成岩与变质岩类在印支运动以后，受风化剥蚀搬运沉积于盆地后，再经后期成岩作用形成，产状平缓，岩性岩相多变，软硬相间，软弱层众多，并含可溶盐类。

软岩一般划分为地质软岩和工程软岩。地质软岩是指强度低、孔隙度大、胶结程度差、受构造面切割及风化影响显著或含有大量膨胀性黏土矿物的松、散、软、弱岩层，该类岩石多为泥岩、页岩等沉积岩及板岩、千枚岩等浅变质岩，是天然形成的复杂地质体；工程软岩是指在工程力作用下能产生显著塑性变形的工程岩体。如果说目前流行的软岩定义强调了软岩的松、弱、松、散等低强度的特点，那么工程软岩的定义不仅重视软岩的强度特性，而且强调软岩所承受的工程力荷载的大小。若工程荷载相对于地质软岩（如泥页岩等）的强度足够小时，地质软岩不产生显著塑性变形力学特征，可不作为工程软岩；只有在工程力作用下发生了显著变形的地质软岩，才作为工程软岩，在大深度、高应力作用下，部分硬岩（如泥质胶结砂岩等）也呈现了显著变形特征，则应视其为工程软岩。

国际岩石力学学会将软岩定义为单轴抗压强度在0.5～25MPa之间的一类岩石，属于地质软岩的范畴，其分类依据是岩石的强度指标。该定义用于工程实践中会出现一些矛盾。如巷道所处深度足够浅，地应力水平足够低，则单轴抗压强度小于25MPa的岩石也不会产生软岩的特征，工程实践中，采用比较经济的一般支护技术即可奏效。相反，大于 25MPa 的岩石，如其工程部位所处的深度足够深，地应力水平足够高，也可以产生软岩的大变形、大地压和难支护的现象。因此，地质软岩的定义不能用于工程实践，故提出了工程软岩的概念。

工程软岩要满足的条件是：

$$\sigma \geqslant [\sigma] \text{且} U \geqslant [U] \qquad (1-1)$$

式中，σ 为工程荷载，MPa；$[\sigma]$ 为工程岩体强度，MPa；U 为岩体变形，mm；$[U]$ 为允许变形，mm。此定义揭示了软岩的相对性实质，即取决于工程力与岩体强度的相互关系。其中，工程力包括重力、构造应力、渗透力、工程扰动力以及温度应力等。而定义中的"显著塑性变形"则是指以塑性变形为主体，变形量超过了工程设计的允许变形值并影响了工程的正常使用。对同种岩体，在较低工程力的作用下，表现为硬岩的小变形特性，而在较高工程力作用下则可能表现为软岩的大变形特性。换句话说，当工程荷载相对于工程岩体（如泥页岩等）的强度足够小时，地质软岩不产生软岩显著塑性变形力学特征，不作为工程软岩，只有在工程力作用下发生了显著变形的地质软岩，才作为工程软岩。本书采用国际岩石力学学会软岩的定义：软岩为单轴抗压强度在 0.5～25MPa 之间的一类岩石，用于地质软岩的范畴，其分类依据是岩石的强度指标。

软岩结构是控制软岩性质的主要因素之一。软岩结构主要是指沉积岩中的泥质岩以及岩体中各种特定形态的地质界面。它包括沉积层面、软弱夹层、节理面、不连续裂隙面、颗粒与粒团的排列与接触连接方式、微孔隙与微裂隙等。这些结构特征有着自身的独特形成过程和客观的发展历史，反映了成岩地质环境和原始应力条件以及各种外力的改造作用。

不同时代类型的软岩，具有不同的结构、构造特征，古生代和部分中生代软岩由于长期上覆岩体的压实作用及经常性的构造运动影响，使矿物颗粒在接触处产生重结晶而使颗粒间形成胶结连接。同时由于成岩时间长，构造变动频繁，使矿物定向排列形成密实有序的长带状和链状微结构，岩块吸水率较低，单轴抗压强度相对较高。新生代和部分中生代软岩，由于成岩时间较短，颗粒间密实性差，颗粒间常以各自的水化膜相互重叠而形成水胶连接，其微结构以无序的蜂窝状结构为特征。从胶结程度来看，以中等胶结和弱胶结为主，因而结构较疏松。

由于结构面的存在，使软岩产生了一系列独特的力学特性，而这些特性与结构面的成因类型、结构面的形状及其组合形式有关，也与结构面的充填物及其充填程度有关。

软岩边坡变形失稳是最常见的岩质边坡工程问题之一。随着越来越多的软岩边坡问题的出现，工程界逐渐对软岩边坡的重要性开始认识和重视，开展了一些区域性软岩的专门研究，提出了区域性软岩所特有的变形破坏模型，并在软岩的物理力学性质、软岩边坡稳定性分析与变形破坏模式等方面取得了一些具有指导作用或参考借鉴价值的成果。总的来说，对于软岩边坡变形失稳机理的研究还是不完善的，特别是工程界投入的专题研究较少，未见系统性的论著。

1.2　软岩边坡工程地质问题研究现状

软岩工程问题从 20 世纪 60 年代起就作为世界性难题被提出来。我国自 20 世纪 70 年代以来，软岩工程遍及边坡工程、大坝工程、大型深埋地下长隧道工程等基础工程，是当今科技攻关和工程实践的难点和热点之一。软岩由于其工程地质性质极差，往往制约着工程建设的规模，并对各类工程建筑的施工及运营起相当大的危害作用。如我国的长江葛洲坝工程，由于在施工前对坝基下的软弱夹层研究不足，成为停止施工一年的重要原因之一；又如，1959 年 12 月 2 日 21 时 10 分左右，法国的马尔帕塞（Malpasset）因左坝头沿片麻岩中的软弱夹层（绢云母页岩）发生滑动，导致坝体破裂。软弱岩体工程地质问题迫切需要进行深入研究。

软岩在浸水条件下，其力学性质大幅度降低，甚至导致完整岩体解体。如举世闻名的意大利瓦依昂（Vajont）水坝，高 258m，在当时是最高的拱坝。近坝库区的山体中石灰岩和黏土岩组成，由于当时对黏土岩未给以足够重视，水库蓄水后，黏土岩浸水膨胀而推动山体下滑。对于软岩浸水后力学性质的研究，以前多是现象学的研究，通过试验分析一些普遍规律，不够深入，试验结果的潜力未能最大限度地挖掘。

在大量的边坡失稳分析和调查及在工程设计实践中，可以看到岩质边坡的失稳大都沿各种软弱结构面发生。我国对软弱结构面的研究始于 20 世纪 50 年代（如狮子滩水电站），然后在坝基、隧道、矿山、边坡等工程中，都遇到过软弱结构面问题，才开始引起各方面的重视，各部门各单位结合工作开展了软岩结构面的研究。20 世纪 60 年代，软弱结构面的研究进入成因分类、室内外试验相结合选择抗剪强度的阶段，工程地质学者更进一步认识到软弱结构面对岩体变形和破坏特征具有优先控制作用。20 世纪七八十年代进入软弱结构面的深入研究阶段，对其组成成分、微观结构、应力与应变关系、演变趋势、计算机模拟及模型试验等进行综合研究。可以说，到目前为止，特别是最近几年对软弱结构面的研究已取得突破性进展。

软岩（软弱结构面）的变形仅表现为弹性和塑性，而且其变形破坏除与构造应力有关外，还受到时间因素的影响，即具有流变性。

流变（亦即"蠕变"）是岩石材料的同有力学性质之一，也是用来解释和分析地质构造运动和进行岩体工程长期稳定性预测的重要依据。岩土体的流变现象则到处可见：法国有一坝体，高 22m，长 520m，建在 6m 厚的裂隙黏土质砂岩上。建成 11 年后，由于岩（土）体的蠕变引起位移加速，导致破坏。意大利比萨斜塔的下沉则是砂层地基中的黏土透镜体蠕变和挤压所引起的。苏联有一个码头，在剪应力长期作用下，大约以 10mm/a 的速度产生位移，在 70～100 年时间内最大蠕变位移达 50～100cm，对码头结构产生严重的影响。很多水电站的施工期和运营期都很长，工程边坡的稳定性不可避免地与岩（土）体的流变有关。由于岩（土）体的流变对人们的生产生活产生重要的影响，对其进行流变特性的研究日益引起人们的重视。

岩土的流变研究大致可追溯到 20 世纪 30 年代，1939 年，Griggs 通过对砂岩、泥岩、粉砂岩进行的大量试验研究得出：在较小的应力条件下，即荷载达到其极限强度的 12.5%～80% 时，岩体表现出蠕变特性。20 世纪 40 年代，荷兰的佛拉格门（FIaggeman）大桥、齐特兹（Zulderzce）海堤段软土铁路路基因流变而破坏，才引起科学界对流变的重视。国内对岩体蠕变特性的研究起步较晚，但进步很快。1918 年，陈宗基和荷兰的 Geuze E.C.W.A 首先开始对岩土流变学进行了系统的研究。l950 年代以来，国内外已开始对软岩流变的本构规律进行大量的研究。20 世纪 60 年代，陈宗基教授等学者率先开展了流变学在岩土工程领域的研究，此后许多学者先后在这一领域作出卓越贡献，可用流变试验说明岩石或岩体的流变特性。日本 Kumagai N. 曾根据始于 1977 年长达 27 年之久的流变试验，提出了令世人瞩目的花岗岩流变参数（王思敬，2004）。

软岩的时间效应除了表现在风化作用强烈且迅速之外，还表现在其流变特性。岩石流变性的研究广泛地涉及工程地质分析、地震机制、大型岩体工程长期稳定性评价、核废料及其他有害物质在地层深部的长期贮存，因而引起了岩石力学与岩土工程界的广泛关注，使理论发展得到实际应用的巨大推动。流变是一个时间效应的问题，在实际工程中岩石的蠕变是个长时间的过程，这个过程中长达几十年甚至几百年。而在软岩的蠕变研究中，室内试验仍是目前研究流变现象的主要手段。在实验研究中，由于技术以及各方面的实际条件所限制，软岩的蠕变试验只能进行几小时或几天，少数试验进行几个月，极少数进行数年。而整个实验时间与软岩的蠕变过程相比只是极小的部分，仍不得不将短时间的蠕变试验结果外推到长时间的实际蠕变过程中去，因此，在软岩（软弱结构面）的蠕变试验中，充分考虑时效变形特性，在分级加载时，时间尺度效应对何时施加下级荷载的标准起着关键性的作用。用最短的试验时间得到正确的蠕变曲线，使在短时间内得到的室内蠕变试验能正确地反映野外岩体蠕变的真实情况。

岩石流变特性研究的核心内容之一是流变模型的建立与应用。关于岩石流变模型，目前已有许多可供选择的模型被建立起来。对于不同类型的岩石，可选用相应的流变模型来描述其特性。从已有的研究成果看，用虎克体（H）、牛顿体（N）、圣维南体（S）三个基本线性元件组成的复合流变元件模型，来拟合软岩的实验室或现场原位蠕变试验数据，以获得其流变本构模型的研究方法，能把软岩复杂的流变性质直观地表现出来，并且其数学表达式可直接描述蠕变、应力松弛及稳定变形，为大多数研究者所接受并采纳。

1.3　飞凤山软岩边坡工程地质问题

位于四川省广元市八二一厂内的飞凤山低中放固体废物处置场（以下简称"处置场"）是我国西南地区极为重要的低中放固体废物处置场。处置场工程于2013年初开工，边坡呈台阶状开挖，每隔10m布设一级马道，土质边坡坡率1∶1.6，岩质边坡坡率1∶1.25，整体坡度约30°，整体坡向倾向NW，坡高40～120m。边坡开挖后，原有冲沟大部分沟道被挖掉，在坡顶处成为断头沟，与已建截水沟相连。边坡坡脚为处置单元所在的606m平台，平台东西宽约540m，南北长约200m。2013年5月，边坡部分区域先后产生变形、滑动，形成了现有的1#、2#滑坡。2014年进入雨期以后，1#、2#滑坡变形再次加剧。经7月18日强降雨后，于7月19日1#滑坡北东侧发生滑动解体，滑动距离约20m，坡体原格构梁、锚索、截水沟及排水沟被拉裂破坏，形成滑坡堆积体约$20.5 \times 10^4 m^3$；2#滑坡北东侧锚喷破坏，坡面发育大量拉裂缝，中下部形成一个体积约$0.9 \times 10^4 m^3$的滑塌体，原有支护措施多处失效；同时，东侧边坡也存在不同程度变形，整个边坡存在继续变形破坏和整体失稳的高风险，严重威胁坡脚在建的低中放固体废物处置库。

飞凤山处置场边坡为典型的软岩失稳边坡：（1）该边坡岩性志留系下统龙马溪组以泥质页岩为主，是典型软岩；（2）边坡区存在复杂的褶皱构造，发育E～W向和近S～N向构造，节理密集带发育，发育多条泥化夹层。

软岩作为岩石中的一种更加特殊的介质，由于其性质的特殊性和脆弱性，其边坡的稳定性更难以控制，以至软岩边坡变形失稳的问题随着工程强度的增加而愈加突出。在工程建设的进程中，工程界已充分认识到软岩边坡变形失稳的巨大危害，随着经济社会的发展，环境保护和安全意识的增强，对软岩边坡的防治提出了更高的要求，对变形的控制要求越来越严格，所以人们对软岩投入了更多的关注，进行了一些专门的研究。为了更好地认识软岩边坡，减少盲目性，达到科学合理的设计与防治，所以在前人研究的基础上进行总结和研究，对野外软岩边坡进行调查、分析、统计，研究制定一套具有充分的理论依据、大量工程实践基础、切合我国实际的软岩边坡设计分析方法，有着重要的学术意义和实用价值。

1.4　本书内容及意义

本书以飞凤山低中放固体废物处置场南侧软岩高陡边坡为例，对边坡区域地质环境、工程地质条件情况进行了研究，为科学的开展边坡稳定性评价提供了基础资料；对场地及周边复杂水文地质条件，对泥质岩类弱渗透地层场地、断层穿越场地等复杂地质环境中水文地质结构进行研究，为评价地下水对场地稳定性的影响和拦、排、截地下水工程提供技术支撑；对复杂工程地质和水文地质条件的场地，采用大型振动台模型试验与三维数值分析技术，评价场地地震稳定性和地震反应，为场地加固提供解决方法。

飞凤山边坡工程实施过程中，采用构造地质学、水文地质学、工程地质学、工程地震学等多学科现代理论、大型振动台模型试验和三维数值模拟等诸多先进技术的综合研究方法，建立了一套场地地质稳定性的评价方法、分析理论和处置技术，取得的成果对类似条件下高陡软岩边坡的勘察、设计、支护加固具有重要的指导作用，对"5.12"地震区类似工程地质、水文地质条件的边坡稳定性评价及地质灾害治理提供借鉴与指导作用。

第 2 章　区域工程地质环境条件

区域工程地质环境是同人类工程活动相关的自然地质因素的综合，崩塌、滑坡、泥石流等地质灾害的发生、发展及空间分布均受区域工程地质环境约束。

飞凤山滑坡地质灾害发生于龙门山地区，该区域是中国西部地质、地貌、气候的陡变带和最重要的生态屏障，是中国大陆构造活动最为强烈的地区之一，于 2008 年 5 月 12 日发生 Ms8.0 汶川特大地震，2013 年 4 月 20 日发生 Ms7.0 芦山地震，2017 年 8 月 8 日发生 Ms7.0 九寨沟地震。本章从区域大陆动力学环境、地层岩性与工程地质岩组、区域地质构造、地形地貌、新构造运动、气候、水文与水文地质、降雨、人类活动等几方面概述了本地区工程地质环境的特征，并且对飞凤山所在的龙门山北段地区的构造稳定性进行了总结。

2.1　区域大陆动力学环境

2.1.1　大地构造位置

大地构造分区又叫作大地构造单元划分，是大地构造研究成果的表达形式之一，服务于资源勘查、工程建设等。我国大地构造形成演化与大地构造分区研究已有百余年的历史，不同学派对中国大陆有不同的方案。潘桂棠等（2009、2015）将我国大地构造划分为一级分区 9 个，二级分区 56 个，三级分区 189 个。龙门山北段位于松潘 - 甘孜造山带（巴颜喀拉地块东部）、秦岭造山带和扬子地台三个构造单元的结合部位（图 2-1）。

松潘 - 甘孜造山带位于龙门山冲断带的西部，特提斯 - 喜马拉雅造山系之东缘，以晚三叠世巨厚的西康群复理石、类复理石沉积为主要特征（刘树根，1993）。该造山带自西向东依次可划分为西部碰撞结合带、造山带主体和前陆冲断带（许志琴等，1992）。造山带主体构造为北西向，变形作用主要为韧性变形，多发育北西向的褶皱和断层，褶皱的几何形态多为紧闭线状褶皱、直立或同斜褶皱、相似褶皱，褶皱翼部通常被韧性剪切带或脆性逆冲断层所破坏；断裂多为逆冲断裂和由北向南的弧形逆冲推覆构造。

秦岭造山带呈近东西向展布，呈狭长带状横亘于中国大陆中部，东部边缘收敛、收缩为大别山造山带，西边则散开，分别连接祁连、昆仑造山带，大体呈东西两头宽、中间窄的"哑铃"状。秦岭造山带的演化主要发生在古生代 - 三叠纪时期（Meng 和

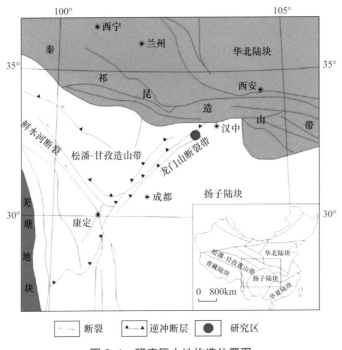

图 2-1 研究区大地构造位置图

Zhang，1999，2000）。晚中生代时期，由于华北与扬子陆块持续汇聚，秦岭造山带又发生了强烈的陆内构造变形，中－晚三叠世形成的构造格局被大规模改造（Wang 等，2003；Meng 等，2005）。秦岭造山带又可分为北秦岭、东秦岭和西秦岭几个构造单元。其中的西秦岭与龙门山构造带北段相连接，在新生代发展为青藏高原东部的一部分，以强烈挤压变形和隆升为特征，北侧和南侧分别被商丹缝合带和勉略缝合带（孟庆任，2017）所限。

扬子陆块为晋宁旋回固化的稳定克拉通，以晚元古界变质基底之上的典型地台盖层沉积为特征。该陆块位于南岭山脉和秦岭之间、从红河断裂向东到南黄海的巨大构造单元，东西长约 2400km，南北宽 200～400km（熊斌辉，1998）。800Ma 年前后发生了晋宁运动，元古宇地层褶皱固结，形成了扬子地台的基底。自新元古代南华纪起，开始了地台盖层沉积阶段。早期发生了裂陷作用，南华纪时含有冰碛层沉积。之后，稳定的海相沉积广布于地台，这种海相沉积一直延续到中三叠世。在二叠纪中期，地台西部有大规模的玄武岩喷溢。中三叠世的印支运动使海水撤出地台。晚三叠世以来，地台进入了陆相盆地的演化阶段。

2.1.2 地球物理场与地壳结构

1. 重力场特征

地球表面的起伏不平和地球内部介质密度分布不均匀是产生重力异常的主要原因，

重力异常是研究地球形状、地球内部结构和重力勘探的重要数据。目前，应用较为广泛的重力异常包括自由空气异常和布格重力异常，自由空气异常反映的是地形质量及其对应的补偿质量的效应，布格重力异常则包含地壳内部偏离正常密度的地质体与构造的影响，W 及地壳下界面（Moho 面）起伏而形成的相对于岩石圈地幔质量的盈余或亏损（曾华霖，2005）。从龙门山、岷山地区布格重力异常图（图 2-2）中可见，大致以平武 - 北川 - 安县一线为界，西南侧重力异常等值线密集（梯度较大，约1.8mgal/km），总体走向与龙门山构造带中南段总体走向一致，为北东 30°～40°；在平武 - 北川 - 安县一线重力线的走向发生了分异，北东向从江油经剑阁，呈一窄异常带，梯度较小（约 1.3mgal/km），它与龙门山构造带北段的龙门山前山断裂走向基本相符，而剑阁 - 广元之间过渡带则不明显；另一支转为近南北向到平武后分为两支，一支呈近南北向由平武经文县、武都继续向北，异常带较宽，梯度约 1.5mgal/km，其分布于南北地震构造带的中段一致；一支由平武向北东 60°～70° 方向延伸至勉县一带，其宽度较窄，但梯度较大（约 2.0mgal/km），该梯度带与平武 - 青川断裂的延伸方向一致。

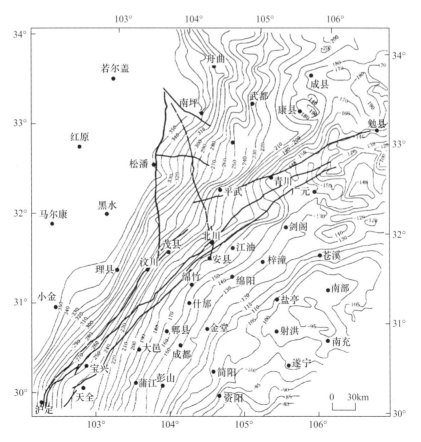

图 2-2 龙门山及四川盆地区域布格重力异常图（单位：mgal）（陈国光，2007）

2. 地壳结构特征

前人（朱介寿等，2005；蔡学林等，2008）运用比较构造学、地球层块结构和解析构造学的理论与方法与龙门山地区地震测深剖面进行了系统分析研究，探寻该区域的地壳结构。黑水－三台人工地震测深剖面是较为典型的一条剖面，从其地质构造解释剖面（图2-3）可以看出，扬子地块厚度40km，经过龙门山构造带之后，松潘－甘孜造山带增厚至60km左右，说明龙门山构造带为一条切割深度已达岩石圈的深大断裂。龙门山构造带西侧约20km左右深处的中地壳之上出现了3～6km厚的低速低阻层，推测为川西高厚深部滑脱的拆离带。在印－亚板块会聚及高原地壳物质重力势的作用下，高原内部的构造块体在抬升的同时，沿一边界断裂带逐渐被挤出，朝约束条件较弱的东侧滑移，形成青藏高原东缘龙门山叠瓦系的逆冲构造岩片（推覆体）。

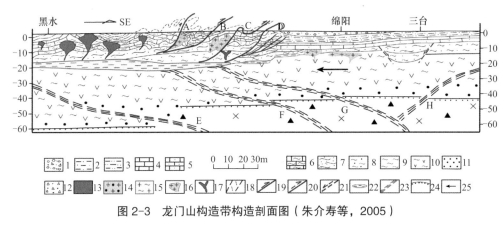

图2-3 龙门山构造带构造剖面图（朱介寿等，2005）

1—白垩系－第三系沉积岩系；2—上三叠统－侏罗统沉积岩系；3—三叠系浅变质沉积岩系；4—泥盆系－中三叠统碎屑－碳酸盐岩系；5—震旦系－志留系碎屑－碳酸盐岩系；6—震旦系－志留系浅变质沉积岩系；7—中元古界－新元古界下部浅变质岩系；8—古元古界中浅变质岩系；9—太古宇深变质岩系；10—中下地壳闪长质片麻岩类；11—下地壳基性麻粒岩类；12—岩石圈上地幔尖晶石二辉橄榄岩；13—燕山期花岗岩类；14—晋宁期花岗岩类；15—中条期花岗岩类；16—太古宙基性岩类；17—中条期超基性岩类；18—二叠系标志层；19—逆冲断裂带；20—早期逆冲断裂带，晚期伸展正断裂带；21—伸展正断裂带；22—壳内低速层或壳内软层；23—壳幔韧性剪切带；24—莫霍面；25—块体相对运移方向。A—茂汶逆冲断裂带；B—北川－九顶山逆冲断裂带；C—映秀逆冲断裂带；D—彭灌逆冲断裂带；E—黑水壳幔韧性剪切带；F—安县壳幔韧性剪切带；G—绵阳壳幔韧性剪切带；H—龙泉山壳幔韧性剪切带

肖富森等（2005）对广元河湾场至青川沙洲镇的地震反射剖面进行了解译，显示龙门山推覆带北段上由于强烈的挤压褶皱作用，从茶坝－林庵寺断层到马角坝断层是连续的一组北倾的叠瓦断层，但浅层推覆构造带之下还存在保存较好的大型背斜构造（图2-4）。

综上所述，龙门山及岷山地区的地球物理场特征变化比较复杂，布格重力异常梯度带和地壳厚度陡变带正与其具有较好的一致性。龙门山北段在剑阁－广元之间布格

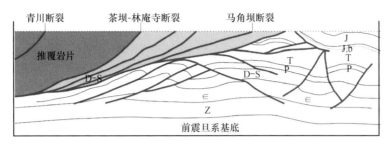

图 2-4　龙门山构造带北段构造剖面图（肖富森等，2005）

重力异常不明显，地壳浅层是连续的一组北倾的叠瓦断层，其下还存在保存较好的大型背斜构造，说明龙门山构造带北段相对于龙门山中南段及岷山地区构造强度相对较弱。

2.1.3　区域大陆动力学环境特征

1. 区域应力场特征

大量研究表明，地壳表面和内部发生的各种构造现象（包括地震）及其伴生的各种地质灾害都与地壳应力的作用密切相关（谢富仁等，2003）。地壳应力变化是导致地壳形变、断裂、褶皱及地震发生的最直接动因，决定着构造变形样式。青藏高原东部龙日坝断裂以西的川青块体主压应力方向为 NEE 向，为走滑构造环境；而松潘－龙门山地区的主压应力方向总体呈 NWW 向，显示逆断层构造环境并具有显著的走滑运动分量（图 2-5）。

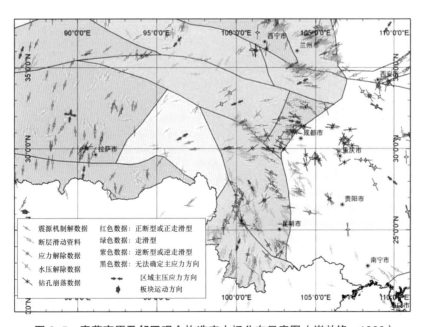

图 2-5　青藏高原及邻区现今构造应力场分布示意图（崔效锋，1999）

如图 2-6 所示，龙门山断裂带最大主应力方向由南段 NW～NWW 向转变为北段近 EW 向。据孟文等（2013）研究成果，龙门山断裂带南段的应力作用强度高于北段，且随深度的增加越发明显。青藏高原深部物质向东流动的过程中，受到岷山隆起带的阻挡，应力减小，方向主要变为近 EW 向。因此，可推测龙门山北段已经不是青藏高原东缘的主活动边界。

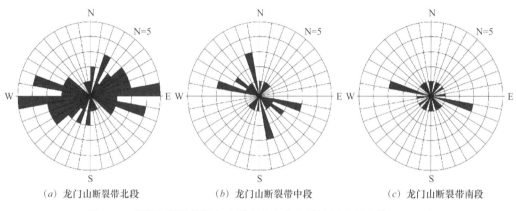

（a）龙门山断裂带北段　　　　（b）龙门山断裂带中段　　　　（c）龙门山断裂带南段

图 2-6　龙门山断裂带最大水平主应力方向统计图（孟文等，2013）

2. 青藏高原东缘的变形特征及 GPS 速度场

根据江在森等（2006，2009）建立的中国大陆整体速度场，扣除华南地块刚性运动参数确定的运动速度，从而获得中国大陆相对于华南地块的水平运动速度场（图 2-7）。

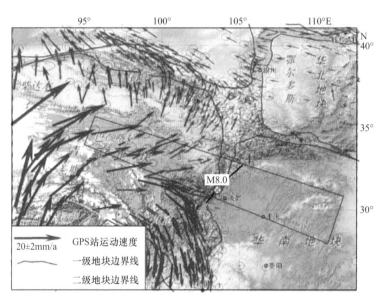

图 2-7　中国大陆中西部 GPS 站水平运动速度场（1999～2004 年，相对于华南地块）

（中国地震局监测预报司，2009）

从图 2-7 中可以看出，青藏高原地块东部向东推挤华南地块，GPS 速度矢量呈明显的南北分异。龙门山构造带以西的巴颜喀拉地块东部的相对运动明显滞后，总体为逐步偏转、缓慢衰减的向东运动，在距龙门山构造带约 800km 范围内，向东运动速度从 5～8mm/a 逐渐衰减到龙门山构造带处趋近于 0，表明其地壳变形为大尺度缩短的压应变缓慢积累（中国地震局监测预报司，2009）。

从图 2-8 中可以看出，成都－阿坝和茂县－北川－绵竹两条一等水准路线分别在 1975～1997 年、1987～1997 年的两期一等水准测量资料的计算处理结果显示，在此 10～20 年之间龙门山构造带及其西部高原表现为大面积的快速隆升运动，上升速率一般在 2～3mm/a。

图 2-8　龙门山及邻区垂直变形速率（中国地震局监测预报司，2009）

（注：成都－汶川－阿坝测线为相对成都绵昆 31 乙基准点的垂直位移速率（1975～1997）；茂县－北川－棉竹侧线为相对棉竹附近北灌 19 水准点的垂直变形速率（1987～1997））

Kirby（2001，2003）通过河流陡峻指数计算了青藏高原东缘地区的隆升速率，发现青藏高原东缘并不是整体隆升的，其中岷山及龙门山地区第四纪以来的上升速率约为 3mm/a，与水准复测的结果（2～3mm/a）相对上升速率较吻合（中国地震局监测预报司，2009）。

3. 青藏高原东缘的构造动力学机制

大约在 5000 万年前，印度板块以大约 5cm/a 的年速率呈 N20°E 方向向北移动，青藏高原承载着印度板块的正面顶撞作用，两者在喜马拉雅构造带闭合。此后印度次大陆仍继续向北推进，自 35MaB.P. 起由地壳挤压缩短和向北推移逐渐被地壳挤压增厚和隆升的变形及运动方式取代，青藏高原开始隆升。青藏高原产生近 NS 向的构造缩短，并以 EW 向伸展作用在西藏中部地区形成一系列走向近 NS-NNE 向的正断层裂谷系，拉伸速率达 18±9mm/a（Molnar et al.，1989）。

2.2 地形地貌与地层岩性

2.2.1 地形地貌

青藏高原东缘主是中国西部地质、地貌、气候的陡变带，是长江上游主要支流岷江、嘉陵江、沱江、涪江、青衣江、大渡河等水系的发源地和中国西部最重要的生态屏障，同时该地区也是研究青藏高原边缘山脉的隆升剥蚀所造成的自然地理效应最明显和典型的地区之一。新生代及第四纪以来，由于岷山隆起的形成，对龙门山推覆构造带的北东段起着屏障的作用，龙门山推覆构造带东北段活动减弱，活动强度由东北向西南增强，因此，从此时直到现代，龙门山推覆构造带中南段和岷山隆起构造带共同成为这持续挤压作用的东界，并控制着现代的地形、地貌和地震活动（邓起东，1994）。从地貌上显示（图2-9），北部秦岭褶断带平均海拔高程约2000m，地壳抬升速率约1.2～6.25mm/a（刘护军，2002；元亮，2007）；北西部岷山隆起带及摩天岭断块平均海拔高程约3200m，地壳抬升速率约1.5～6mm/a（周荣军，2000；Kirby，2003）；龙门山构造带中段和西南段平均海拔高程约2400m，地壳抬升速率约2～6mm/a（图2-10）（Kirby，2003）；龙门山褶断带北段海拔高程约1200m，地壳抬升速率约0.38mm/a（元亮，2007），远低于秦岭褶断带、岷山隆起带及摩天岭断块和龙门山构造带中－南西段，是区域新构造运动相对较弱的地区之一。

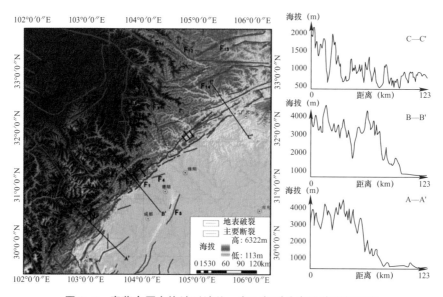

图2-9 青藏高原东缘地形地貌、主干断裂分布及地形剖面图

F1—汶茂断裂；F2—映秀－北川断裂；F3—彭灌断裂；F4—山前断裂；F5—龙泉山断裂；F6—岷江断裂；F7—虎牙断裂；F8—雪山断裂；F9—龙日坝断裂；F10—东昆仑断裂（玛曲断裂）；F11—白龙江断裂；F12—光盖山－迭山北麓断层；F13—两当－江洛北缘断层；F14—文县断层

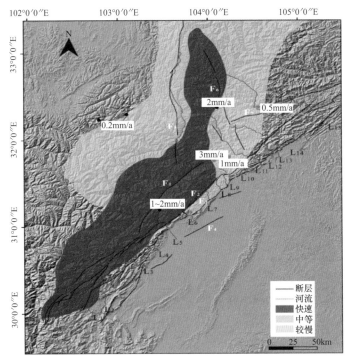

图 2-10　青藏高原东缘隆升速率区块图

（注：每个不同的区块代表不同的隆升速率（隆升幅度）。绿点处数值表示根据古新世到全新世阶地计算得到的
河流下蚀速率（Kirby，2001），黑点处数值表示根据热年代学方法计算得到的地表剥蚀速率（Kirby，2002）。
F1～F8：汶茂断裂，映秀–北川断裂，彭灌断裂，山前断裂，岷江断裂，虎牙断裂，平武–青川断裂）

2.2.2　地层分区

　　龙门山北段地区地层区划分属龙门山–四川盆地分区和摩天岭地层分区，二者以龙门山中央断层为界。龙门山–四川盆地分区地层包括了寒武系、奥陶系、志留系、泥盆系、石炭系、二叠系、三叠系、侏罗系–白垩系及第四系地层。摩天岭地层主要包括震旦系、寒武系、奥陶系及志留系地层。

　　1. 龙门山–四川盆地分区

　　（1）寒武系

　　该区寒武系地层为长江沟组（∈c），主要岩性为中厚层石英砂岩、粉砂岩夹页岩及泥灰岩类，少量为灰岩，主要分布于碾子、磨刀垭一带。

　　（2）奥陶系

　　该区奥陶系地层主要为长江沟组谭家沟组（O_2t）、宝塔组（O_2b）。谭家沟组（O_2t）中岩性为砂质灰岩、灰质砂岩及砂岩组成；宝塔组（O_2b）岩性以灰色中–厚层状石灰岩为主，具泥质网纹状（龟裂纹）构造或瘤状构造，局部可夹少量鲕状灰岩灰岩及页岩。主要分布于天井山及碾子背斜东西两端的九龙山、囤银坝一带。

（3）志留系

志留系地层在该区十分发育，出露面积广，地层可划分为龙马溪组（S_1lm）、罗惹坪组（S_2lr）、纱帽组（S_3s）。龙马溪组（S_1lm）岩性主要为一套黄绿色、灰绿色泥质页岩，泥质粉砂质页岩，泥岩，夹薄层状、透镜体状细砂岩组成。泥质结构，含粉砂泥状结构，微层理构造，块状结构；罗惹坪组（S_2lr）岩性主要为灰色粗粒粉砂岩，黄绿色泥质页岩，粉砂质泥岩，含粉砂页岩，期间往往夹有薄层状、透镜状细砂岩，在底部可见一厚20～30m的灰岩透镜体，上部为薄层生物灰岩夹中层微晶灰岩。罗惹坪组最大的特点是含有较多的灰岩，其他组则很少有灰岩存在；纱帽组（S_3s）主要岩性为土黄色、灰绿色泥质页岩，泥质粉砂质页岩夹紫红色页岩，砂质泥质页岩，间夹条带状、透镜状薄层细砂岩，中部可见中厚层的细砂岩。微晶结构，泥状结构，含粉砂泥状结构，块状构造，页理构造。

（4）泥盆系

泥盆系在龙门山中北段较为发育，分布较广。据岩性特征，泥盆系可细分为平驿铺组（D_1p）、甘溪组（D_1g）、养马坝组（D_2y）、观雾山组（D_2gw）、沙窝子组（D_3s）、茅坝组（D_3m），各组间接触关系均为整合关系。其中平驿铺组（D_1p）、甘溪组（D_1g）以巨厚层的石英砂岩为主，夹砂质页岩、页岩；养马坝组（D_2y）、观雾山组（D_2gw）碎屑岩与碳酸盐岩互层为特征；沙窝子组（D_3s）、茅坝组（D_3m）碳酸盐岩为主。

（5）石炭系

石炭系主要为石灰岩，夹砂页岩类，厚度一般在100～500m以内，较稳定。可细分为马角坝组（C_1mj）、总长沟组（C_1z）、黄龙组（C_2h）、长岩窝组（C_2c）、石喇嘛组（C_2s）等。

（6）二叠系

二叠系在龙门山北段分布广泛，可细分为梁山组（P_1l）、栖霞组（P_1q）、茅口组（P_1m）、吴家坪组（P_2w）。早期以稳定的浅海相碳酸盐岩为主，晚期各地岩性有差异（林茂炳，1996），但均以灰岩夹页岩或粉砂岩、泥岩为特征，顶部多半为一套玄武岩层。其厚度多在1200～1700m内，较稳定。

（7）三叠系

龙门山北段三叠系可分为飞仙关组（T_1f）、嘉陵江组（T_1j）、雷口坡组（T_2l）、须家河组（T_3x）。飞仙关组为一套浅海相砂页岩–泥灰岩沉积，深色紫红色泥灰岩，夹灰色晶体状鲕粒灰岩层；嘉陵江组主要是浅灰–黄灰色的块状白云岩，具有塑性变形特征；中三叠统雷口坡组以白云岩、泥质白云岩、灰岩为主要特征；须家河组为海陆交互相特征，以碎屑岩类为主，以砂页岩煤系为特征，夹砾岩及少量泥灰岩厚度和岩相变化较大。

（8）侏罗系–白垩系

均为以红色为主的陆相地层，以各类陆相碎屑岩为主，表现为一系列的旋回型建造。

可划分为白田坝组（J_1b）、千佛岩组（J_2q）、沙溪庙组（J_2s）、遂宁组（J_2sn）、莲花口组（J_3l）、城墙岩群（JKC）等。

（9）第四系

区内第四系就其成因类型有残积、坡积、洪积、冲积和重力堆积等。其中冲积堆积主要分布于现代河谷及两岸阶地（可构成五级阶地），以砾石层、砂砾层及现代河床沉积为主不整合在中生界及古生界地层上。

2.摩天岭地层分区

摩天岭地层分区主要包括震旦系、寒武系、奥陶系及志留系地层。

（1）震旦系

元吉组（Zy）上部为白云岩、硅质岩夹白云岩透镜体，中部为紫红色板岩与薄层状大理岩互层，下部为白云岩夹硅质白云岩。

（2）寒武系

邱家河组（∈q）由碎屑岩建造和含锰硅质岩建造组成。

（3）奥陶系

该分区中主要由陈程家坝群（$O_{1-2}ch$）和宝塔组（O_2b）构成。陈程家坝组（$O_{1-2}ch$）主要由千枚岩夹岩屑砂岩、泥灰岩构成。宝塔组（O_2b）岩性以灰色中－厚层状石灰岩为主，具泥质网纹状（龟裂纹）构造或瘤状构造。

（4）志留系

泥盆系的危关群（Dwg），主要由浅变质的砂页岩互层组成，岩性表现为千枚岩、板岩及变质砂岩类。

2.2.3 岩土体类型与工程地质岩组

岩组是指岩石的工程地质组合（谷德振，1983），每一岩组都有其一定的岩石组合特征，并具有相似的工程地质特性。正确的岩组划分有利于对岩体结构的认识，有助于对岩体稳定性进行评价，有利于工程技术人员对工程地质资料的应用。

根据岩（土）体的成因、岩性结构、构造、坚硬程度等工程地质特征，将龙门山北段地区的岩石组合划分为7个建造类型、15个工程地质岩组（表2-1）。

研究区工程地质岩组特征表　　　　　　　　　　　　　　　　表2-1

建造	工程地质岩组	地层及岩性特征	岩组工程地质特性
碎屑岩建造	坚硬层状砂岩岩组	地层为长江沟组（∈c）、平驿铺组（D_1p）、甘溪组（D_1g），岩性以石英砂岩为主，夹粉砂岩、页岩、泥灰岩及灰岩	泥页岩等软弱夹层易造成滑坡等不良工程地质问题
	较坚硬、软弱层状砾岩、粉砂岩、泥岩岩组	地层为邱家河组（∈q）、马溪组（S_1lm）、罗惹坪组（S_2lr）、纱帽组（S_3s）、须家河组（T_3x）、白田坝组（J_1b）、千佛岩组（J_2q）、沙溪庙组（J_2s）、遂宁组（J_2sn）、莲花口组（J_3l）、城墙岩群（JKC），岩性为砾岩、粉砂岩、泥岩、页岩等	泥岩、页岩为软弱层位，易造成滑坡等不良工程地质问题

续表

建造	工程地质岩组	地层及岩性特征	岩组工程地质特性
碳酸盐岩建造	坚硬层状块状中等岩溶化石灰石岩组	沙窝子组(D_3s)、茅坝组(D_3m),岩性以石灰岩为主,层状、块状构造,致密、坚硬、性脆	岩溶较发育,易引起岩溶塌陷
	坚硬、较坚硬层状等石灰岩、白云岩夹碎屑岩岩组	宝塔组(O_2b)、马角坝组(C_1mj)、总长沟组(C_1z)、黄龙组(C_2h)、长岩窝组(C_2c)、石喇嘛组(C_2s)、梁山组(P_1l)、栖霞组(P_1q)、茅口组(P_1m)、吴家坪组(P_2w)、嘉陵江组(T_1j)、雷口坡组(T_2l),岩性为石灰岩、白云岩夹砂岩、砾岩、泥岩、页岩等	局部岩溶较发育,局部页岩、泥岩、泥灰岩夹层遇水软化,岩层易发生顺层滑动
	坚硬\较坚硬、较软弱层状岩溶化石灰岩、碎屑岩互层岩组	元吉组(Zy)、谭家沟组(O_2t)、养马坝组(D_2y)、观雾山组(D_2gw)、飞仙关组(T_1f),岩性为石灰岩、泥灰岩与砂岩、板岩、泥岩、页岩互层,局部夹煤层	泥岩、页岩、煤层为软弱夹层
变质岩建造	较坚硬、软弱层状岩组	程家坝群($O_{1-2}ch$),岩性为各千枚岩夹岩屑砂岩、泥灰岩构成	云母片(麻)岩等软弱层位,力学性质差,遇水易软化,常孕育滑坡、崩塌等
岩浆岩建造	坚硬、块状基性岩岩组	主要由燕山华力西－印支期侵入岩体组成,岩性为辉绿岩、辉绿玢岩,呈块状产出	风化裂隙和构造裂隙发育,岩体易破碎
	坚硬块状中酸性岩岩组	主要由燕山华力西－印支期侵入岩体组成,岩性为各种花岗岩闪长岩,块状构造	与围岩接触带风化破碎严重,河谷陡坡地带易发生崩落、塌方
松散沉积建造	漂石土	多由主要为冰水堆积物、冲洪积物组成,岩性为漂石、碎块石、卵砾石及少量泥砂物质,厚度数米至数十米,结构松散,大小混杂	—
	卵砾石土	为冲洪积、洪积、湖积、冲湖积,由卵砾石、漂石、砂土、泥砾等组成,厚度数米至十余米,结构松散	—
	碎石土	为残坡积、崩坡积、泥石流、洪积等形成,由块石、碎石、角砾、砂土、泥砾等组成,厚度数米至数十米,结构松散	—
	砂土、亚砂土、亚黏土	主要为冲积、冲洪积、湖积、冲湖积。厚度一般数十厘米至数米,结构松散	—
特殊岩体	含煤岩体	须家河组(T_3x),以碎屑岩类为主,夹有煤层	易引起瓦斯、滑坡等不良地质问题
	断层岩(构造岩)岩组	各种成分的断层糜棱岩、断层角砾岩、断层碎粉岩、断层泥等	易产生各种不良地质问题
特殊土体	软弱土(淤泥、淤泥质土、粉土、粉砂)	地层一般为粉土、粉砂,土质松软,局部含有机质与腐殖质	力学性质差,承载力低,饱和粉土、粉砂地震时可能产生砂土液化

2.3 地质构造及构造稳定性

2.3.1 基本构造单元及其特征

研究区地处中国大地构造单元的重要部位,位于松潘－甘孜造山带、秦岭造山带和扬子地台三个构造单元的结合部位，这些大的构造单元可进一步划分出一些次级构造单元（表2-2）。

研究区构造单元划分表　　　　　　　　　　　　表 2-2

一级单元	二级单元
南秦岭造山带（Ⅰ）	西秦岭微陆块北缘被动陆缘沉积带（I_1）
	西秦岭微陆块裂陷盆地（I_2）
	西秦岭微陆块台地沉积带（I_3）
勉略碰撞缝合带	
松潘－甘孜造山带（Ⅱ）	川青块体（II_1）
	岷山断块（II_2）
	摩天岭地块（II_3）
	龙门山前陆冲断楔（II_4）
扬子陆块（Ⅲ）	龙门山前陆盆地（III_1）
	汉南隆起（III_2）

1. 南秦岭造山带（Ⅰ）

该造山带位于扬子陆块北部古被动大陆边缘，其发展演化可分为早古生代和晚古生代至中生代初两个阶段。早古生代具有复杂的陆缘结构，控制着浅－半深海相沉积。到晚古生代由于勉略洋的打开，使原属扬子陆块北缘的南秦岭被动陆缘部分被分离成西秦岭微陆块，界于勉略洋与仍有俯冲消减作用的商丹－武山构造带之间。它受近东西向断裂分割，出现古隆起和坳陷，控制不同地带的沉积。但华力西－印支期似为加里东期沉积环境的延续和发展，其间没有造山性质的重大构造变动。真正的大规模构造变动是印支期末扬子与华北陆块间的碰撞造山作用，形成了南秦岭造山带（张国伟，2001）。南秦岭造山带又可分为西秦岭微陆块北缘被动陆缘沉积带（I_1）和西秦岭微陆块裂陷盆地（I_2）、和西秦岭微陆块台地沉积带（I_3）（图2-11）。

2. 勉略碰撞缝合带

该缝合带近东西向分布于勉县、略阳、康县、文县和塔藏一线，又称康勉构造混杂带（车自成，2002），向西与阿尼玛卿蛇绿混杂岩带相连。它是以蛇绿岩和洋岛玄武岩为代表的小洋盆在三叠纪晚期闭合的产物，为南秦岭造山带和扬子古陆块之间的古缝合带，主要表现为一系列岩块、岩片的混杂，共同组成一条复杂的推覆构造带。

3. 松潘－甘孜造山带（Ⅱ）

（II_1）川青块体：

川青块体南、北边界分别为北西－北西西走向的甘孜－玉树、鲜水河断裂和东昆仑

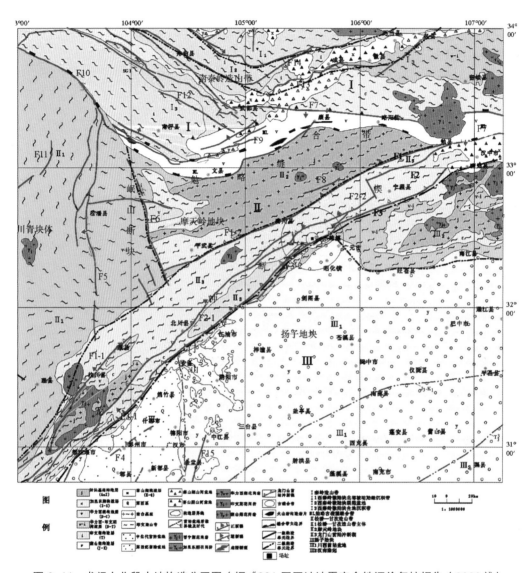

图 2-11　龙门山北段大地构造分区图（据《821 厂厂址地震安全性评价复核报告（2009）》）

断裂，东边界由岷山断块东、西边界的虎牙断裂和岷江断裂以及龙门山构造带中南段所围限，包括了川西北高原和青海中南部广大地域。甘孜－玉树断裂、鲜水河断裂和东昆仑断裂第四纪以来表现出强烈的左旋剪切运动特征，滑动速率的地质估值甘孜－玉树断裂为 7～12mm/a（周荣军等，1996；闻学泽等，2003）；鲜水河断裂北西段为 10～15mm/a（Allenetal，1989；钱洪等，1989；闻学泽等，1990；李天裕等，1997），南东段为 6～10mm/a（周荣军等，2000）；东昆仑断裂玛沁以西段为 10～12mm/a（Xuetal，2002；Mariauxetal，2002），玛沁以东段东昆仑断裂出现明显分岔，单条断裂的滑动速率在 5mm/a 左右（何文贵等，2006）。GPS 测量数据显示的滑动速率甘孜－玉树断裂为 8±2mm/a；鲜水河断裂北西段 10±2mm/a，南东段为 8±3mm/a（吕江宁等，2003），东昆仑断裂为 10～12mm/a，与地质上估计的滑动速率基本一致。岷山断块和龙门山构造带中南段构成了青藏高原的东边界，构成岷山断块西界的岷江断裂走向 NNE- 近 SN，表现为左旋 - 逆冲性质，垂直和水平滑动速率均在 0.37～0.53mm/a（周荣军等，2000，2006），岷山断块东界的虎牙断裂走向 NNW，以左旋走滑运动为主，兼具一定的逆冲分量，滑动速率为 1.4mm/a 左右（周荣军等，2006）。龙门山构造带中南段由三条走向北东的主干断裂组成，山前还存在一条尚未出露地表的隐伏断裂，是 2008 年 5 月 12 日汶川 8.0 级地震的发震构造，表现为逆冲 - 右旋走滑运动特征。龙门山构造带中的单条断裂的滑动速率估值在 1mm/a 左右（周荣军等，2006，Zhou et al，2007）。在岷江断块 - 龙门山构造带北西侧处还发育有龙日坝断裂带，断裂具有较显著的断错地貌显示，GPS 测量表明这两条断裂附近存在 4～5mm/a 的速度阶跃带（吕江宁等，2003），可能为龙门山逆冲构造带的后缘冲断带（徐锡伟等，2008），表现为右旋兼逆冲运动特征。块体内部以一组走向 NW-NWW 的断裂构造为主导，如达日断裂、松岗 - 抚边河断裂等，亦表现出不同程度的第四纪活动性，为左旋走滑运动特征（何玉林等，1994）。

（II₂）岷山断块：

岷山断块是一个新构造时期以来强烈隆起抬升的断块山地，处于我国东西部一级新构造单元的分界线上（马杏垣等，1989）。断块东以虎牙断裂为界，西边界则为岷江断裂。有史料记载以来，岷江断裂和虎牙断裂发生过一系列 6.0～6.9 级地震和 1976 年松潘、平武 7.2 级地震，是我国南北向地震带中段的重要组成部分。岷江断裂带第四纪以来的新活动和岷山断块隆起的鲜明特点，引起了不少学者的关注。近 20 年来，许多研究者通过地质地貌方法，结合该区应力场特征及地震活动图像等，对松潘、平武地区的新构造运动特征、岷江断裂的第四纪活动特点、断裂带的几何组合与分段及其潜在地震能力进行了研究（杨景春等，1979；赵小麟等，1994；钱洪等，1995）。

岷山断块由岷江断裂和虎牙断裂自西向东的推覆逆掩运动所形成，处于我国南北地震带的中段。受区域 NWW 向主压应力场的控制，岷江断裂带第四纪以来表现为明显的推覆逆掩运动并具有一定的左旋走滑分量，岷山断块则处于强烈的隆起抬升状态。航片解译及野外地质考察结果表明，岷江断裂带由数条次级断裂呈羽列组合而成，其中尕米寺 - 川盘右阶羽列区的羽列距达 3km，控制了低序次的地震破裂单元。第四纪地貌发育过程及断错地貌研究结果表明，岷江断裂晚第四纪以来的平均垂直滑动速率为 0.37～0.53mm/a，水平位错量与垂直位错量大致相当；岷山断块第四纪以来的平均隆起速率为 1.5mm/a（最大区域＞6mm）左右。地震活动特征表明，该地区 6 级以上强震丛集于强烈活动的断块边界断裂上，中强地震及小震发生在新构造隆起区及近东西向断裂带上，与断裂的活动性质具有密切的成因联系。

（II₃）摩天岭地块：

位于松潘－甘孜造山带的东北角，为松潘－甘孜和南秦岭造山带与扬陆块的接合部位。它是一个主要由中元古代和新元古代早期的碧口群组成的一个构造块体，其上有部分覆以震旦系。断块以虎牙断裂东界，北以南坪－文县、文县－岸门口等断裂为界，南以平武－青川断裂为界，地壳构造相对简单（据黄润秋等，2001、2012）。

（II₄）龙门山前陆冲断楔：

位于松潘－甘孜造山带与扬子陆块的接合部位，它北起勉县、宁强，南至天泉，总体北东－南西向展布，长约 500km，宽 30～50km，由汶川－茂县、映秀－北川、灌县－安县、龙门山山前等一系列逆断裂及其控制的逆冲构造槽片（推覆体）组成。据研究，龙门山构造带由西北向东南具有由韧性到脆性变形的变化过程，基本发育于上地壳（徐杰等，2000）。逆冲楔自晚三叠世须家河期开始发育，侏罗－白垩纪龙门山推覆抬升，形成多套河口磨拉石堆积，以及相应的前陆盆地。新生代早－中期缺乏明显的前陆盆地沉积，晚期成都平原作为前陆盆地，堆积的第四系厚有 500m。冲断楔形成时间从西北向东南由老变新，具有前展式发育的特点。

4. 扬子陆块（III）

（III₁）龙门山前陆盆地：

龙门山前陆盆地地处扬子地台西缘，四川盆地西部，是位于青藏高原东缘龙门山逆冲推覆构造带前缘的典型前陆盆地，呈 NE-SW 向展布，轴向为 NNE30°～40°，西以安县－都江堰－双石断裂为界，东以乐山－龙泉山－三台－南江一线为界，北以广元－南江一线为界，南以天全－雅安－峨眉山一线为界，面积约 8400km²（李勇等，2006；刘树根等，未刊资料）。该前陆盆地是在晚三叠世早期扬子地台西缘被动大陆边缘的基础上形成的（刘树根，1993；李勇等，1995），自晚三叠世以来，龙门山的崛起造成川西地区发生沉降使其逐渐演变成为前陆盆地，并充填了厚度大于 1 万余米的海相至陆相沉积物，包括上三叠统至第四系，与下覆地层为不整合接触，垂向上显示为由海相－海陆过渡相－陆相沉积物构成，具有向上变浅、变粗的序列，并具有不整合面发育、旋回式沉积和粗碎屑楔状体幕式出现等特点，以不整合面为界可将该盆地充填序列划分为 6 个构造层序，根据几何形态可将构造层序区分为两种类型，即楔状构造层序和板状构造层序（李勇等，1995）。同时，随着龙门山构造带逐渐向东的逆冲推覆扩展，龙门山前陆盆地的盆山边界由最西侧的汶川－茂县断裂向东逐渐转移到安县－都江堰一带，主要表现为造山带由 NW 不断向 SE 推进，而前陆盆地沉积和沉降中心逐渐退缩，呈现出"前展式"变形特征，并伴随前陆盆地西缘砾质粗碎屑楔状体的周期性出现和前陆盆地的幕式沉积响应（杨长清等，2008）。刘树根、李智武等（1993，2008）根据川西地区的地表构造形迹和地腹构造展布特征、以主体构造为主将龙门山前陆盆地划分为龙门山前缘扩展变形带和前陆坳陷带，其中，前者介于都江堰－安县断裂和广元－

大邑（隐伏）断裂之间，主要由侏罗系－古近系陆相红层组成，其西部已卷入龙门山冲断带前缘,南段变形强于中北段,发育宽缓褶皱或单斜构造;后者位于广元－大邑（隐伏）断裂以东的龙门山前前陆盆地部分,北段出露白垩系红层,中南段多为第四系覆盖,构造变形较为微弱。

（Ⅲ₂）汉南隆起:

位于扬子陆块北缘,北接摩天岭地块,前震旦系出露于中部,东部和西部盖层沉积齐全,但发育程度不一,其北部分布有汉中新生代断陷盆地。其构造为北东走向,印支运动隆起,燕山运动基本定型。

2.3.2 区域主干断裂及活动性

研究区主要涉及断裂为龙门山断裂带北段、岷山断块（主要涉及岷江断裂、虎牙断裂）、秦岭南缘活动断裂带,上述边界断裂第四纪以来表现出不同的活动性,并围成若干活动块体（图 2-12）。

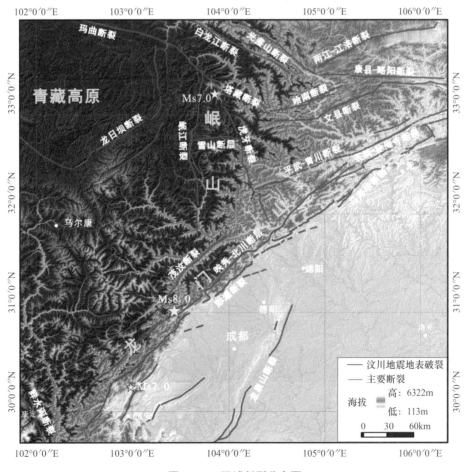

图 2-12 区域断裂分布图

1. 龙门山断裂带北段

龙门山造山带有现今的构造格局，是因为经历了印支期－燕山期－喜马拉雅期三个构造时期的构造演化，三个构造时期所表现的主要变形特征也各有差异。在印支期构造时期：主要表现为浅海沉积环境的扬子地台结束了沉积历史，从此拉开陆内褶皱造山作用的历史的序幕，为龙门山复合造山带的崛起奠定了坚实基础；在燕山构造时期：主要的构造表现形式为龙门山地区以及邻区出现大面积的区域隆升，在这个时期主要构造作用不是造山作用，而是隆升作用，是让印支期形成的褶皱山系区域抬高；喜马拉雅构造时期：该时期主要是推覆造山作用，对印支与燕山构造时期形成的构造进行叠加，从而形成现今的龙门山复合造山带基本格架。

龙门山构造带现今构造格局主要表现为一个巨大型的逆冲推覆构造带。在区域内发育有三条主要的逆冲推覆构造，由北西到南东依次为：青川－茂汶断裂（后山断裂）、北川－映秀断裂（中央断裂）、彭灌断裂（前山断裂）。以北川－映秀断裂（中央断裂）为界，将龙门山构造带划分为前龙门山构造带和后龙门山构造带两个构造单元，在两个构造单元中还发育有"叠瓦式"排列的逆冲推覆构造。

龙门山断裂带北段呈 NE50°～60°。斜贯工作区，主要由平武－青川断裂、茶坝－林庵寺断裂、马角坝断裂 3 条主干断裂组成。中国地震局地质研究所（2005）等对平武－青川断裂进行了研究，认为该断裂为中更新世活动断裂。汶川 8.0 级地震的发生，中国地震局等单位对平武－青川断裂带进行了科学考察，取得丰富的实际资料。该断裂在地貌上表现清楚，主要表现为断裂谷地，其次有断裂槽地、断裂垭口等，它们有较好的连续性，因此在卫星影像和航空照片上都有很好的线性特征。断裂通过的部位，前第四纪地层强烈变形，断层面和断裂破碎带多处可见。但未发现晚更新世以来该断裂活动的地质证据。据文德华（1994）、王士天（1985）等介绍，该断裂在晚新生代具有明显的右行走滑兼逆冲特征。

根据断裂带平面上的分布，大致可以把茶坝－林庵寺断裂分成 3 段。自西向东分别为茶坝段（105°～105°40′）、朝天驿段（105°40′～106°5′）和宁强段（106°5′～106°50′）。茶坝段（105°～105°40′）：走向北东东，由两条大致平行的逆冲断层组成，间隔 2～8km。北侧分支断裂上盘地层为寒武系下统，下盘地层为寒武系上统；南分支断层上盘地层为寒武系上统，下盘地层为志留系。朝天驿段（105°40′～106°5′）：总体走向北东东，有多条不连续的逆冲断层组成，大致呈右阶斜列。宁强段（106°5′～106°50′）：走向北东东，倾向北西，为一条逆冲断层，上盘地层为震旦系和寒武系，下盘地层为志留系。由一条单一的断裂组成。沿断裂走向观察，近区域范围内未见线性地貌分布，地貌断裂破碎带由碎裂岩、构造角砾岩及构造透镜等组成，显压性特征，宽度一般在 30～50m。

龙门山前断裂的北段，由数条规模较小的次级断裂组成。沿断裂，龙门山向盆地呈丘陵过渡，地貌差异不显著，断裂对地貌控制不明显，晚第四纪活动迹象不清楚，至今尚无确切的第四系断错剖面报道。汶川地震后，中国地震局（2009）沿前山断裂北段进了地质地貌调查和探槽揭露，判定龙门山断裂前山断裂北段应为早－中更新世断裂。

2. 岷山断块

岷江断裂是岷山断块的西边界，起于弓嘎岭以北，向南经卡卡沟、川盘、川主寺、较场，至茂县以北消失，全长约 170km，走向呈近南北，断面西倾，倾角不定。在川主寺以北，岷江断裂控制了弓嘎岭和漳腊两个新第三纪－第四纪盆地，将这两个盆地严格地限制在断裂的东侧，断层形迹清晰。川主寺以南，岷江断裂沿岷江以 N10°～20°E 的走向延伸至松潘，在松潘南走向折转为 N10°～20°W 经牟尼沟口、德胜堡、镇江关西、金瓶岩、木耳寨、较场、马脑顶、牧畜铺至两河口附近消失。经过野外追踪调查，岷江断裂从弓嘎岭以北一直到金瓶岩西格沟，断层形迹连续。在金瓶岩西格沟上游，相距红桥关－松潘－金瓶岩断层形迹以西约 1km 处，又出现一条断层形迹呈近南北向一直延伸至木耳寨附近的较场以东消失，而另一条近南北向的断层形迹从较场东侧一直延续至牧畜铺、两河口附近消失。因此，总体上看，岷江断裂是由 3 条形迹连续的次级断裂呈相距 1km 左右的右行羽列组成的近南北向的逆冲－走滑断裂，显示了由西向东的冲断作用，并具一定的左旋走滑运动性质。

岷江断裂的新构造活动使三叠系中统杂古脑组灰质角砾岩逆冲于上第三系红土坡组紫红色砾岩之上，断层破碎带宽约 50m，压性特征明显，显示逆断层性质。断面上覆盖有厚约 10cm 的断层泥，断层泥样品的 TL 测龄龄值为（19.64 ± 1.47）× 10^4 年。以上资料显示出岷江断裂在第四纪以来有过强烈的活动，是弓嘎岭和漳腊两个新第三纪～第四纪盆地的控盆构造。

在寒盼－水晶一带，岷江断裂新活动的地质地貌证据表现明显，岷江断裂在岷江 Ⅱ 级阶地和洪积扇上形成明显的断层陡坎。Ⅱ 级阶地面上的断层陡坎高 6～10m 不等，洪积扇上的陡坎高约 16m。在川盘附近的断层陡坎开挖的探槽揭示出由 4～5 条逆断层形成的宽约 4m 的冲断带（周荣军等，2000），主断层产状为 N45°E，倾向 NW，倾角 40°。冲断带内砾石呈明显的定向排列，具逆掩断层的一般特征。此处 Ⅱ 级阶地顶面为钙质胶结的砂砾石层（顶面的 TL 年龄值为 27000 ± 2100 年），因此位移标志清楚。由于断裂位移需在河流下切以后才可能完全保留，因此岷江断裂晚更新世以来的平均垂直滑动速率应 ≥0.37mm/a。在水晶乡附近，岷江断裂从岷江西岸的 Ⅱ 级河流阶地面上通过，形成 2～3 条近于平行的、高度不等的断层陡坎。其中最低的断层陡坎高 1～2m，最高 7～8m，总高度约 10m。在水晶乡的冲沟内，于断层陡坎的下方可以见到第四纪砂砾石层中形成逆断层，断层上盘的砂砾石层在断面处轻度弯曲，形成一拖曳背斜，沿断层面砂砾石层具明显的定向排列。此外，于 Ⅱ 级阶地面上的数条小冲沟被断裂左旋错开，位错量约 10m（邓起东等，1994）。

上述现象表明，岷江断裂显示逆－左旋走滑运动性质。历史地震资料显示，岷江断裂川主寺以北段历史上曾发生过 1748 年 6½ 级地震和 1960 年 6¾ 级地震（《821 厂厂址地震安全性评价复核报告（2009）》），为一条全新世活动断裂。

作为岷山断块的东边界－虎牙断裂，呈北北西向延伸，断面西倾，倾角较陡，逆断裂性质。该断裂作为青藏高原的东边界，地形地貌在断裂两侧具有显著的差异性。断裂以东为龙门山中低山区，夷平面高程在 3200～3500m；断裂以西为岷山高山峡谷区，夷平面高程在 4200～4500m。

虎牙断裂南端始于平武县的银厂，向北经虎牙关、丰岩堡、火烧桥、小河至龙滴水，于龙滴水错切雪山断裂后向 NW 沿三道片附近的褶皱断续出露，断裂地表出露长达 60km。从一系列中强震沿断裂总体展布方向呈 NW 向条带状分布的特征来看，该断裂极有可能向北隐伏延伸，可能与东昆仑断裂南东段相斜接。断裂北段走向由 NW 转为 SN，倾向 E，倾角 40°～80°；南段走向由 SN 转为 NNW，倾向南西，倾角由北往南自 70° 转为 30°。断裂总体走向 NNW，显压性特征。断裂以西主要为前震旦系碧口群变质火山岩系和部分古生代底层，断裂以东主要为上古生界和三叠系。断裂呈单条展布，仅在中段发育有一些分支次级断裂与主干断裂相交。

晚第四纪以来，虎牙断裂的新活动表现十分强烈，在航卫片上表现出清晰的线性特征，沿断裂走向分布可以见到边坡脊、断层槽谷、断层陡坎、断错冲沟、洪积扇及河流阶地等断错地貌现象（周荣军等，2003）。在小河附近，虎牙断裂从洪积扇面上切过时，形成有比较明显的断层陡坎，并致形成该洪积扇的冲沟左旋位错了 47m（图 2-13）。

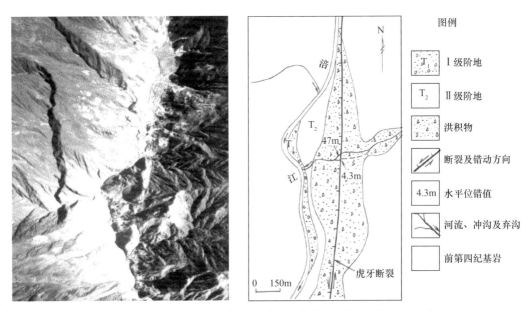

图 2-13　小河北约 1km 虎牙断裂断错地貌图（周荣军等，2003）

此处洪积扇前缘与涪江Ⅱ级河流阶地呈逐渐过渡状态，分析应属同期异相沉积。根据Ⅱ级阶地面顶部的亚砂土热释光测定值（32700±2600a）（周荣军，2003），据此估算虎牙断裂晚第四纪以来的平均水平左旋滑动速率为1.4mm/a左右。另外，虎牙断裂将该洪积扇面上的一条小干沟沿断层线出现了4.3m的左旋位错，应为1976年松潘、平武间7.2级地震的同震位错。

3. 秦岭南缘断裂带

秦岭南缘断裂带是指西起甘肃玛曲西北部，过迭部、武都后转为近EW向，经甘肃康县北部、陕西略阳、勉县直至陕西洋县的这一段断裂带，长600多千米。断裂带中涉及研究区的主要断裂有玛曲断裂、迭部断裂、勉县－略阳断裂、哈南－稻畦子－毛坡里断裂、文县断裂。

（1）玛曲断裂：西起玛沁盆地北侧，以玛沁盆地与东昆仑断裂带托常湖－玛沁段左阶斜接，向东经肯定那、西贡周、西科河南岸、唐地、玛曲，沿黑河南岸穿过诺尔盖草地向东，直至岷山北端求吉附近。玛曲断裂第四纪运动学特征主要表现为以左旋走滑为主兼有倾滑运动分量，左旋走滑运动特征的主要表现为水系、山脊、阶地、洪秘扇等的左旋位移。玛曲断裂的垂直断裂现象在地貌上表现较为清晰，沿断裂带到处可见明显的正向及反向断层崖及断层陡坎（何文炎等，2006）。

（2）迭部断裂带：东起武都之西，向西北延经舟曲、迭部至青海境内，全长300余公里，主要由光盖山－迭山北缘断裂、光盖山－迭山南缘断裂和迭部－白龙江断裂3条断裂组成宽约40km的复杂构造带。工作区内是其东南段，主要有光盖山－迭山北缘断裂和迭部－白龙江断裂，长约110km。光盖山断裂全长230km，断裂通过处地貌上有明显反映，大多山脊出现鞍形地貌。沿断裂发育宽约40m的破碎带，其中断层角砾岩和断层泥发育。在尖藏附近可见至少有3条阶梯状地貌陡坎，呈北西60°方向平行展布，陡坎坡角25°左右（《821厂厂址地震安全性评价复核报告（2009）》）。白龙江断裂总体走向NW290°～310°，与东昆仑断裂近平行，呈左阶排列。西起尕海，往东沿白龙江河谷展布，经旺藏乡、曹世坝、帕尕、台力敖、尼藏村、洋布村，插入拱坝河，止于武都南部山区，全长约250km，由相互错接的几条断裂组成，倾向，倾角变化较大，总体上呈逆冲兼左行走滑。分为尕海断裂段（西段）、热陇洋布断裂段（中段）、花草坡槐树坝断裂段（东段）。中段在迭部县益哇公路西侧、至电尕村公路北侧见有晚更新世砾石层及粉细砂层发生变形，洋布村西发现有冲沟左行约；东段断裂切穿山脊和阶地，水系同步左行变形3～20m，在沙滩林场东南的冲沟内断裂在灰岩破裂面上留下近水平擦痕，指示左行走滑活动，局部可见断层泥和断层泉。历史上曾发生过公元前甘肃武都级地震（袁道阳等，2007）、1881年级$6\frac{1}{2}$地震（《821厂厂址地震安全性评价复核报告（2009）》）。

（3）勉县-略阳断裂：长约 240km，为一条倾向南的逆冲断裂，在汉中盆地段为倾向南的正断裂。该断裂在地貌上表现为西西向的线性谷地。在汉中盆地北缘断层切穿中更新世砾石层和砂质黏土层。在略阳东南，断层在河流 4 级阶地上形成地断槽地，为一条中更新世-晚更新世早期断裂。1568 年在汉中发生 5 级地震，1908 年略阳北发生 51/2 级地震（《821 厂厂址地震安全性评价复核报告（2009）》）。

（4）哈南-稻畦子-毛坡里断裂：又称文县北断裂或弋家坝-稻畦子断裂带。侯康明等 (2005) 对断裂带及 1879 年武都南 8 级大地震的同震地表破裂进行了系统而深入的调查和研究，取得了丰硕的成果。断裂带西起四川南坪县哈南寨，向东经甘肃文县的北的堡子坝、桥头屯寨、梨坪，在固水子和稻畦子一带穿越白龙江继续向东延伸。断裂带由哈南-稻畦子-毛坡里、安昌河-青三湾-庙坪里和八字河-屯寨-固水子三穿断裂及斜列于其间的堡子坝-桥头、磨坝和望子关南三个白垩纪断陷盆地组成一条由西向东撒开的构造带，西宽 5～l0km，东宽 10～15km，长 100 余公里，断裂以左旋走滑活动为特征。哈南-稻畦子-毛坡里断裂带是一条晚更新世以来活动的构造带，断裂以左旋走滑活动为特征，是 1879 年武部南 8 级大震的发震构造，沿其产生了长 70 余公里的同破裂带（《821 厂厂址地震安全性评价复核报告（2009）》）。

2.3.3 构造稳定性评价

飞凤山处置场距著名的南北向地震带中段的最近距离约 180km，区域地震-构造环境较为特殊。印度板块向北强烈推挤欧亚板块，导致青藏板块强烈隆起的同时地壳物质向东侧挤出，由此驱动"川青断块"以约 5mm/a 的速率向东楔入西秦岭地槽褶皱造山带与龙门山褶断带之间。然而极为特殊的是，断块北缘边界文县-玛沁断裂向南弧形弯曲凸出、南缘边界茂县-平武断裂向北弧形凸出，二者相向凸出部在松潘-平武地区急剧收口"缩颈"，使得断块的向东运移过程在该部位受阻而产生强烈的 EW 向压应力集中，强烈抬升形成近 SN 向岷山构造隆起带，频繁发生强烈地震（图 2-14 左图）。出现一个以岷山隆起为中心的高频、高强度南北向地震活动带。

飞凤山处置场位于龙门山印支褶断带 NE 段，南东侧邻近上扬子地块 NW 边缘之川北凹陷燕山褶皱带。厂区处于龙门山褶断带前缘天井山复背斜的 NE 倾伏端，北西侧为龙门山中央断裂带及青川断裂，近厂区地质构造相对较简单。区域新构造运动的基本特征主要为：北部秦岭褶断带平均海拔高程约 2000m，地壳抬升速率 1.2～6.25mm/a；北西部岷山隆起带及摩天岭断块平均海拔高程约 3200m，地壳抬升速率 1.5～6mm/a；龙门山构造带中段和西南段平均海拔高程约 2400m，地壳抬升速率 2～6mm/a；八二一厂所在的龙门山褶断带 NE 段海拔高程约 1200m，地壳抬升速率 0.38mm/a，远低于秦

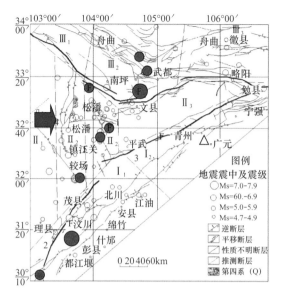 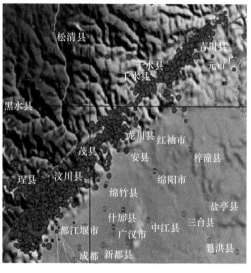

图 2-14　区域地震－构造图（右图－汶川 M8.0 地震余震分布）

I—龙门山断褶带；II—川青断块（II₁-阿坝断块、II₂-岷山隆起带、II₃-摩天岭地槽褶皱带
F₁：文县-玛沁断裂；F₂：汶川-茂县断层；F₃：青川-平武断裂；F₄：岷江断裂；F₅：虎牙断裂

岭褶断带、岷山隆起带及摩天岭断块和龙门山构造带中南西段，是区域新构造运动相对较弱的地区之一。

龙门山断裂带北段南缘，不发育大规模断裂构造，地面地质、地貌调查结果表明，厂址近区域大部分断裂最新活动时间为早中更新世（约 73 万年以前），近区域 15km 范围内无活动断裂；厂址范围内发育的小型断裂，均为非能动断层。

区域地震活动主要发生在工作区中央断裂带北西侧及北侧青川地区（图 2-14）。自公元前 186 年以来，区域范围共记载到破坏性地震 129 次（M≥4.7），最大地震是 1897 年甘肃文县 M=8.0 级和 2008 年四川汶川 M=8.0 级地震。强烈地震主要重复发生在距厂区较远的松潘-平武-文县-武都地区（≥100km）以及茂县-北川，安县地区（≥160km），历史最强地震对厂区的影响为 VI～VII 度。距厂区最近的（L=4.4km）地震是 1992.12.12 发生的 M=1.7 级地震。"5.12"汶川大地震最大余震（M=6.4），距厂区西北 24km。综上所属，厂区及外围外 4.4km 范围地震活动水平低，无任何地震记录。事实上，汶川 M8.0 级地震对厂区的实际影响烈度值不超过 VIII 度。

综上所述，飞凤山地区门山褶断带的北段南缘，受到区域构造断块的消能及应力屏障作用，场址区构造应力较弱，距场址区 15km 范围内无活动断裂和能动断裂，是构造稳定性状况相对较好的安全地带。但是"5.12"汶川 M8.0 级地震表明，龙门山断裂带已进入新的活跃期，位于该断裂带北端的厂区的地震活动将会有所增强，边坡工程的稳定性按厂地安评报告进行校核是必要的。

2.4 地震与新构造

2.4.1 地震

工作区域地处我国西部,位于陕西、甘肃及四川三省交界地区。从公元前186年~2008年8月,区域范围内共记录到破坏性地震(M≥4.7级)129次,其中M4.7~M4.9级地震31次、M5.0~M5.9级地震71次、M6.0~M6.9级地震21次、M7.0~M7.9级地震4次、M8.0~M8.9级地震2次,最大地震为1879年甘肃武都南8级地震及2008年汶川8级地震,其中有37次M5.0~M6.4级地震为2008年汶川8级地震的余震。1970年以来仪器记录小震19455次(ML1.0~ML4.9级),其中ML2.0~ML2.9级地震9503次、ML3.0~ML3.9级地震1448次、ML4.0~ML4.9级地震594次。区域范围内M≥5级的地震详见表2-3。

区域范围内历史破坏性地震目录(M≥5级,公元前186年-2008年8月) 表2-3

发震时间			震中位置		深度(km)	震级	精度	震中烈度	震中地区
年	月	日	经度	纬度					
-186	2	22	105.6	33.8		6~7	4	≥VIII	甘肃武都东北
319	6	18	105.3	34.0		5	3	VI	甘肃西和西北
638	2	14	103.4	32.8		53/4	3	VII	甘肃松潘西北
1169	1	31	104.4	31.9		5	4	VI	四川北川
1488	9	25	103.9	31.7		51/2	3	VII	四川茂县一带
1568	4	22	107.0	33.1		5	2	VI	陕西汉中
1568	4	23	107.0	33.1		5	2	VI	陕西汉中
1581	7		104.6	32.9		51/2	2	VII	甘肃文县
1597	2	14	104.4	31.9		51/2	3	VII	四川北川
1610	3	13	104.6	32.4		51/2	3	VII	四川平武东
1623	6	23	104.1	32.6		51/2	3	VII	四川松潘小河
1630	1	16	104.1	32.6		61/2	2	VIII	四川松潘小河
1631			106.1	33.7		51/2	3	VII	甘肃徽县南
1634	冬		104.8	33.2		51/2	3	VII	甘肃文县
1634	1	14	105.2	34.0		6	2	VIII	甘肃西和
1636			107.0	33.1		51/2	2	VI	陕西志丹
1657	4	21	103.5	31.3		61/2	2	VIII	四川汶川
1677	9		104.9	33.4		51/2	2	VII	甘肃武都

续表

发震时间			震中位置		深度（km）	震级	精度	震中烈度	震中地区
年	月	日	经度	纬度					
1713	9	4	103.7	32.0		7	2	IX	四川茂县叠溪
1738	5	19	104.2	33.3		53/4	2	VII	四川南坪
1748	2	23	103.5	31.3		51/2	3	VII	四川汶川
1748	5	2	103.7	32.8		61/2	3	>VII	四川松潘漳腊北
1822	4	24	104.6	33.0		51/2	2	VII	甘肃文县
1879	6	29	105.0	33.2		53/4	3		甘肃武都附近
1879	7	1	104.7	33.2		8	2	XI	甘肃武都南
1880	6	22	104.6	32.9		51/2	2	VII	甘肃文县
1881	7	20	104.6	33.6		61/2	2	VIII	甘肃礼县西南
1882	10	21	105.3	33.7		5	4		甘肃礼县东南
1885	1	15	105.7	34.0		6	3	VIII	甘肃天水南
1908			106.0	33.5		51/2	1	VII	陕西略阳北
1913	8	18	104.5	31.8		5		VI	四川北川
1932	6		103.2	34.0		5			甘肃迭部南
1933	8	25	103.4	31.7		5			四川茂汶西北
1933	8	25	103.7	32.0		71/2	2	X	四川茂汶北迭溪
1933	10	15	104.0	31.8		53/4		VII	四川茂汶北
1934	6	9	103.7	32.0		51/2		VII	四川茂汶迭溪
1938	3	14	103.6	32.3		6	2		四川松潘南
1940	0	0	103.9	31.6		51/2		VII	四川茂汶一带
1941	10	8	103.3	32.1		6	4	VIII	四川黑水一带
1948	10	10	103.7	32.0		5		VI	四川松潘
1952	11	4	103.5	32.0		51/2			四川迭溪附近
1953	3	1	103.5	32.5		51/2			四川松潘、黑水一带
1958	2	8	104.3	31.7		6.2		VII	四川茂汶、北川一带
1960	2	3	104.5	33.6		51/4	2	VI	甘肃舟曲
1960	3	24	103.7	32.3		5	3		四川松潘南
1960	11	9	103.66	32.78	20	63/4	2	IX	四川松潘
1961	3	30	103.7	32.8		5.5	2		四川松潘东北
1973	5	8	104.2	33.0	12	5.1	2		四川南坪南
1973	8	11	103.90	32.93	19	6.5	1	VII	四川松潘东北

发震时间			震中位置		深度（km）	震级	精度	震中烈度	震中地区
年	月	日	经度	纬度					
1974	1	16	104.1	32.9	18	5.7	1		四川南坪西南
1974	11	17	104.1	33.0		5.7	1		四川南坪南
1976	8	16	104.13	32.61	15	7.2		IX	四川松潘、平武间
1976	8	16	104.6	32.5		5.0			四川平武附近
1976	8	19	104.3	32.9	15	5.9			四川南坪东南
1976	8	22	104.4	32.6	21	6.7			四川平武北
1976	8	23	104.3	32.5	23	7.2	1	VIII＋	四川松潘、平武间
1976	9	1	104.1	32.5	22	5.1	1		四川松潘、平武间
1976	9	21	104.2	32.8	17	5.2	1		四川南坪南
1995	5	9	103.44	33.23	18	5.1	1		四川南坪西
2006	6	20	104.99	33.07	24	5.2	1		甘肃文县
2008	5	12	103.400	31.000	14	8.0	1	XI	四川汶川
2008	5	12	103.650	31.250		6.0	1		四川彭州
2008	5	12	103.550	31.283	21	5.0	1		四川都江堰
2008	5	12	104.000	31.567	10	5.4	1		四川绵竹
2008	5	12	103.583	31.250	43	5.0	1		四川都江堰
2008	5	12	104.700	32.200	24	5.1	1		四川平武
2008	5	12	103.917	31.550	12	5.2	1		四川什邡
2008	5	12	103.283	30.933	25	5.0	1		四川汶川
2008	5	12	103.417	31.300		6.0	1		四川汶川
2008	5	12	103.383	31.033	21	5.2	1		四川汶川
2008	5	12	105.500	32.733	21	5.1	1		陕西宁强
2008	5	12	103.567	31.250	17	5.1	1		四川都江堰
2008	5	12	103.467	31.317	21	5.2	1		四川汶川
2008	5	13	103.417	31.283	19	5.0	1		四川汶川
2008	5	13	103.817	31.417	36	5.6	1		四川彭州
2008	5	13	104.250	31.750	43	5.0	1		四川安县
2008	5	13	103.350	31.283	20	5.0	1		四川汶川
2008	5	13	103.400	31.300	31	5.4	1		四川汶川
2008	5	13	103.200	30.950	33	6.1	1		四川汶川
2008	5	14	103.383	31.317	43	5.6	1		四川汶川

发震时间			震中位置		深度 （km）	震级	精度	震中 烈度	震中地区
年	月	日	经度	纬度					
2008	5	14	103.9	31.417	30	5.0	1		四川什邡
2008	5	15	104.133	31.717	33	5.1	1		四川安县
2008	5	16	103.183	31.350	15	5.9	1		四川汶川
2008	5	17	103.417	31.183	21	5.1	1		四川汶川
2008	5	17	103.483	31.317	6	5.0	1		四川汶川
2008	5	18	104.900	32.250	22	6.0	1		四川平武
2008	5	19	105.250	32.550	16	5.4	1		四川青川
2008	5	20	104.933	32.267	26	5.0	1		四川平武
2008	5	25	105.333	32.550	21	6.4	1		四川青川
2008	5	27	105.567	32.767	18	5.4	1		陕西宁强
2008	5	27	105.583	32.767	19	5.7	1		陕西宁强
2008	6	9	103.717	31.350	21	5.0	1		四川彭州
2008	6	11	103.267	30.900	22	5.0	1		四川汶川县
2008	7	15	104.000	31.567	20	5.0	1		四川绵竹
2008	7	24	105.500	32.833	4	5.6	1		四川青川
2008	7	24	105.483	32.833		6.0	1		四川青川
2008	8	1	104.650	32.083	21	6.1	1		四川平武
2008	8	5	105.450	32.767	16	6.1	1		四川青川

从图 2-15 中可看出，区域范围内地震活动明显不均匀分布，地震大部分集中在龙门山断裂带的中南段及岷山断块附近，龙门山北段区及其东南部无破坏性地震记载。

图 2-16 所示为 1970 年以来小地震观测结果，其分布特征与历史破坏性地震分布相近，小震主要集中在区域的西北部，形成较大规模的小震密集区；东南部小震活动较稀少。工作区范围内未出现明显的小震活动密集带。

2.4.2 新构造运动

1. 区域新构造类型

（1）间歇性抬升。主要出现在秦巴山区，新生代长期抬升的地区，区内发育 4 级夷平面，普通可见 3～5 级阶地，显示间歇性抬升的特点。四川盆地具有缓慢间歇性抬升的特点。

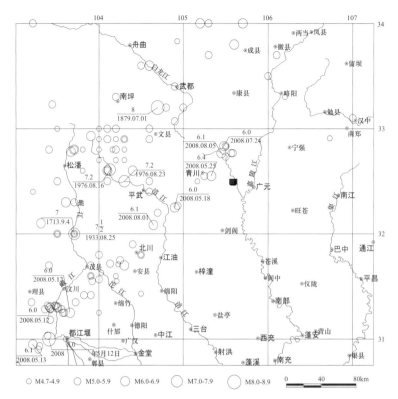

图 2-15　区域破坏性地震震中分布图（M≥4.7 级，公元前 186 年～2008 年 8 月）

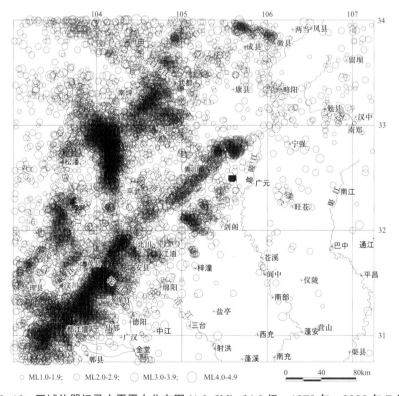

图 2-16　区域仪器记录小震震中分布图 (1.0≤ML≤4.9 级，1970 年～2008 年 7 月)

（2）断陷活动。主要发生在成都凹陷。

（3）断块差异活动。主要发生在岷山和龙门山地区。岷山断块高出阿坝高原面 500～1000m，高出摩天岭地区相对高差在 1000m 以上。龙门山构造带相对四川盆地第四纪以来的垂直差异活动达 3000～4000m。

（4）断裂与地震活动。区域内的主要断裂多为晚更新世－全新世活动的断裂；通常具逆断或走滑逆断性质。区内地震活动比较强烈，6 级以上地震一般都发生在这些主要活动断裂带上。

2. 新构造运动的发展过程

发生于始新世中晚期（45Ma～40Ma）的喜马拉雅运动第一幕，在区域的西北部表现为相当强烈的隆升、褶皱和断裂活动，龙门山构造带推覆到上三叠统和白垩系之上。此后，山区经长期剥蚀均夷而准平原化，形成青藏地区的第一级夷平面（山顶面）。中新世早期（22Ma～15Ma）的喜马拉雅运动第二幕，主要导致了川青块体和川滇块体分别向 SEE 和 SE 方向侧向滑移，前一块体沿龙门山构造带发生大规模右旋走滑冲断活动。随之工作区北部山区经历了较长时期的侵蚀、剥蚀均夷，到上新世晚期最终形成大面积分布的统一的准平原，它构成青藏高原面的主体，是现代构造地貌发育的基础（李吉均，1999）。第四纪以来，由于强烈的断块差异活动，统一的地貌面解体，北部山区继承隆升达到现今海拔 4000m 左右；龙门山构造带强烈活动，成都断陷发育并接受第四系沉积；四川盆地缓慢抬升而成丘陵地貌。

3. 新构造运动分区特征

根据新构造运动的性质、强度及其反映的构造地貌特征等，进行区域新构造运动分区。大致以武都－天水一线西北高东南低的北东向地貌陡坎（邹谨敞等，1991）、岷山东缘和龙门山中－西南段南缘为界，把区域分为两个一级区，它们还可进一步将其分出一些二级区和三级区（表 2-4）。

区域新构造运动分区　　　　　　　　　　　表 2-4

一级区	二级区	三级区
西部强烈隆起区（Ⅰ）	川青面状强隆区（Ⅰ₁）	岷山强断隆（Ⅰ₁₋₁）
		龙门山推覆带（Ⅰ₁₋₂）
		若尔盖凹陷（Ⅰ₁₋₃）
	西秦岭中强隆区（Ⅰ₂）	西秦岭断隆
东部较弱抬升区（Ⅱ）	四川盆地弱升区（Ⅱ₁）	成都断陷（Ⅱ₁₋₁）
		川中弱升区（Ⅱ₁₋₂）
	秦巴中升区（Ⅱ₂）	

注：引自《821 厂厂址地震安全性评价复核报告（2009）》。

龙门山北段地区主要处于东部川中弱升区和秦巴中升区的交接地带，第四系以来差异活动不明显。

2.5 水文地质条件

区内地下水资源丰富，类型较为齐全，受地层、岩性、构造和地形地貌的影响，地下水在地区上具有一定的差异，主要的地下水类型有基岩裂隙潜水、第四系松散堆积层孔隙潜水、碳酸盐岩裂隙岩溶水等。基岩裂隙潜水分为以泥页岩夹砂岩、碳酸盐岩为主的碎屑岩裂隙潜水，以古生界志留系和前泥盆系变质岩为主的变质岩裂隙潜水及岩浆岩裂隙潜水；第四系松散堆积层孔隙潜水含水量较富者在沿河两岸的河谷一级阶地，冲积（洪积）的砂砾卵石为主的含水层，出露面积含水不富者为中上更新系冰水堆积（洪积）组成，零星分布于河谷两岸的二级或三级阶地。碳酸盐岩裂隙岩溶水多分布于暗河不发育的岩溶裂隙水，多呈条带状零星分布。

2.5.1 水文地质单元划分

按照水文地质单元划分的基本原则，结合该区的地表水流域、区域分水岭和地层岩性等，将该区域水文地质划分为 7 个单元。包括：Ⅰ.盐水溪水文地质单元；Ⅱ.漂草湾水文地质单元；Ⅲ.杨家沟水文地质单元；Ⅳ.燕子岩水文地质单元；Ⅴ.老林沟水文地质单元；Ⅵ.岩背上水文地质单元；Ⅶ吴家沟及三堆镇水文地质单元。其中，研究区所处单元为Ⅱ漂草湾水文地质单元。各水文地质单元如图 2-17 所示。

2.5.2 地下水类型及特征

为了研究处置场场地与区域地下水的关系，以地表分水岭边界，在区域划分为 7 个水文地质单元，飞凤山处置场属区域Ⅱ水文地质单元。

1. 地下水类型

根据含水介质特征划分，将区域地下水划分为松散岩类孔隙水、基岩裂隙水及碳酸盐岩岩溶水。场地主要为基岩裂隙水，根据裂隙成因，可进一步将基岩裂隙水分为风化裂隙水和构造裂隙水。

（1）松散岩类孔隙水

区域上第四系松散岩类孔隙水主要分布于第四系冲洪积物（Q_4^{al+pl}）、残坡积物（Q_4^{el+dl}）、崩坡积物（Q_4^{col+dl}）以及人工填土（Q_4^{ml}）中。第四系松散岩类孔隙水在处置场主要分布于残坡积物、崩坡积物沉积物中。岩性为黏土、砂质黏土、粉土，偶夹砾石，水量很小，一般小于 $50m^3/d$，仅局部有上层滞水，基本上不含水，或为透水而不含水。

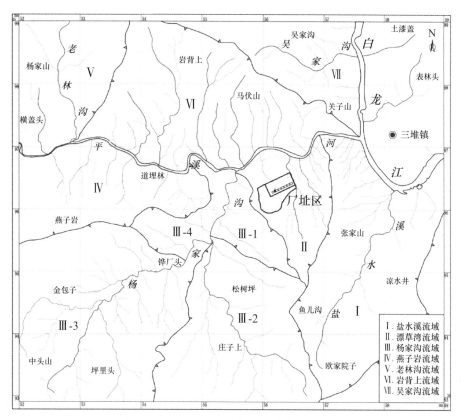

图 2-17 飞凤山区域水文地质单元划分图

（2）基岩裂隙水

基岩裂隙水是场地区域主要地下水类型，区域基岩裂隙水主要包括风化裂隙水和构造裂隙水。

① 风化裂隙水：场地及区域基岩以志留系砂岩、泥岩为主，浅表部的风化裂隙中普遍发育风化裂隙水，发育深度一般都在 20～30m。风化裂隙水一般埋深 5～30m，呈面状分布，受地貌控制，区域上不易形成统一的潜水水面，仅在局部区域有统一的地下水水位。泉流量在 0.1～1L/s，矿化度 50～300mg/L。地下水来源主要为大气降水补给、地表沟水和上覆第四系含水层地下水补给。

② 构造裂隙水：受构造影响，在志留系地层中构造裂隙发育，赋存构造裂隙水，一般呈带状分布，发育深度可达 60～80m，甚至更深。构造裂隙水富水带水量较丰富，泉流量可达 1～5L/s。构造裂隙水矿化度 80～400mg/L，地下水来源主要为地表沟水和上覆第四系含水层、风化裂隙含水层的地下水补给。

（3）碳酸盐岩岩溶水

含水岩组主要有奥陶系、泥盆系、石炭系灰岩组成。地下水发育很不均匀。地下水主要发育于构造带及其附近的破碎带中，以及溶洞发育的部位。碳酸盐岩岩溶水的泉流量一般为0.03～5.69L/s。区内最主要的岩溶泉为平溪河上游的鱼洞泉。

2. 地下水的运动特征

该区地下水补给以大气降水补给为主。地下水获得补给的量与强度受地貌、降水强度、植被发育等因素影响。根据区域地下水径流资料反演,地下水大气降水入渗系数为0.15～0.2。水文地质单元内各类含水体还存在不同类型地下水之间的补给。其特征如下:

(1)第四系松散岩类孔隙水:主要接受大气降水补给和溪沟水补给,运动受地形地貌控制,运动距离较短,向附近溪沟排泄或补给下伏含水层。

(2)风化裂隙水:接受大气降水和上覆第四系松散岩类孔隙水补给,地下水运动受地形地貌控制,运动距离较短,以泉或隐伏排泄方式排泄,或向下补给构造裂隙水。

(3)构造裂隙水:受构造控制,接受地表水、上覆第四系松散岩类孔隙水、风化裂隙水的补给,运动沿断裂或裂隙密集带运动,运动距离较远,可连通不同水文地质单元,地下水水量较大,通常以泉的方式排泄。

3. 区域地下水化学特征研究

区域地下水化学特征分析资料以1:20水文地质报告、2008～2010年成都理工大学基础地质和水文地质条件研究,共有150组水样,其中包括地表泉水、沟水、钻孔水和河水。区域主要水体化学特征见表2-5,区域水文地质图如图2-18、图2-19所示。

各水文地质单元地下水化学特性 表2-5

类别	I	II	III	IV	V	VI	白龙江	平溪河
pH	6.95	7.01	7.53	7.33	7.45	7.64	8.06	8.21
Na^+	13.88	6.00	8.78	4.00	5.50	37.30	7.80	6.05
K^+	2.10	2.07	1.39	0.37	0.70	6.98	2.24	0.83
Ca^{2+}	29.81	16.70	38.52	64.13	27.06	69.18	52.10	38.38
Mg^{2+}	5.02	48.86	11.49	13.78	9.12	17.32	16.78	13.98
Cl^-	7.53	4.97	4.57	2.13	1.42	14.35	5.53	2.78
SO_4^{2-}	23.75	32.27	24.86	29.79	31.84	26.06	40.10	34.05
HCO	118.20	42.71	159.99	227.80	97.60	367.45	181.88	154.16
TDS	50.80	29.63	60.02	82.27	42.39	133.28	78.92	59.89
水化学类型	HCO_3^-Ca $HCO_3 \cdot SO_4^-$ (Na+K)·Ca	$HCO_3 \cdot SO_4^- Ca$ $HCO_3 \cdot SO_4^- Ca \cdot$ (Na+K)	$HCO_3^- Ca$	$HCO_3^- Ca$	$HCO_3^- Ca$ $SO_4 \cdot Ca \cdot$ (Na+K)	$HCO_3^- Ca$ $HCO_3^- Ca \cdot$ (Na+K) $HCO_3^-(Na+K)$	$HCO_3^- Ca$ $HCO_3^- Ca \cdot Mg$	$HCO_3^- Ca$ $HCO_3^- Ca \cdot Mg$

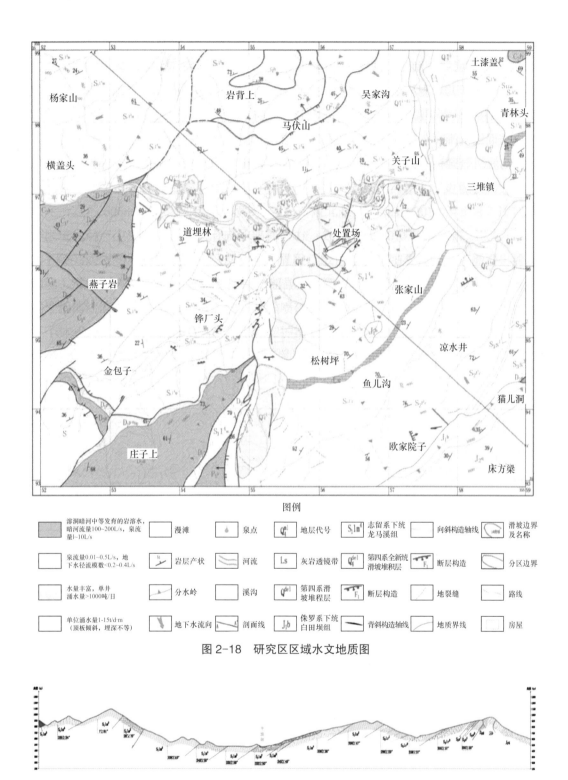

图例

溶洞暗河中等发育的岩溶水，暗河流量100~200L/s，泉流量1~10L/s	漫滩	泉点	Q_4^{al} 地层代号	S_1lm 志留系下统龙马溪组	向斜构造轴线	滑坡边界及名称
泉流量0.01~0.5L/s，地下水径流模数<0.2~0.4L/s	岩层产状	河流	Ls 灰岩透镜带	Q_4^{del} 第四系全新统滑坡堆积层	断层构造 F_1	分区边界
水量丰富，单井涌水量>1000吨/日	分水岭	溪沟	Q_4^{del} 第四系滑坡堆程层	断层构造 F_1	地裂缝	路线
单位涌水量1~15t/d·m（顶板倾斜，埋深不等）	地下水流向	剖面线	J_1b 侏罗系下统白田坝组	背斜构造轴线	地质界线	房屋

图 2-18　研究区区域水文地质图

图 2-19　A-A′水文地质剖面图

各个水文地质单元的总体化学特性为：各水文地质单元水体整体上呈弱碱性，pH值在 7～8 之间，平溪河和白龙江水体 pH 值大于 8。不同水文地质单元水化学类型有所差异，主要是由于水体所产出的岩性不同所致，如 Ca、Mg 在灰岩、白云岩区出露的水体中含量较高，而流经页岩地区的水体常含有较高含量的 Na^+、K^+ 及 SO_4^{2-} 离子。

2.6　外动力地质环境

2.6.1　气象气候特征

四川气候区域表现差异显著，东部地区冬暖夏热、春旱秋雨，西部则冬长寒冷、日照充足、降水集中、干雨季分明。气候垂直变化大，气候类型多样，气象灾害种类齐全（暴雨、洪涝等），发生频率高、范围大。

盆地属亚热带季风气候区。受盆地闭塞地形影响，云量多，晴天少，气温略低于同纬度的其他地区，最低温达 -6℃。盆地雨量充沛，年降水量达 1000～1300mm，盆地边缘山地降水高于盆地地区达 1500～1800mm，为中国突出的多雨区，有"华西雨屏"之称，且雨量集中在 6～10 月，最大日雨量可达 300～500mm。川西南山地属亚热带半湿润气候区。该区云量少，晴天多，日照时间长，年均温度 12～20℃，年温差较小，四季不明显，但干湿季分明。降水量较盆地而言偏少，年均降水量 800～1200mm，主要集中在 5～10 月。其河谷地区受焚风影响形成典型的干热河谷气候，形成显著的山地立体气候。川西北高山高原高寒气候区。该区天气晴朗，日照丰富，海拔高差大，气候立体变化明显，从河谷到山脊依次出现亚热带、暖温带、中温带、寒温带、亚寒带、寒带和永冻带。总体上以寒温带气候为主，河谷干暖，山地冷湿，冬寒夏凉，水热不足，年均温度 4～12℃，年降水量 500～900mm（图 2-20）。

2.6.2　龙门山地形雨

龙门山位于青藏高原东缘，龙门山构造带是构造缩短和物质聚集的狭窄区域，由于地形的影响，降雨量加大，因而剥蚀率很高，这使得这里的地壳物质被快速的剥蚀和搬运，因而，龙门山是青藏高原东缘长江上游大陆碎屑物质最大的物源区之一。该区降雨主要受东亚季风控制，在 7～9 月东亚季风气流由南东向北西移动，并穿过龙门山脉，在龙门山脉东侧形成迎风坡，受地形的影响而增强了降雨量，产生"雨影区"效应和"地形雨"，降雨量剧增，形成北东向展布的强降雨带，年平均降雨量达到1600～2000mm/a。强降雨必然诱发大量的滑坡，导致龙门山快速的质量亏损。在龙门山脉西侧的背风侧，降水大幅度减少，形成较干旱的草原和荒漠，侵蚀作用明显减少，其结果是有利于龙门山西侧（背后）青藏高原的形成（图 2-21）。

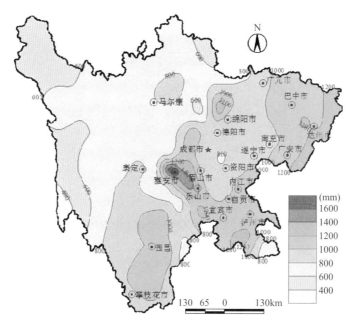

图 2-20　四川省年平均降雨量分布图

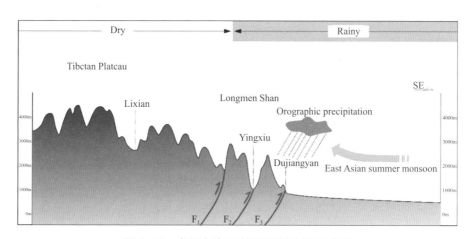

图 2-21　龙门山地区地形雨形成剖面示意图

（F₁—茂汶断裂；F₂—映秀 - 北川断裂；F₃—彭灌断裂）

2.6.3　水文特征

龙门山地区河川发育，该区地区发育有贯通型河流以及山前型河流，与龙门山走向大致垂直，其中龙门山北段主要为长江水系的嘉陵江（图 2-22）。

嘉陵江干流发源于秦岭山脉及岷山山脉，自陕西省宁强县入境后由北向南纵穿广元市境中部，过境段全长 261.5km，于重庆市北碚区注入长江。嘉陵江流域分别在南、北两个区形成河网。北部以嘉陵江干流为主，自广元境内中部往南，东西两侧为东河、

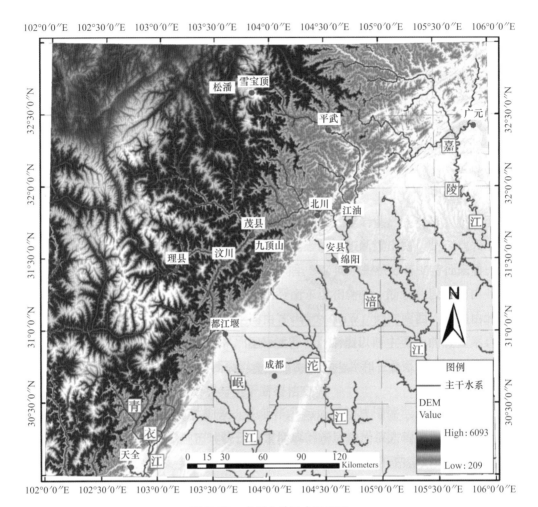

图 2-22 龙门山地区水系示图

白龙江，汇有东西方向的支流有清江河、南河、白水河、黄洋河。其中流域面积大于 50km² 的河流有白龙江、东河、西河、清江河、南河等 80 多条，江河年均径流总量 251 亿 m³。嘉陵江干流多年平均降水量 980mm，约 50% 集中在 7～9 月，多年平均径流深 464mm。干流流经区域内的降水在空间和时间上的分布很不均匀，年平均雨量也大体从上游到下游呈递减趋势。嘉陵江干流（广元段）多年平均流量 647m³/s。

　　嘉陵江干流总的流向由北而南略向西弯曲，比降变化较大，昭化镇以上为嘉陵江上游，地形为山区，山高坡陡，平均比降为 3.8%。河谷深切，不少地段河谷为 V 形，坡谷陡达 40° 以上；昭化镇以下为嘉陵江中游，地形从深丘逐渐过渡到浅丘，比降大为减小，平均比降为 0.3%，河道自上而下逐渐开阔，水面宽 70～400m。嘉陵江是四川省内挟带泥沙最多的河流，由于上游黄壤土质疏松，中游紫红色页岩易于风化，加之岸坡陡峭，耕种过度，植被覆盖率低，导致坡面侵蚀强烈，陕西、甘肃境内水土流失严重，广元境内水土流失总体呈现南高、北低的趋势，南部的苍溪县水土流失强度要略大于北部朝天区，嘉陵江干流多年平均含沙量达 1.8kg/m³。嘉陵江径流由降雨补给，水量丰沛，洪水特征是历时短、洪峰高，由于嘉陵江流域形状略似扇形，洪水汇流，加剧涨势，常产生严重洪灾。

飞凤山处置场主要涉嘉陵江支流白龙江及白龙江支流平溪河。白龙江是嘉陵江的主要支流，发源于青、甘、川三省交界的岷山和西倾山之间，自西北向东南流经甘肃的迭部、舟曲、武都，经碧口进入四川，经青川、广元，在广元市昭化镇汇入嘉陵江，全长 576km，流域面积 31808km²。

平溪河是距处置场区最近的河流，在三堆镇附近汇入白龙江（白龙湖）。平溪河具有典型的山谷溪流特征，河流枯水期流量在 1m³/s 左右，雨期时流量大，造成短时间的猛涨急落，其出口处监测的最大流量为 1400m³/s。

白龙湖是国家重点能源项目宝珠寺水电站在白龙江上建成后形成的中国西南地区最大的人工湖，位于广元西部，跨青川县和利州区，水源主要来自白龙江。白龙湖长 16km，最宽处 14km，平均水深 54.5m，周长 410km，有大小岛 23 个，最大水面 75km²，总库容量 26.7 亿 m³。

2.6.4 人类工程活动

区内自然环境与人类工程经济活动呈负相关，自然环境条件较好的地带，人类活动强度低，自然环境恶劣的地段，人类活动强度高。人类对自然改造的不断加重，自然环境随之恶化，崩塌、滑坡、泥石流等地质灾害也随之加强，区内人类工程活动主要表现在以下几方面：

1. 工程建设

工程建设尤其是边坡开挖对斜坡稳定性影响较大，临空面的增加及卸荷松弛，岩体结构面张开、延展，地表水下渗及地下水径流通道的改变，导致边坡结构变差，边坡稳定性降低。

水库、水渠等修建造成的渗漏直接增加了斜坡岩土体水分，岩土体重量增加，强度降低，同时会提高地下水位。

2. 毁林开荒、陡坡耕织

毁林开荒等土地资源的不合理利用破坏了植被环境，致使岩土体裸露、地表风化作用加快，造成大量水土流失，从而破坏了斜坡岩土体结构，是引起滑坡、崩塌等地质灾害的重要原因。总体表现在不同程度的人类工程活动改变了地形，影响了斜坡的稳定，改变斜坡水分状况，降低了岩土强度，改变斜坡的物质组成，增加斜坡的负荷，常常导致斜坡的失稳。

3. 资源开发

区内矿产比较丰富，矿业开发迅猛发展，环境治理监管滞后，乱采滥挖对自然环境破坏严重，矿产资源或建筑材料的采掘，对环境影响表现在两个方面：一是开采爆破造成山坡岩体破碎、松动、裂隙发育，因此导致崩塌、落石；二是大量的废渣碎石随意弃置于沟谷之中，人为增加了沟谷内松散物储量，引发和加剧了泥石流的发生，并加大了泥石流的致灾程度。

第3章 软岩边坡工程地质

软岩在世界上分布非常广泛，泥岩与页岩就占地球表面所有岩石的 50% 左右。它与工程建设息息相关，特别是对大坝、隧洞、边坡工程的稳定性起控制作用，很多大型水电工程坝基都存在软岩类的软弱夹层，如葛洲坝工程坝基下埋藏产状近水平的软弱夹层多达 50 多层；达开水库输水隧道软岩引起的塌方占塌方量的 70%；四川中江县马鞍山隧洞黏土岩膨胀导致变形与垮塌；贵州各地区边坡滑动灾害中由软弱层引起约占 60%。由于软岩的存在而引发的工程案例很多，如美国圣佛兰西斯坝，因黏土胶结的砂砾岩被水浸润软化而引起滑动；美国俄亥俄河 26 号坝，沿坝基下 5cm 厚的页岩层发生滑动；美国奥斯丁重力与工坝，沿右灰岩内的页岩夹层而滑动；法国布泽坝，沿坝基龟裂的红色砂岩的黏土层发生滑动；印度的堤格拉坝，在砂页岩互层中发生滑动等。因此，探讨软岩的成因类型与空间展布规律、物质成分与结构特征、软岩与围岩的接触形态、地质时代与强度的关系等都是研究软岩特殊工程性质和优化工程治理至关重要的问题。

3.1 软岩

3.1.1 软岩的成因

软岩按成因可分为原生类型和次生类型，后者还可划分为风化软岩与断裂破碎软岩。

（1）原生成因：主要是指沉积岩。它是由松散堆积物在温度不高和压力不大的条件下形成的，是地壳表面分布最广的一种层状岩石，黏土基质含量高，胶结程度差，吸水时往往具有膨胀性与易溶性，其工程性质与胶结物成分及含量密切相关，如黏土岩、泥质砂砾岩、页岩、泥灰岩、疏松砂岩、云母片岩、岩盐、石膏等。

（2）风化成因：岩体的风化程度随深度增加而减弱，完整的风化剖面其风化程度可划分为五带：未风化带、微风化带、中等风化带、强风化带及全风化带。对于硬质岩石风化成的软岩主要是全风化带与强风化带及少数中等风化带。

（3）构造成因：是由构造应力作用形成的软岩，主要包括断裂带中的软弱糜棱岩、火成岩侵入过程中的接触变质破碎软岩、层间错动的软弱层。这类软岩对工程稳定影响最严重的是层间错动的软弱层。

3.1.2 软岩的物质成分

1. 颗粒组成

不同成因类型的软岩，其各粒级的含量有很大的差异。南水北调中线工程第三系黏土岩的颗粒分析结果，粒径 $d>0.05$mm 占 18%～37%，0.05～0.005mm 占 26%～43%，<0.005mm 占 30%～50%，其中胶粒含量（<0.002mm）占 15%～30%。软弱砂岩的砂粒（>0.05nmm）含量一般大于 50%，花岗岩风化成的软岩，黏粒含量一般都少于 20%，而黏土岩形成的软弱夹层的黏粒含量却很高，一般为 30%～70%。表 3-1 列出了我国部分工程软岩的粒级组成。从表中可以看出，泥化层的黏粒含量都大于 30%。泥岩具有较高的黏粒含量，在变形与破坏过程中细颗粒起控制作用。因此不同成因类型和不同母岩形成的软岩，其工程性质也不一样。

国内部分工程软岩颗粒组成　　　　　　　　表 3-1

序号	工程名称	软岩类型	粒级含量（%）			
			>0.05（mm）	0.05～0.005（mm）	<0.005（mm）	<0.002（mm）
1	葛洲坝	黏土岩	16	50	34	17
2	南水北调中线	黏土岩	22	33	45	28
3	五强溪	泥化板岩	16	30	54	35
4	恒仁	泥化带	38	28	34	21
5	官厅	夹泥层	25	31	44	33
6	双牌	泥化夹层	45	25	30	14
7	大化	断泥层	60	27	13	5
8	安康	软弱夹层	20	40	40	19
9	铜街子	软弱层	53	28	19	7
10	小浪底	夹泥层	32	33	35	22
11	龙门舌头岭	泥化层	28	40	32	21
12	隔河岩	泥化层	10	37	53	35
13	龙羊峡	断层泥	55	16	29	26

软岩的矿物成分包括碎屑矿物（石英、长石、云母、方解石、石膏等）和黏土矿物（伊利石、蒙脱石、高岭石等），而影响软岩工程性质的主要是黏土矿物。不同环境地域、不同类型的软岩其黏土矿物成分是不同的。表 3-2 列出了我国部分工程软岩的矿物成分。

国内部分水力工程软岩矿物成分　　　　表 3-2

工程名称	软岩类型	黏土矿物	碎屑矿物
葛洲坝	粉砂质黏土岩	伊 61，蒙 25，绿 14	云母，石英
南水北调中线	黏土岩	伊 54，蒙 24，高	石英，云母，长石
小浪底	夹泥层	伊，蒙，高	石英，云母，长石
五强溪	软弱夹层	水，蒙，高	云母，石英
万安	绢云绿泥千枚岩	绿 40，绢 30	长石，方解石，石英
彭水	软弱夹层	伊，高，绿，蒙	方解石，石英
龙羊峡	断层泥	蒙 65，绿 18，伊 15	长石，石英
铜街子	软弱层	伊，蒙，绿	角闪石，针铁矿
碛口	泥化夹层	伊，蒙，绿	云母，石英
八盘峡	砂页岩	伊，高	石英，云母，长石

　　试验表明，软岩膨胀性与其矿物成分、结构连接类型与强度，以及密实度等结构特征密切相关。黏土矿物的含量，尤其是以晶层间吸水膨胀为主，具有强亲水性的蒙脱石的含量越高，其膨胀性越强。胶结连接对膨胀有重要的抑制作用，胶结强度越高，越不利于膨胀的发生和发展。结构紧密程度则影响到膨胀量的大小，在其他条件一定的情况下，孔隙度小，结构紧密，则膨胀量较大。

　　软岩的化学成分含量虽有很大的差异，但主要是 SiO_2、A_2O_3、Fe_2O_3，三种氧化物的总和约占 70% 以上，见表 3-3。软弱层中的化学成分可以用来分析夹层的形成条件，一般来说，泥化后的 CaO 含量比原岩低，而 Al_2O_3、Fe_2O_3 的含量比原岩高。这是由于钙的溶失和游离氧化物凝聚的结果。这些软弱夹层的化学成分还同原岩或围岩的性质有关。

国内部分水利工程软岩主要化学成分　　　　表 3-3

工程名称	软岩类型	化学成分（%）						
		SiO_2	Al_2O_3	Fe_2O_3	CaO	MgO	K_2O	Na_2O
南水北调中线	泥灰岩	59.22	15.92	3.49	2.80	0.63	1.58	0.42
大藤峡	泥岩	60.15	21.97	4.31	0.34	1.46	6.04	1.10
万安	泥质粉砂岩	47.17	14.33	7.39	11.34	1.56	3.94	0.54
五强溪	泥质板岩	48.82	28.79	2.78	1.40	2.02	9.77	0.17
八盘峡	页岩	48.50	24.35	9.00	1.00	2.20		
葛洲坝	黏土岩	52.80	14.10	4.70	8.30	3.30	2.90	
铜街子	软弱层	47.18	15.72	15.83	4.01	3.14	0.85	0.55
龙门舌头岭	泥化夹层	48.39	22.58	3.40	2.09	0.60	5.62	0.50
小浪底	页岩夹泥	49.46	16.26	8.04	7.48	2.38	3.97	0.18

工程名称	软岩类型	化学成分（%）						
		SiO_2	Al_2O_3	Fe_2O_3	CaO	MgO	K_2O	Na_2O
龙羊峡	断裂夹层	58.87	21.41	5.09	3.58	4.26	0.50	3.03
彭水	软弱夹层	25.39	8.84	3.70	35.65	4.96		
宝珠寺	夹泥层	65.78	16.67	3.90	0.32	1.40	4.31	1.39
朱庄	页岩泥化	49.00	28.24	8.32	0.34	1.51	4.10	0.83

2. 胶结物成分

软岩的胶结程度与胶结成分是复杂的，在环境因素即温度、湿度与地下水的作用下稳定性与膨胀性是各不相同的，特别是泥岩在干燥后的二次浸水作用下，其工程性质的变化存在着巨大的差异，弱胶结的膨胀性泥岩遭受上述作用常导致彻底解体和巨大的变形。

软岩胶结物可分为：

（1）有机质胶结，如油页岩、含油泥岩、黑色页岩、炭质页岩等。

（2）硅质胶结，如硅质泥岩。

（3）铁质胶结，如斑状泥岩、红板岩。

（4）泥质胶结，如黏土岩、泥页岩。

根据胶结状态和软岩浸水后的破坏形式可分为：膨胀岩，浸水后岩石崩解成黏土状，属无胶结的；碎胀岩浸水成碎块粉末弱胶结物质；裂胀岩，浸水破坏后具有易劈裂分开特点，破裂成大片状或碎块。

3.1.3 软岩的分类

1. 软岩按强度分类

从力学方面考虑，软岩是具有变形大、强度低、赋存环境效应和时间效应强烈的岩体。目前，岩体分类按照建筑物的不同种类，如大坝、隧洞、边坡工程等有各种方法。岩体分类需要考虑岩体的强度、变形特性、透水性、稳定性等，但工程种类不同，考虑的因素是有区别的。这里将岩石按强度标准划分列于表3-4。

国内岩石坚硬程度的强度划分   表3-4

名称	硬质岩 R_c（MPa）			软质岩 R_c（MPa）		
	极硬岩	坚硬岩	软硬岩	较软岩	软岩	极软岩
建筑地基基础设计规范（GBJ 7—1989）	>30			30		
公路与桥涵地基基础设计规范（JTJ 024—1985）	>30			5~30		<5

名称	硬质岩 R_C（MPa）			软质岩 R_C（MPa）		
	极硬岩	坚硬岩	软硬岩	较软岩	软岩	极软岩
国防工程锚喷支护技术暂行规定 （总参，1984 年）	>60	30～60		15～30	5～15	<5
铁道工程地质技术规范（TBJ 12—1985）	>60	30～60		5～30		<5
隧道工程岩体分级探讨 （中国铁道出版社，1987 年）	>100	60～100	30～60	10～30		<10
工程地质手册（1992 年）	>60	30～60		5～30		<5
岩土工程勘察规范（GB 50021—1994）	>60	30～60		5～30		<5
水工隧洞设计规范（SD 134—1984）	>120	60～120	30～60	15～30		<15
水电站大型地下洞室围岩稳定和支护的 研究和实践成果汇编（1986 年）	>100	60～100	30～60	15～30	5～15	<5
工程岩体分级标准（GB 50218—1994）	>60		30～60	15～30	5～15	<5

2. 软岩按时代划分

不同地质时期形成的软岩其经受的构造运动次数不同，成岩和压密作用不同，因而黏土矿物成分及含量也各不相同。按生成时代和黏土矿物特征，可将软岩分为三种类型：

（1）古生代软岩：主要包括中上志留系、石炭系及二叠系软岩，其主要的黏土矿物为高岭石，其次为伊利石和伊蒙混层矿物，基本上不含蒙脱石。

（2）中生代软岩：主要包括侏罗系、白垩系及部分三叠系软岩，主要黏土矿物为伊蒙混层，其次为高岭石、伊利石，蒙脱石含量一般低于 10%。

（3）新生代软岩：主要是第三系软岩，黏土矿物以蒙脱石为主，其次是伊蒙混层和高岭石。

分类是一种细化的手段，软岩的分类实质上是借助于某种标准使表征软岩特性的一些潜信息显现，它有助于软岩工程设计中的初步分析，但绝不能代替试验和测定。此外，国际上存在着多种软岩分类方法和分级方式。

3.1.4　软岩的分布特征

软岩的分布区域与气候、地形、生物、地质构造等因素密切相关。原生软岩常见于新生代海相沉积或陆相沉积的碎屑岩中，如泥岩、页岩、泥灰岩和泥质砂岩等，其岩性在水平方向与垂直方向常不稳定；多见泥岩与砂岩互层或泥岩呈夹层分布。在古气候干旱山间盆地则为红色碎屑岩系，例如西北地区呈东西向延伸的红色碎屑岩夹石膏；西南地区四川盆地和北方鄂尔多斯盆地的红层。在我国东南及东北地区广泛分布侵入岩，因此该地域常见构造软岩或风化软岩。

四川省广泛分布白垩系陆相红色碎屑岩。其下部为砂岩，中部为泥岩、泥灰岩、白云岩、钙芒硝层，上部为粉砂岩、泥岩、泥灰岩。红层成因是古川盆地周围山地火成岩与变质岩类在印支运动以后，受风化剥蚀搬运沉积于盆地后，再经后期成岩作用形成，产状平缓，岩性岩相多变，软硬相间，软弱层众多，并含可溶盐类。许多水利水电工程都遇到这类软岩，例如葫芦口、紫坪铺、升钟、桐济桥、江口等工程。据调查，四川盆地休罗系、三叠系岩层中的泥岩最为丰富，约占55%。

1. 软岩基本地质类型

在软岩工程中，广泛分布着缓倾角软弱层，从其形成条件及地质作用特征考虑可划分以下六种基本地质类型：

（1）沉积岩，河湖相碎屑岩、潮汐相碎屑岩、海相碎屑岩、海相碳酸岩夹碎屑岩等，不同的岩相建造所形成的软弱层（或软岩层），从沉积环境、岩相、岩性及厚度变化，分布的连续性，成岩固结程度，物理力学属性等特征，有其共性，又有明显差别。这些软弱层是形成层间剪切带或泥化夹层的物质基础。

（2）火山喷发的玄武岩或安山岩，多次轮回的间歇期沉积的软弱物质；陆相火山碎屑岩沉积的凝灰岩软弱层。

（3）变质岩，有区域浅变质的碎屑岩沉积的软弱层；区域深变质的软弱层；岩脉侵入围岩接触变质的软弱带。

（4）各类岩体受构造应力作用，普遍产生的层间错动软弱层（剪切带）和缓弱带。

（5）各类岩体中由风化溶滤作用形成的夹层状风化或脉后蚀变风化带。

（6）由地下水的携带、搬运作用，使细颗粒物质在断裂带、裂隙、溶隙中沉积充填的软弱带。

2. 碎屑岩系基本规律

碎屑岩系中的泥灰砾岩、泥砾岩、泥灰粉砂岩、黏土岩通称为泥质软岩，其性状与分布，受沉积环境、后期构造变动和风化作用等因素控制，其基本规律有以下两点：

（1）原生泥质软岩，除泥砾岩与泥质胶结砾岩外，均属缓流、静水悬浮物垂向落淤而成。它分布在具有韵律性沉积物的顶部，不显层理或具水平和微斜层理。在洪泛平原时期沉积的泥质软岩厚度大、分布广，而河漫滩区沉积的厚度变化较大、层数多、分布范围相对较小。泥砾岩属漫滩涨水时冲刷搬运前期半固结的泥岩在沟槽中堆积而成，分布在沉积韵律层的底部，呈斜列或树枝状，分布不稳定。泥质胶结砾岩属山前洪积泥流河床相堆积，常伴有炭质碎屑，分布不稳定，多呈透镜状。

（2）近水平岩层在水平扭动构造应力作用下，岩层最易沿岩体中的软岩界面或其内部发生层间错动，当软岩厚度大、分布广和其上、下岩层刚度差异大的地段错动最为严重。错动破坏的机理由均匀变形→剪断－剪切位移→追踪剪切滑动→连续顺层滑

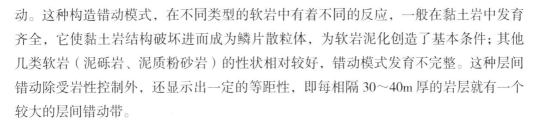

动。这种构造错动模式，在不同类型的软岩中有着不同的反应，一般在黏土岩中发育齐全，它使黏土岩结构破坏进而成为鳞片散粒体，为软岩泥化创造了基本条件；其他几类软岩（泥砾岩、泥质粉砂岩）的性状相对较好，错动模式发育不完整。这种层间错动除受岩性控制外，还显示出一定的等距性，即每相隔 30～40m 厚的岩层就有一个较大的层间错动带。

3. 缓倾角软弱层总体分布规律

（1）软弱层的不同成因类型在各类岩体中分布的差异性很大，据国内 80 个水电工程统计规律表明：各类岩体中的软弱层以构造型最多，约占 50.5%；其次是充填型，约占 18.2%；再次是沉积型和风化型，分别约占 14.1% 与 12.1%；而火成型、变质型出现最少，分别占 3.0%、2.0%。

（2）软弱层不同成因类型在不同年代地层中分布的差异性也大，太古界至新生界的地层中均广泛分布有软弱层。从统计规律看出，沉积型以中生代至新生代沉积岩中居多，特别是白垩系到第三系的河湖相碎屑岩沉积层中最发育；构造型在前古生代和古生代的发育强烈，而中新生代的强度相对较弱。

（3）软弱层在岩体中分布具多层性，这也是受沉积环境和沉积韵律性所控制。层状岩体中原生软弱层在沉积剖面中的重复出现，表现了多层韵律性特征。如葛洲坝、五强溪等工程，火山岩的喷溢轮回，形成多层间歇面的软弱层。这些夹层多受后期层间错动形成层间剪切带。有些地区层间剪切带的分布，还具有一定的等距性，如彭水坝址的层间剪切带间距一般为 32～43m。

（4）软弱层分布具有区域性，即沉积型和构造型中的层间剪切带主要分布在构造变动轻微的中、新生代断陷盆地的单斜构造区及古生代至中生代的褶皱强烈的单斜构造区；构造型中的缓倾角断裂带，在岩浆岩地区及陡倾岩层区较发育；充填型多分布在岩浆岩及碳酸盐地区；风化型常发育在各岩类地区岩体浅部强风化带中。

4. 构造型软弱层分布规律

构造型软弱层可分为层间错动软弱层和断裂错动软弱带，其分布规律如下：

（1）层间错动软弱层普遍发育在软硬相间或硬岩夹软岩的岩性组合、褶皱构造或单斜构造的层状岩体中，如葛洲坝、宝珠寺、五强溪等十余个工程。而且，层间错动软弱层的分布与沉积韵律相调，即与每一韵律中的砂泥质细粒沉积物（黏土岩、页岩、板岩、黏土质粉砂岩等）有一致性，随着原生软弱层的层次增多，发生层间错动的概率也增高。此外，层间错动软弱层的分布连续性与沉积环境和构造作用强度有密切关系，沉积环境稳定、构造作用强烈时，连续性好，具有明显的构造分带性，如恒仁火山碎屑岩是湖相沉积，层位稳定，连续分布。反之，沉积环境不稳定、构造作用较弱时，连续性差，如大藤峡坝址地层是典型的潮汐相沉积，沉积环境动荡不定，岩性变化频繁，层次多变，交错层、肠状或透镜状层理发育，加上水道的切割使岩层缺失、突变、尖灭和渐变,形成的层间错动软弱夹层为"多、薄、短"的特点。

(2)缓倾角断裂软弱带的发育与分布受构造部位所制约,同一地区不同构造部位,其发育程度有明显差别,如安康坝基岩体中缓倾角断裂发育密度是右岸大于河床、河床又大于左岸,其原因是河床偏右岸有后期北东向构造叠加,再者右岸临近火成岩背斜倾伏端,导致局部应力场的应力集中。红石坝基缓倾角断裂的发育也有类似情况。同时,缓倾角断裂软弱带的分布具有集中成带性和等距性特征,安康坝基缓倾角断裂剖面上大致间距为15~30m,随着规模增大,间距也增大;大化工程缓倾角断裂在剖面上有强弱分带集中发育特征;红石、龙羊峡、三峡等工程也有类似情况。在陡倾主干断裂的一侧,或两断裂带间所夹岩体,常发育有低序次的规模小的平缓断裂和裂隙,呈斜列式、羽列式断续展布,如龙羊峡、三峡、安康等工程。岩浆岩和变质岩岩体中低序次缓倾面均有不同程度的发育。此外,缓倾角断裂的分布常被陡倾角断裂切割,形成梯坎或阶梯状展布特征,如大化、铜街子等坝址均可见到。

5. 软弱层形成力学机制分析

从构造型软弱层形成的力学机制分析,可以得出:

(1)层间错动软弱层的形成是层状岩体在区域构造应力场作用下(水平挤压或扭动构造应力场),岩层发生褶皱变形,在背斜或向斜的两翼单斜构造区,软硬相间的层状岩层,处于力偶扭动的应力场中,层间发生剪切错动,在很多构造模拟试验中已得到证实。成都地质学院为铜街子工程成功地做了相似材料的构造模拟试验,即给试体施加一定量级的水平挤压力,当岩层拱曲时开始产生层间错动,随着应力增加,层间错动位移加大,并形成剖面X形逆冲断裂,应力继续加大,缓倾角断裂(相当于F)切割软弱夹层G,与坝址区实际构造图像基本相似。同时还进行了有限元分析,所得成果与物理模型基本一致。葛洲坝工程也做了构造模型试验,对于认识软弱层形成的力学机制提供了论证资料。

(2)缓倾角断裂带和缓倾角裂隙,形成于两种构造应力场条件:一种为区域性构造应力场作用下,产生高序次剖面X形压扭性断裂或裂隙,如大化、安康等工程,多发育在岩浆岩岩体及陡倾、陡立的岩层地区;另一种为主干断裂派生的局部应力场作用产生的低序次平缓断裂和裂隙,属于压扭性、扭性和张扭性结构面,如红石、三峡等工程。

综上所述,软弱层可以出现在各种岩类和地质环境中,其中在红层地区或软硬相间的地层中尤为发育。软弱层种类繁多,成因复杂,性状各异。各岩类的主要分布特征可归纳如下:

(1)沉积岩中的软弱层往往出现在层间或层面,火成岩和变质岩的软弱带则常出现在构造间断处,如断层、裂隙面。

(2)沉积岩中的软弱层倾角往往较平缓,连续分布,火成岩软弱带往往有起伏,分布不规则，延伸范围不一。

（3）沉积岩中软弱层厚度一般较薄，仅几毫米或几厘米，火成岩中软弱带厚度变化很大，从几毫米到几米。

（4）沉积岩中的软弱层的矿物成分与母岩大致相同，化学成分主要是胶结物含量的区别，火成岩中的软弱带的矿物成分可能与围岩不同。

3.1.5　软岩结构

软岩结构主要是指沉积岩中的泥质岩以及岩体中各种特定形态的地质界面。它包括沉积层面、软弱夹层、节理面、不连续裂隙面、颗粒与粒团的排列与接触连接方式，微孔隙与微裂隙等。这些结构特征有着自身的独特形成过程和客观的发展历史。它是地质历史发展的产物，反映了成岩地质环境和原始应力条件以及各种外力的改造作用。不同时代类型的软岩，具有不同的结构、构造特征，古生代和部分中生代软岩由于长期上覆岩体的压实作用及经常性的构造运动影响，使矿物颗粒在接触处产生重结晶而使颗粒间形成胶结连接。同时由于成岩时间长，构造变动频繁，使矿物定向排列形成密实有序的长带状和链状微结构，岩块吸水率较低，一般小于10%，单轴抗压强度相对较高，多数为20～30MPa。新生代和部分中生代软岩，由于成岩时间较短，颗粒间密实性差，颗粒间常以各自的水化膜相互重叠而形成水胶连接，其微结构以无序的蜂窝状结构为特征。从胶结程度来看，以中等胶结和弱胶结为主，因而结构较疏松，岩块吸水率为10%～70%，单轴抗压强度一般为5～20MPa。

由于结构面的存在，使软岩产生了一系列独特的力学特性，而这些特性与结构面的成因类型，结构面的形状及其组合形式有关，也与结构面的充填物及其充填程度有关。

（1）泥化带是构造错动和长期地下水物理化学作用的产物。在这两种因素作用下，黏土岩类软弱夹层原有的结构遭到彻底破坏，形成了新的结构，泥化带错动面的颗粒和粒团沿着错动方向呈面－面接触，高度定向排列，有些主剪切面的颗粒定向程度接近残余强度状态。随着颗粒和粒团磨碎，不仅分散度增大，而且包裹在颗粒和粒团表面的胶结物质薄膜破裂，以及地下水使胶结物质碳酸钙溶蚀和游离氧化物胶溶，导致裸露于表面的活性吸附点增多，电荷密度增大，与地下水相互作用在颗粒和粒团表面形成较"厚"的溶剂化层。因此，颗粒或粒团之间通过较"厚"的表面溶剂化层而间接接触，结构连接较弱。

由于软岩破坏程度不同，泥化带可见如下微结构：

1）蜂窝状结构，主要发育黏土岩泥化带，从整体上看，扁平状和片状颗粒无明显定向优势，但是，在结构中常见一条不宽的高度定向排列带，带中团聚体被拉长压扁。

2）弥散状结构，砂粒、粉粒级颗粒呈弥散状存在于黏粒级基质中，粗颗粒之间无接触，剪切面附近也有一定程度的定向。

3）镶嵌状结构，常见于黏土质粉砂岩泥化带，粗颗粒含量较高，粗颗粒为黏粒级细粒或黏土矿物单片所包围，呈致密状分布相互嵌合。

（2）劈理带裂隙极为密集，呈极薄的鳞片状，是由黏土片连接成的定向片状集合体。劈理面为光滑的镜面，鳞片集合体呈光滑面接触，相互间通过水化薄膜连接。

（3）节理带裂隙发育，颗粒排列定向性减弱，结构单元体遂渐转为面—边或边—边等多种接触形式，其岩性与特征仍部分保留原岩状态，但是地下水活动畅通条件较好。

3.2 飞凤山软岩边坡工程地质特征

软岩边坡是指构成边坡的岩石介质为软弱岩体的斜坡，软岩工程系指与塑性大变形工程岩体有关的岩体工程，软岩边坡属于软岩工程之一。随着我国大规模工程建设的开展，软岩问题越趋突出，软岩边坡变形失稳是最常见的岩质边坡工程问题。岩质边坡受岩性、构造、产状、结构面及其发育程度、结构面的组合形态及其连通性、岩石的水理性质、岩石的抗风化能力、结构面与边坡形态之间的组合关系、岩体完整性等因素的影响，而且岩质边坡的稳定性往往受多个单因素组合而成的多因素的控制，而软岩作为岩石中的一种更加特殊的介质，由于其性质的特殊性和脆弱性，其边坡的稳定性更难以控制，以至软岩边坡变形失稳的问题随着工程强度的增加而愈加突出。

飞凤山处置场位于龙门山构造带北段，临近龙门山前山断裂带，场地内外以小断层为代表的构造结构面分布较密，工程地质条件复杂。飞凤山处置场作为典型的软岩边坡，本节从边坡的地形地貌、地层岩性、场地断裂构造的分布、性质、工程地质分区及代表性区域工程地质特征进行论述。

3.2.1 边坡地形地貌

飞凤山软岩边坡位于平溪河下游右岸岸坡，原始为低山缓坡地形，整体坡度一般为13°～21°，局部较陡约40°（图3-1）。坡面冲沟发育，规模较大的有3条，沟谷切割呈"V"字形，雨期时地表水沿冲沟汇入平溪河。地表原多为耕地及树林，植被茂密。受边坡开挖卸荷及降雨等外部因素影响，边坡局部出现大规模变形破坏，形成了滑坡、裂缝、错台等变形破坏现象，导致边坡区微地貌凹凸相间、高低起伏。边坡后缘仍保留原始斜坡地貌，坡度为10°～15°，植被茂密，局部基岩出露，地表有数条冲沟发育。边坡区因边坡开挖，呈台阶状，一般每隔10m布设一级马道，土质边坡坡率1：1.6，岩质边坡坡率 1 : 1.25，整体坡度约 30°，整体坡向倾向 NW，坡高 40～120m。边坡开挖后，该区原有冲沟大部分沟道被挖掉，在坡顶处成为断头沟，与已建截水沟相连。边坡坡脚为处置单元所在的 606m 平台，平台东西宽约 540m，南北长约 200m。

图 3-1　飞凤山边坡全貌

3.2.2　边坡地层岩性

边坡区地层主要有：第四系全新统人工填土（Q_4^{ml}）、滑坡堆积层（Q_4^{del}）、崩坡积层（Q_4^{col+dl}）、志留系下统龙马溪组第四段（S_1lm^4）泥质页岩、粉砂质页岩，现按照由新到老的顺序分述如下：

1. 第四系

（1）人工填土（Q_4^{ml}）：褐红色～黄褐色，以可塑～硬塑黏土或粉质黏土为主，呈松散～稍密状态，含有植物根系和少量碎石，主要分布在勘查区前缘场地及东侧边坡坡顶局部位置，其层厚 1～2m。

（2）第四系全新统滑坡堆积层（Q_4^{del}）：以粉质黏土夹碎块石为主，黄褐色、褐色，可塑～硬塑，夹块石、角砾，含植物根系。其中，碎石粒径一般 2～20cm，含量 10%～25%，块石粒径一般为 0.5～1m，最大达 2m，棱角～次棱角状，母岩成分主要为砾岩。该层主要分布在 1 # 滑坡东北侧 "7.19" 滑坡堆积区。

（3）第四系全新统崩坡积层（Q_4^{col+dl}）：粉质黏土夹碎块石，黄褐色、褐色，可塑～硬塑，碎石粒径一般 2～20cm，块石最大约 500cm，棱角～次棱角状，碎块石含量约 20%，母岩成分主要为砾岩。该层主要分布在南侧边坡中上部及西侧。

2. 志留系下统龙马溪组第四段（S_1lm^4）

本段岩性主要根据岩体的颜色和物质组成为两个岩性段：灰黄色、灰黄绿色泥质页岩和灰绿色、紫红色粉砂质页岩，边坡区以泥质页岩为主。

（1）灰黄色、灰黄绿色泥质页岩：

泥质结构，薄层状构造，强～中等风化，风化裂隙发育，裂面见铁锰质浸染。岩芯呈碎块状、饼状或、柱状，锤击声哑，岩芯断开的节理面上有铁锰质侵染。

（2）灰绿色、紫红色粉砂质页岩：

粉砂质结构，薄层状构造，中等风化，岩芯呈柱状～长柱状，断口新鲜，结构面次生矿物较少，节理裂隙较少，锤击声脆。

3. 强风化带的划分依据

强风化基岩主要表现为节理裂隙发育，岩体破碎，岩体被切割成碎块状，裂隙面浸染严重，岩体颜色泛黄。岩芯多呈碎块状、局部呈半岩半土状。

边坡区强风化泥岩为灰黄色（中风化多为灰黄绿色，强风化颜色泛黄），风化裂隙很发育，裂面多见铁锰质浸染，岩芯呈碎块状、饼状或短柱状，局部揉皱发育，见泥化现象。这些特征与上述强风化基岩近似，可作为判断强风化的依据。

此外，强风化与中风化基岩在岩石物理性质上也有较大差异。本次研究在南侧边坡各区分别采取了强风化泥质页岩、中风化泥质页岩及中风化粉砂质页岩进行室内试验，在部分钻孔中进行了波速测试试验。成果统计见表 3-5。

各区岩体室内试验及岩体完整性系数 表 3-5

分区	岩体类型	天然含水率 W_0（%）	孔隙率 n（%）	岩体完整性系数
Ⅰ区	强风化泥质页岩	5.3	17.17	0.14～0.29
	中风化泥质页	2.1	9.17	0.29～0.46
	中风化粉砂质页岩	1.9	8.79	0.39～0.82
Ⅱ区	强风化泥质页岩	5.3	19.22	0.15～0.22
	中风化泥质页	—	—	0.27～0.32
	中风化粉砂质页岩	1.9	10.11	0.57～0.72
Ⅲ区	强风化泥质页岩	5.3	19.67	0.12～0.23
	中风化泥质页	4	14.67	0.20～0.45
	中风化粉砂质页岩	1.7	9.34	0.34～0.71

由表 3-5 可见，上述三项指标由于风化程度及岩性的不同存在较大差异。如强风化泥质页岩其天然含水率为 5.3%，孔隙率为 17.17%～19.67%，岩体完整性系数一般在 0.25 以下；中风化泥质页岩其天然含水率为 2.9%～4%，孔隙率为 9.17%～14.67%，岩体完整性系数一般在 0.25～0.46；中风化粉砂质页岩其天然含水率为 1.7%～1.9%，孔隙率为 8.79%～10.11%，岩体完整性系数一般在 0.34～0.82。

3.2.3 边坡地质构造

边坡区受多期次、多阶段、不同方向力的作用，使得区内地质构造较为复杂，其主要表现为褶皱、小型断裂、层间错动带、节理等，边坡区地质构造图如图 3-2 所示。

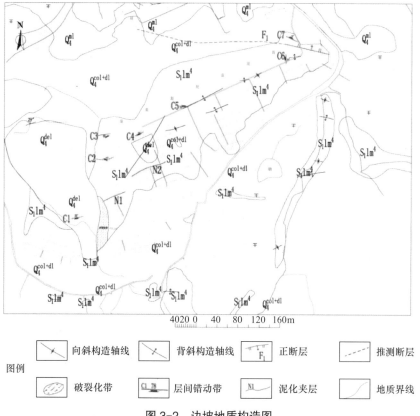

图例

向斜构造轴线　　背斜构造轴线　　F_1 正断层　　推测断层

破裂化带　　$\frac{C1}{78}$ 层间错动带　　N1 泥化夹层　　地质界线

图 3-2　边坡地质构造图

1. 褶皱

边坡区的主体构造为一向斜（图 3-3、图 3-4），轴面产状为 210°∠88°，枢纽走向 120°。向斜核部 SW 翼产状：50°∠25°；NE 产状：175°∠40°。

向斜核部位于 2# 滑坡区的东侧，岩体层间张开度较大，是汇水区域，同时也是地下水径流的主要通道，降雨后可见明显出水（图 3-5）。此外，场地局部存在一些褶皱（图 3-6、图 3-7），其规模较小，是层间揉皱的产物。

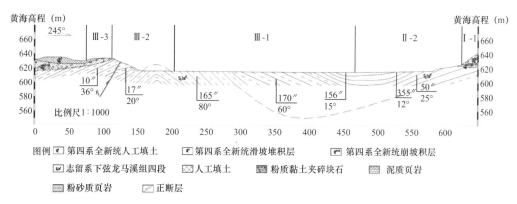

图例　■第四系全新统人工填土　☑第四系全新统滑坡堆积层　☑第四系全新统崩坡积层

☑志留系下弦龙马溪组四段　■人工填土　■粉质黏土夹碎块石　■泥质页岩

■粉砂质页岩　☑正断层

图 3-3　边坡区横剖面图

图 3-4 边坡内的向斜核部

图 3-5 向斜核部降雨后渗水

图 3-6 小型褶皱（一）

图 3-7 小型褶皱（二）

2. 场地及周边地区断裂构造

（1）断层分布特征

场地及周边地区构造变形较为复杂，不同期次、不同性质的断层构造均较发育。本章对研究区的断层构造几何产状、物质组成、运动形迹等进行了系统描述。为便于描述，将场地及周边断层按产状进行分类，共分为5类：①层间错动带；②近 S-N 向断层；③ E-W 向陡倾断层；④ NE-SW 走向断层；⑤近水平波状断层。

上述多组断层在数量上及空间上分布并非均匀，总体上说，NE-SW 向构造（断层和褶皱）占优势地位，如场地周边的较大规模的断层几乎都是该方向的。这也反映龙门山 NE-SW 构造的主体地位；其次是近 S-N 方向的断层，如回滩子 S-N 向构造，多个观测点可见，由于是在泥岩中观测，每个观测点所见断层规模并不大。NW-SE 向断层一般规模较小，从野外观察可见其叠加于 NE-SW 构造之上。不少观察点见 NW-SE 向构造向 NE-SW 向构造的连续过渡，反映了 NW-SE 向后期构造对 NE-SW 向先期构造的叠加改造。近 E-W 向构造经常出现于 NW-SE 向和 NE-SW 向构造的过渡部位，意味着后者是前者叠加形成的另一个重要的构造是层间错动带，其在中多处出现

（图 3-8）。水平波状断层仅白岩村出露，未于其他位置发现。

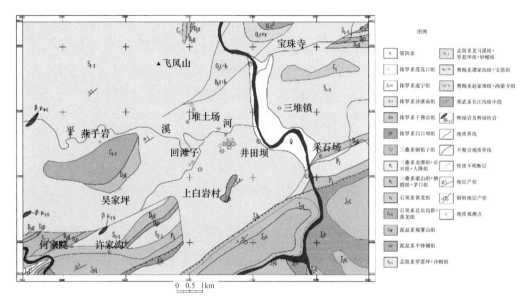

图 3-8　飞凤山及周边地区地质简图

（2）断层运动学及年代学研究

前一节对场地及周边断层的几何特征及运动特征进行了系统描述。根据断层带内部物质组成和组构特征、两盘派生劈理和节理、断面的擦痕构造以及地层牵引构造等一系列断层活动的形迹，结合区域构造背景，综合得出该区域断层结构面共有 6 期变形运动，表 3-6 对各主要断层在每期次变形运动中的表现进行了综合。

主要断层在 6 期构造变形运动中的运动学表现　　　　表 3-6

世代	构造现象 \ 地层岩性产状	应力场	观察点
I₁	早期平面 X 节理	σ_1:NW-SE	宝珠寺大坝上游、三堆盆地南端等
I₂	NE-SW 向褶皱及逆断层形成	σ_1:NW-SE	三堆大桥、回滩子、五郎村等
II	NE-SW 向断层左旋活动	σ_1:S-N	吴家坪断层、许家沟断层
II	E-W 向褶皱及逆断层形成	σ_1:S-N	场地及后边坡坡脚
III	NW-SE 褶皱及逆断层形成	σ_1:NE-SW	回滩子、五郎村、凉水村等
III	近 E-W 向陡倾断层形成	σ_1:NE-SW	场地
IV	NE-SW 向断层右旋活动	σ_1:E-W	吴家坪断层、何家院断层
IV	近 S-N 向断层及节理早期逆冲活动	σ_1:E-W 或 NWW-SEE	白岩村、回滩子、后边坡等
IV	近 S-N 向节理密集带形成	σ_1:E-W	场地、后边坡
V	近 E-W 向陡倾节理密集带及断层 N 盘下降	σ_1:上下	场地、厂门下游
V	S-N 向 X 节理	σ_1:上下	三堆镇下游左岸
VI	近 S-N 向小断层走滑活动（断层泥）	σ_1:NW-SE	回滩子、白岩村
VI	近 E-W 向陡倾断层右旋活动（断层泥）	σ_1:NW-SE	场地

现代构造应力场对断裂构造的影响表现在：现代应力场作用于不同产状分布的断裂构造上而使其具有不同性质的力学表现。

根据现代应力场研究资料，研究区主压应力方向为 NWW-SEE 至 NW-SE 向（张荣斗，等，2008；刘峡，等，2014；唐红涛，等，2014）。在此应力场作用下，龙门山主干断层，NE-SW 向断层，呈现挤压逆冲性质，同时兼具右旋运动特征。场地内近 E-W 向小断层及节理密集带在此应力作用下具有挤压及右旋的趋势；场地内近 S-N 向节理密集带具有挤压及左旋的运动趋势。

（3）断层构造活动的年代测试

通过 ESR 测年法和断层泥石英形貌测年法相结合的综合判定方法，场地及其周边断层的主要活动时期为晚更新世之前，应为非能动断层（表 3-7、表 3-8）。

断层泥石英形貌测年结果 表 3-7

序号	样品总号	采样构造位置	测年结果
1	F1	场地探槽东端近 E-W 向小断层（10°∠70°）内	Q_1 活动，Q_{2-3} 弱活动
2	F2	场地探槽东端近 E-W 向小断层（10°∠70°）内	Q_1 活动，Q_{2-3} 弱活动
3	278	616 平台西端层间错动带（28°∠15°）内	N_1-N_2 活动
4	284	回滩子近 S-N 向小断层（100°∠43°）内	Q_3 活动
5	288	回滩子近 S-N 向小断层（280°∠29°）内	Q_3 活动
6	289	回滩子近 SE-NW 向小断层（65°∠55°）内	Q_3 活动
7	346	场地探槽东端层间错动带（25°∠42°）内	Q_1-Q_3 活动
8	353	676 平台西端 1# 滑坡探井中，NNW 缓倾滑面	Q_4 活动
9	367	606 平台西端层间错动带（10°∠27°）内	Q_3-Q_4 无活动
10	1122	1# 滑坡前缘滑动面（平缓）内	Q_3 弱活动
11	1498	飞鹅峡白龙江右岸，顺层断层（330°∠50°）内	Q_3-Q_4 无活动
12	1000	堆土沟东坡 E-W 向小断层（180°∠65°）内	Q_3 弱活动
13	1361	场地西瓦厂头，吴家坪断层分支（310°∠51°）内	Q_3-Q_4 无活动
14	1410	场地西四林湾，断层带（40°∠45°）内	Q_3 弱活动
15	1115	1# 滑坡前缘滑动面（15°∠23°）内	Q_3 活动
16	157	场地南山坡西侧层间错动带（345°∠50°）内	Q_3 活动
17	591	堆土沟东坡 E-W 向小断层（10°∠90°）内	Q_3-Q_4 无活动

断层泥石英 ESR 测年结果 表 3-8

序号	样品号	采样位置	测年结果（Ma）	评价
1	F1	场地探槽东端近 E-W 向小断层（10°∠70°）内	31.08 ± 3.0	第四纪无活动
2	F2	场地探槽东端近 E-W 向小断层（10°∠70°）内	122.32 ± 12.0	第四纪无活动
3	S278-1	616 平台西端层间错动带（28°∠15°）内	134.11 ± 13.0	第四纪无活动
4	S284-1	回滩子近 S-N 向小断层（100°∠43°）内	82.09 ± 8.0	第四纪无活动
5	S288-1	回滩子近 S-N 向小断层（280°∠29°）内	107.55 ± 10.0	第四纪无活动
6	S289-1	回滩子近 SE-NW 向小断层（65°∠55°）内	74.46 ± 7.0	第四纪无活动

续表

序号	样品号	采样位置	测年结果（Ma）	评价
7	S346-1	场地探槽东端层间错动带（25°∠42°）内	180.99±18.0	第四纪无活动
8	S353-1	676 平台西端 1# 滑坡探井中，NNW 缓倾滑面	99.36±9.0	第四纪无活动
9	S367-1	606 平台西端层间错动带（10°∠27°）内	160.16±16.0	第四纪无活动

3. 场地断裂构造

（1）断层

边坡及其北侧（处置单元以北）主要发育 F1 断层：F1 断层在场地 1# 处至单元东侧基坑内出露，走向 100° 延伸，长度约 500m，处至场内隐伏在第四系覆盖层下，断层产状为 10°∠70°，破碎带宽度 10cm（其中断层泥 7~8cm），破碎带物质为碎粒、泥质及劈理化物质为主。通过 ESR 测年法和断层泥石英形貌测年法相结合的综合判定方法，得到了 F1 断层的主要活动时期为早更新世（2.40~0.73Ma），为非能动断层（图 3-9~图 3-13）。

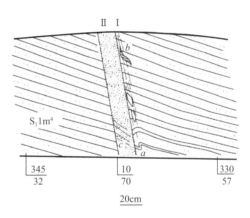

图 3-9 近 E-W 向陡倾断层 F1

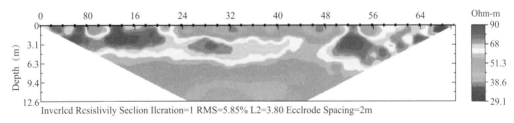

图 3-10 高密度电法 G2 测线反演结果（48m 处为 F1 位置）

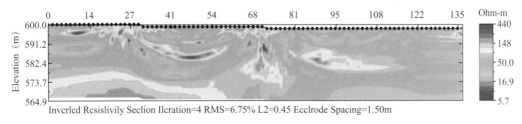

图 3-11 高密度电法 G10 测线反演结果（80m 处为 F1 位置）

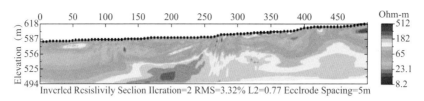

图 3-12　高密度电法 G11 测线反演结果（F1 于 95～125m 处显示节理密集带）

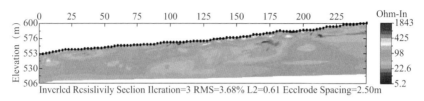

图 3-13　高密度电法 G12 测线反演结果（F1 延伸线上未显示异常）

（2）层间错动带

层间错动带在场地近区内较为发育，共发现 7 条层间错动带，几条典型层间错动带如图 3-14 所示。

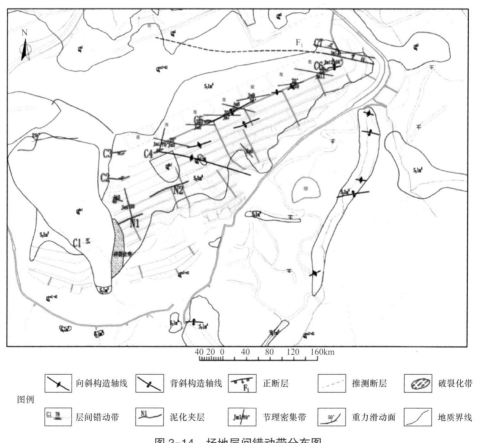

图 3-14　场地层间错动带分布图

场地内其他层间错动带描述见表 3-9。

层间错动带一览表　　　　　　　　　　　　　　表 3-9

错动带	出露位置	岩性	错动带产状	描述
C1	1# 滑坡中上部	泥岩	350°∠20°	错动带宽 5～20cm，断层泥
C2	616 平台西端	泥岩	28°～60°∠15°～38°	层间错动带带宽度约为 6～10cm，主要发育劈理化构造角砾岩及断层泥
C3	处置单元西侧边坡	泥岩	330∠40°	错动带宽 5cm，带内碎粒化
C4	滑塌体以下，606～616 边坡	泥岩	340°∠15°	错动带宽 3～10cm，带内碎粒化，含断层泥
C5	5# 处置单元背后探槽内	泥岩	185°∠20°	错动带宽 5～30cm，带内碎粒化、劈理化
C6	1# 处置单元背后探槽内	泥岩	95°∠20°	层间碳化带
C7	1# 处置单元东侧	泥岩	25°∠42°	错动带可见宽度约为 36cm，断层带物质为劈理带、断层泥及构造角砾岩

4. 节理

本次研究对边坡区及其附近节理进行了统计，共统计节理 1204 条。根据实测数据，获得节理的倾向和走向玫瑰花图（图 3-15、图 3-16），再结合节理等密图，按其走向进行统计可知，边坡区内存在三组优势节理，分别是：NE（0°～20°）、近 EW 向以及NW（20°～40°）。

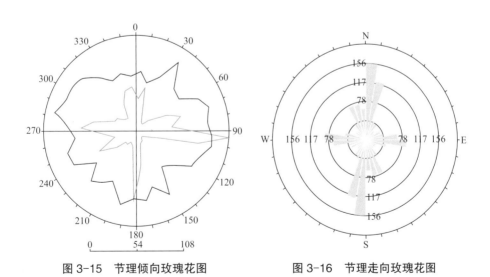

图 3-15　节理倾向玫瑰花图　　　　　　图 3-16　节理走向玫瑰花图

又可将上述三组节理细分为 7 个优势方位（组）：97°∠76°、278°∠83°、68°∠81°、242°∠78°、179°∠71°、6°∠79°、5°∠24°。其中走向 NE（0°～20°）方向的两组节理产状较陡，NW（20°～40°）方向的两组节理产状较陡，近 EW 向的这三组则为两陡一缓

（表 3-10）。

边坡区优势节理特征统计表

表 3-10

节理编号	分组（走向）	倾向（°）	倾角（°）	基本特征描述
1	NE（0°～20°）	97	76	该组节理在场地内广泛分布，平直，地表可见延伸 0.5～2.0m，张开度一般 1～2mm，裂隙面光滑，表面多有铁锰质浸染，发育间距一般 0.1～0.5m
2		278	83	该组节理在场地内广泛分布，平直，地表可见延伸 0.3～2.0m，张开度一般 1～2mm，裂隙面光滑，表面多有铁锰质浸染，发育间距一般 0.2～0.5m
3	近 EW 向	179	71	该组节理在场地内广泛分布，平直，偶有起伏，地表可见延伸 0.3～3.0m，闭合，裂隙面较光滑，表面多有铁锰质浸染，常在裂隙面上见有擦痕，发育间距一般 0.1～0.3m
4		6	79	该组节理在场地内广泛分布，平直，地表可见延伸 0.2～2.0m，多张开（受卸荷影响），少量闭合，张开度 5～10mm，多充填黏性土、岩屑，裂隙面较光滑，受构造挤压，裂隙面附近岩体多破碎（破碎带厚度 5～30cm），表面见有铁锰质浸染，发育间距一般 0.2m
5		5	24	该组节理在场地内广泛分布，平直，地表可见延伸 0.2～2.0m，多张开（受卸荷影响），少量闭合，张开度 5～10mm，多充填黏性土、岩屑，裂隙面较光滑，受构造挤压，裂隙面附近岩体多破碎（破碎带厚度 5～30cm），表面见有铁锰质浸染，发育间距一般 0.3m
6	NW（20°～40°）	68	81	该组节理在场地内广泛分布，裂隙较多为平直偶有起伏，地表可见延伸 0.3～3.0m，最大可达 7m，闭合，裂隙面较光滑，表面多有铁锰质浸染，发育间距一般 0.2～0.3m
7		242	78	该组节理在场地内广泛分布，裂隙较多为平直偶有起伏，地表可见延伸 0.3～3.0m，最大可达 7m，闭合，裂隙面较光滑，表面多有铁锰质浸染，发育间距一般 0.2～0.3m

由表 3-10 可知，边坡区内岩体结构基本由上述 7 组优势方位的节理裂隙所控制，发育的节理以剪性为主，节理面平直闭合，倾角一般大于 50°，可见延伸长度普遍为数十厘米到数米不等。结构面结合较差或一般，局部泥质填充，根据探槽内揭露的裂隙来看，部分成破碎带，厚度可达 5～30cm。同时边坡区内存在少数张性节理，节理面曲折、粗糙，常有泥质充填，倾角大小不均，延续性差、倾向散乱，仅在局部出露。

同时，边坡由于经历了多期次的构造作用，岩层产状在不同区域内也存在明显差异。因此，不同产状的岩层与结构面、结构面与结构面等多种组合方式。如 5°∠24° 这一组缓倾结构面，主要在东侧边坡比较发育，缓倾坡外成为潜在危险面。其余陡倾结构面多起切割岩体的作用，与岩层面、坡面一起形成不利组合。

3.2.4 边坡工程地质分区

1. 分区原则

边坡区位于在建处置场场地以南斜坡地带，受构造作用影响，该区岩层产状变化较大，其与坡向的关系呈现一定的规律：边坡西侧及中部岩层倾坡外；东侧边坡岩层反倾坡内；东侧端部为横向坡，岩层走向与坡向大致一致，受构造作用影响（主要为断层），岩体破碎。

由于区内不同位置的物质组成、变形破坏模式及目前所处的变形阶段各不相同，又大体上分为"滑坡"、"边坡"两类。其中，边坡西侧滑坡已发生滑动，属覆盖层－软岩接触面滑坡，滑移距离约 20m，除滑坡后壁及东、西两侧因滑坡而局部基岩出露外，地表为滑坡堆积覆盖。中部滑坡处于变形阶段（2013 年 5 月曾发生过大规模变形），中下部基岩出露，岩性为泥质页岩、粉砂质页岩，上部覆盖层相对较薄，为崩坡积层，属于顺层软岩边坡。东侧除顶部及东侧端部为见少量覆盖分布外，大多为基岩出露，受岩体结构影响尤甚。

基于上述原因，边坡难以作为一个整体进行变形破坏分析及稳定性评价，故将其按照地形地貌、坡高、坡向的不同，现有变形迹象，岩体结构特征的不同分为三个大区（图 3-17）。每个工程地质区域具有不同的工程地质特点。

图 3-17 边坡全貌及分区图

2. 分区范围

按照上述分区原则，可将南侧边坡分为三个大区，七个亚区，见表 3-11。

边坡区地质灾害分区表 表 3-11

大区编号	亚区编号	类型	位置及范围
I 区	I-1 区（1 # 滑坡）	土质滑坡	邻近处置单元，位于其西侧，"7.19"滑坡堆积于此，海拔 620~695m
	I-2 区	土质边坡（蠕变阶段）	位于 I-1 区西侧及南侧，受滑坡影响，局部已发生裂缝的变形

续表

大区编号	亚区编号	类型	位置及范围
Ⅱ区	Ⅱ-1区（2#滑坡）	土岩滑坡（蠕变阶段）	位于已建处置单元西侧后山，海拔646～736m
	Ⅱ-2区	岩质边坡	位于Ⅰ-1区下部，海拔606m（坡脚）～676m
Ⅲ区	Ⅲ-1区	土岩边坡	位于Ⅱ区东侧，也是处置单元西侧后山的大部分区域，海拔606（坡脚）～675m
	Ⅲ-2区	土岩边坡	位于Ⅲ-1区东侧转角处，海拔606～656m
	Ⅲ-3区	土岩边坡	位于边坡东端，海拔606～650m

3. 飞凤山Ⅰ区边坡

Ⅰ区北起606m平台、南至已建截水沟、东至滑坡形成的陡坎、西抵自然冲沟（截水沟以西）。Ⅰ区南北长约410m，东西宽约270m，最大高差约120m，坡向约9°，整体坡度约20°。该区下伏基岩层缓倾坡外，属顺向坡。覆盖层为滑体、崩坡积层，基覆界面自上而下，由陡变缓，上部倾角约26°，下部倾角约7°，整体倾角约18°，厚5～20m。下伏基岩岩层倾向坡外，倾角上部较陡（40°～60°），中下部较缓（20°～40°），强风化层埋深20m左右，由坡脚到坡顶剖面上呈"深－浅－深"的趋势，目前该区已发育滑坡。受滑坡影响，地表变形破坏迹象明显，其主要分布于斜坡前缘、后缘，变形破坏类型以错台、裂缝为主。根据滑坡变形破坏程度，将该区分为Ⅰ-1区（滑坡区）、Ⅰ-2区（变形区）两个亚区，如图3-18、图3-19所示。

图3-18　Ⅰ区全貌及分区图

Ⅰ-1区位于Ⅰ区中下部，"7.19"在此发生滑动，为滑坡区。该区在平面上呈长舌状，整体坡度约为13°，滑动方向343°，底宽约150m，平均斜长约220m，滑体平均厚约10m，体积约33×10⁴m³。

Ⅰ-2区位于Ⅰ区西侧及南侧，该区整体坡度约为22°，平面上呈不规则倒梯形，上部（696～723m）覆盖层厚度5～20m，坡度相对较缓（平均坡度约18°），为负地形（汇

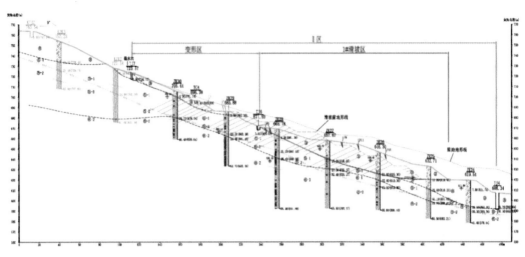

图 3-19　Ⅰ 典型剖面示意图

水地形），坡体长期饱水，局部可见树木歪斜，受滑坡及前缘切坡影响，坡体内发育数条拉裂缝，属强变形区；中部（676～696m）除其西侧受滑坡影响，拉裂缝发育、部分格构梁架空外，其余地方尚保留有完整格构锚索，地形成台阶状，每隔 10m 布设一级马道，平均坡度约 31°，651～676m 高程位置可见基岩出露，岩性为泥质页岩；下部（636～676m）覆盖层厚度 3～6m，坡度 22°，该区域多处发育拉裂缝，属强变形区。

4. 飞凤山 Ⅱ 区边坡

Ⅱ 区位于已建处置单元南侧边坡，其西侧紧邻边坡 Ⅰ 区，东侧以一小山脊为界，北至处置单元场地，南达边坡开挖区域外侧缓坡平台。2013 年 5 月该区中上部（646～731m）范围出现变形。2014 年雨期时滑坡变形再次加剧，前缘形成 1 个体积约 $0.9 \times 104m^3$ 的滑塌体，原有支护措施多处失效，据此将该区分为上下两个亚区，如图 3-20、图 3-21 所示。

图 3-20　Ⅱ 区全貌及分区图

Ⅱ-1 区为主要软岩，为主滑坡，滑动方向 11°，坡度上缓（20°）下陡（35°），平均宽约 150m，平均斜长约 160m，滑体厚约 20m，体积约 $48 \times 104m^3$。滑坡前缘海拔高程 641～676m，左右边界均受地形控制，其中左侧边界与 Ⅰ 区紧邻，右侧以一小山脊为界，中部东侧为一负地形。

Ⅱ-2 区位于 Ⅱ-1 区下部，为岩质边坡，坡度约 37°，呈台阶状（每 10m 布设一级马道）。该区中部已发生滑塌，滑塌体平面上呈扇形，滑塌区横向宽约 60m，前缘至后缘长约 40m，最大厚度 5.0m，总体积为 $0.9 \times 104m^3$。滑塌区后缘发育多条张拉裂隙，裂隙走

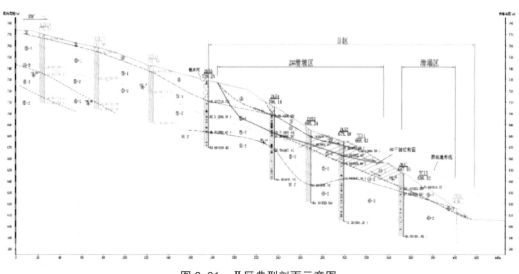

图 3-21 Ⅱ区典型剖面示意图

向 100°～120°，裂缝宽度 1～3cm、延伸长度 5～15m、垂直错距 2～5cm。

5. 飞凤山Ⅲ区边坡

Ⅲ区位于Ⅱ区东侧，也是处置单元西侧后山的大部分区域，其上边界至排洪沟，下边界至处置场地坡脚，左侧边界与Ⅱ区紧邻，右侧边界至边坡东端。根据边坡坡向、岩体结构、变形破坏迹象及坡高的不同，又将该区分为三个亚区，如图 3-22 所示。该区岩层反倾坡内，局部受构造作用影响（主要为断层），岩体破碎，三级结构面发育；东侧端部因边坡坡向转向，而形成横向坡，岩层走向与坡向大致一致。

图 3-22 Ⅲ区全貌及分区图

3.3 边坡坡体结构特征

3.3.1 坡体结构概念

坡体结构的概念是从岩体结构、边坡地质结构、边坡物质结构的概念衍生而来，主要是坡面以下一定范围内的岩土体，以结构控制论为基础，并考虑不同的结构要素之间的相互组合关系。边坡的坡体结构研究，简单概括下来就是研究边坡坡体内部工程地质岩组、自然营力影响结果、临空面的特征、地下水是如何发育的、岩体经过浅表层改造后的情况等结构要素的组合关系，通过组合分析，看最终形成怎样的宏观结构特征（郝立新，等，2014）。所以坡体结构既具有边坡所在岩体的岩体结构特征，同时由于受自然营力的作用和浅表层的地质演变又具有特殊的工程地质性质。

目前，大量的学者开始采用坡体结构这一概念，对坡体结构进行分类和研究。其中大量的学者结合具体的工程实践对坡体结构的内涵进一步阐释，而且结合工程边坡的工程地质环境进行坡体结构划分。马惠民（2000）在国内较早提出斜坡坡体结构与坡体病害之间关系，并且归纳总结坡体结构的基本类型及其可能产生的病害类型及性质，其目的之一是便于我们仅从外貌和地表调查或少量勘察后可直接认识其性质，能较准确地预计防治工程方案；其二，便于我们进一步进行坡体病害的机理研究和稳定性分析，以及预测、预报研究。王恭先（2005）认为坡体结构是坡体内岩土体的分布和排列顺序、位置、产状及其与临空面之间的关系。其构成滑坡的地质基础，主要是控制了滑动面（带）的位置和形状。杨涛（2006）则描述坡体结构为岩土体在斜坡上的分布、产状、排列组合及其临空面间的关系，坡体结构是在岩体结构概念基础上发展起来的，又不等同于岩体结构，并将高边坡坡体结构分为基座式坡体结构、层状坡体结构、似眼球状坡体结构、块状坡体结构、松散破碎体坡体结构及类均质体坡体结构。周德培（2008）第一次较为系统地介绍了坡体结构的概念及其初步分类，同时讨论了坡体结构建立的基本信息来源，最终对岩质边坡的坡体结构分类以及其破坏模式。周钟（2009）结合锦屏一级水电站的高边坡，阐述深切河谷高边坡的坡体结构，建立坡体结构基本类型，划分为 6 种类型，即滑面控制式坡体结构、软弱带控制式坡体结构、软硬交替式坡体结构、层状坡体结构、拉裂变形式坡体结构和类均质式坡体结构。肖世国（2003）对京珠高速公路粤境北段路堑岩石高边坡的坡体结构类型进行了划分，把路堑高边坡坡体结构划分为厚层砂岩路堑高边坡坡体结构、煤系地层路堑高边坡坡体结构、红土地路堑高边坡坡体结构、残坡积层路堑高边坡坡体结构。

岩质边坡的坡体结构对于变形破坏特征更具有重要意义，不同的坡体结构特征预示着不同的岩质边坡变形破坏机理、演化模式以及稳定性。大量学者结合工程实践，对顺向岩质边坡坡体结构划分进行大量研究。冯君（2005）结合渝怀线工程地质条件，对顺向岩质边坡坡体结构的类型进行划分，提出灰岩、白云岩类硬质岩顺层边坡，灰岩、白云岩硬质岩夹软岩类顺层边坡，砂岩类顺层边坡，泥岩夹砂岩类顺层边坡，变质岩类边坡五种坡体结构。龚涛（2009）针对顺向岩质边坡的坡体结构，探讨了坡体结构的分类目的、划分依据以及类型划分，提出三级划分方案。李道明（2007）对顺向岩质边坡的坡体结构类型进行探讨，提出坡体结构的两级划分方案。

层状岩质坡体结构主要研究坡面以下一定范围内，对于工程活动影响范围内的岩体。坡体结构属于边坡尺度的一种结构形式，既不同于传统的、小尺度的岩体结构，也不同于基于原生建造的边坡结构（例如顺向坡、反向坡、横向坡、斜向坡等）。研究坡体结构，需在一定边坡尺度范围内考虑岩体结构特征、浅表层的改造和自然营力作用行迹等宏观的组合结构特征。因此，坡体结构因地质条件的复杂性而具有不同的特征，按照地质特征建立坡体结构并进行分类，研究其破坏模式及稳定性，对边坡工程有重要意义。

3.3.2 坡体结构划分

目前对层状边坡坡体结构分类应用主要为几个行业规范，包括《中小型水利水电工程地质勘察规范》（SL 55—2005）、《水电水利工程边坡设计规范》（DL/T 5353—2006）、《滑坡防治工程设计与施工技术规范》（DZ/T 0219—2006）以及《水利水电工程边坡设计规范》（SL 386—2007）。另外刘汉超等（1993）从岩层倾角、岩层倾向与岸坡倾向夹角之间的关系入手，对层状边坡坡体结构进行了划分。马惠民（2000）根据自然界已产生不同性质和不同类型变形破坏的山坡的坡体结构特征，归纳总结了坡体结构的基本类型。王恭先（2005）在滑坡防治中重点研究可能形成滑动面（带）的地层和位置，将坡体结构划分为六大类18个亚类。白云峰（2004）结合渝怀线工程地质条件，提出顺层边坡的三级划分方案。另外还有龚涛、李道明等人对顺向岩质边坡的坡体结构类型进行探讨。

（1）《中小型水利水电工程地质勘察规范》（SL55—2005）。

按《中小型水利水电工程地质勘察规范》（SL55—2005）中对岩质边坡坡体结构分类见表3-12。

按岩体结构分类（据SL55—2005） 表3-12

边坡类型	主要特征	影响稳定的主要因素	可能主要变形破坏形式	处理原则和方法建议
块状结构岩质边坡	由岩浆岩或巨厚层沉积岩组成。岩性相对较均一	1. 节理裂隙的切割状况及充填物情况； 2. 风化特征	以松弛张裂变形为主，常有卸荷裂隙分布，有时出现局部崩塌	1. 对可能产生局部崩塌的岩体可采用锚固处理； 2. 对可能引起渗漏的卸荷裂隙做好灌浆防渗处理； 3. 做好应坡排水，防止裂隙充水引起边坡局部失稳
层状同向缓倾结构岩质边坡	由坚硬层状岩石组成，坡面与层面间向，坡角大于岩层倾角，岩层层面被坡面切断	1. 岩层倾角大小； 2. 层面抗剪强度； 3. 节理发育特征及充填物情况	1. 顺层滑动； 2. 因坡脚软弱导致上部张裂变形或蠕变； 3. 沿软弱夹层蠕滑	1. 防止沿软弱层面滑动； 2. 局部锚固； 3. 挖除软层并回填处理； 4. 采用支挡工程防滑； 5. 做好排水

续表

边坡类型	主要特征	影响稳定的主要因素	可能主要变形破坏形式	处理原则和方法建议
层状同向陡倾结构岩质边坡	由坚硬层状岩石组成，坡面与层面同向，坡角小于岩层倾角，岩层层面未被坡面切断	1. 节理裂隙特别是缓倾角节理发育情况及充填物情况； 2. 软弱夹层发育情况； 3. 裂隙水作用； 4. 振动	1. 表层岩层蠕滑弯曲、倾倒； 2. 局部崩塌； 3. 滑动	1. 开挖坡角不应大于岩层倾角，勿切断坡脚岩层，坡高时应设置马道； 2. 注意查明节理分布特征，分析有无不利抗滑的组合结构面
层状反向结构岩质边坡	由层状岩石组成，坡面与层面反向	1. 节理裂隙分布特征； 2. 岩性及软弱夹层分布状况； 3. 地下水、地应力及风化特征	1. 蠕变倾倒、松弛变形； 2. 坡脚有软层分布时上部张裂变形； 3. 局部崩塌、滑动	1. 注意查明节理裂隙发育特征，适当削坡防止局部崩塌、滑动； 2. 局部锚固
层状斜向结构岩质边坡	由层状岩石组成，岩层走向与坡面走向呈一定夹角	节理裂隙发育特征	1. 崩塌； 2. 楔状滑动	注意查明节理裂隙产状，分析产生楔状滑动的可能性，必要时适当清除或锚固
碎裂结构岩质边坡	不规则的节理裂隙强烈发育的坚硬岩石边坡	1. 岩体破碎程度； 2. 节理裂隙发育特征； 3. 裂隙水作用； 4. 振动	1. 崩塌； 2. 坍塌	1. 适当清除，合理选择稳定坡角； 2. 表面喷锚保护； 3. 做好排水

（2）《滑坡防治工程设计与施工技术规范》（DZ/T 0219—2006）。

按中华人民共和国地质矿产行业标准《滑坡防治工程设计与施工技术规范》（DZ/T 0219—2006）中将层状岩质边坡分类，见表 3-13。

按滑坡体的物质组成和结构形式（据 DZ/T 0219—2006）　　表 3-13

边坡类型	特征
近水平层状滑坡	沿缓倾岩层和裂隙滑动，滑动面倾角≤10°
切层滑坡	沿顺坡岩层和裂隙面滑动
逆层滑坡	岩层倾向坡内，沿倾向坡外的一组软弱面滑动

（3）《水电水利工程边坡设计规范》（DL/T 5353—2006）。

按电力行业标准《水电水利工程边坡设计规范》（DL/T 5353—2006）中将岩质边坡分类，见表 3-14。

按岩体结构分类（据 DL/T 5353—2006）　　表 3-14

序号	边坡结构	岩石类型	岩体特征	边坡稳定特征
1	块状结构	岩浆岩、中深变质岩、厚层沉积岩、厚层火山岩	结构面不发育，多为硬性结构面，软弱面较少	边坡破坏以崩塌和块体滑动为主，稳定性受断裂结构面控制

续表

序号	边坡结构		岩石类型	岩体特征	边坡稳定特征
2	层状结构	层状同向结构	各种厚层的沉积岩、层状变质岩、多轮回喷发火山岩	边坡与层面同倾向、走向夹角一般小于30°，层面裂隙或层间错动带发育	切脚坡易发生滑动破坏，插入坡在岩层较薄倾角较陡时易发生溃屈或倾倒破坏。层面、软弱夹层或顺层结构面常形成滑动面
		层状反向结构		边坡与层面反倾向、走向夹角一般小于30°，层面裂隙或层间错动带发育	岩层较陡时易发生倾倒破坏，千枚岩或薄层状岩石表层倾倒比较普遍。抗滑稳定性好，稳定性受断裂结构面控制
		层状横向结构		边坡与层面走向夹角一般大于60°，层面裂隙或层间错动带发育	边坡稳定性好，稳定性受断裂结构面控制
		层状斜向结构		边坡与层面走向夹角一般大于30°、小于60°，层面裂隙或层间错动带发育	边坡稳定性较好，斜向同向坡一般在浅表层易发生楔形体滑动，稳定性受顺层结构面与断裂结构面组合控制
		层状平叠结构		岩层近水平状，多为沉积岩，层间错动带一般不发育	边坡稳定性好，沿软弱夹层可能发生侧向拉张或流动
3	碎裂结构		一般为断层构造岩带、劈理带、裂隙密集带	断裂结构面或原生节理、风化裂隙发育，岩体较破碎	边坡稳定性较差，易发生崩塌、剥落，抗滑稳定性受断裂结构面控制
4	散体结构		一般为未胶结的断层破碎带、全风化带、松动岩体	由岩块、岩屑和泥质物组成	边坡稳定性差，易发生弧面型滑动和沿其底面滑动

（4）《水利水电工程边坡设计规范》（SL 386—2007）。

按水利行业标准《水利水电工程边坡设计规范》（SL 386—2007）中将层状岩质边坡分类，见表3-15。

按层状边坡岩体结构分类（据 SL 386—2007）   表3-15

岩体		可能的失稳模式
类型	亚类	
块状结构	整体状结构	1. 多沿某一结构面或复合结构面滑动； 2. 节理或节理组易形成楔形体滑动； 3. 发育陡倾结构面时，易形成崩塌
	块状结构	
	次块状结构	
层状结构	层状同向结构	1. 层面或软弱夹层易形成滑动面，坡脚切断后易产生滑动； 2. 倾角较陡时易产生溃屈或倾倒； 3. 倾角较缓时坡体易产生倾倒变形； 4. 节理或节理组易形成楔形体滑动； 5. 稳定性受坡角与岩层倾角组合、岩层厚度、层间结合能力及反向结构面发育与否所控制

续表

岩体		可能的失稳模式
类型	亚类	
层状结构	层状反向结构	1. 岩层较陡或存在有陡倾结构面时，易产生倾倒弯曲松动变形； 2. 坡脚有软层时，上部易拉裂或局部崩塌、滑动； 3. 节理或节理组易形成楔形体滑动； 4. 稳定性受坡角与岩层倾角组合、岩层厚度、层间结合能力及反向结构面发育与否所控制
	层状斜向结构	1. 易形成层面与节理组成的楔形体滑动或崩塌； 2. 节理或节理组易形成楔形体滑动； 3. 层面与坡面走向夹角越小，滑动的可能性越高
	层状平叠结构	1. 存在有陡倾节理时，易形成崩塌； 2. 节理或节理组易形成楔形体滑动； 3. 在坡底有软弱夹层时，在孔隙水压力或卸荷作用下，易产生向临空面的滑动
碎裂结构	镶嵌碎裂结构	边坡稳定性差，坡度取决于岩块间的镶嵌情况和岩块间的咬合力，失稳类型多以圆弧状滑动为主
	碎裂结构	
散体结构		边坡稳定性差，坡度取决于岩体的抗剪强度，呈圆弧状滑动

（5）刘汉超等（1993）从岩层倾角、岩层倾向与岸坡倾向夹角之间的关系入手，对层状边坡坡体结构进行了划分，见表 3-16。

岸坡坡体结构分类（据刘汉超，1993）　　　　　　　　表 3-16

岸坡结构类型	岩层倾向与岸坡倾向间的夹角 β	岩层倾角 α	分类
I 平缓层状岸坡	$0° \leq \beta \leq 180°$	$\alpha < 10°$	I_1 缓倾内层状岸坡
			I_2 缓倾外层状岸坡
II 横向岸坡	$60° \leq \beta \leq 120°$	$0° \leq \alpha \leq 90°$	横向岸坡
III 顺向层状岸坡	$0° \leq \beta \leq 30°$	$10° \leq \alpha \leq 20°$	II_1 缓倾外顺向层状岸坡
		$20° < \alpha \leq 45°$	II_2 中倾外顺向层状岸坡
		$\alpha > 45°$	II_3 陡倾外顺向层状岸坡
IV 逆向层状岸坡	$150° \leq \beta \leq 180°$	$10° \leq \alpha \leq 20°$	IV_1 缓倾内逆向层状岸坡
		$20° < \alpha \leq 45°$	IV_2 中倾内逆向层状岸坡
		$\alpha > 45°$	IV_3 陡倾内逆向层状岸坡
V 斜向层状岸坡	$120° \leq \beta \leq 150°$	$0° \leq \alpha \leq 90°$	V_1 斜向倾内层状岸坡
	$30° \leq \beta \leq 60°$		V_2 斜向倾外层状岸坡

（6）王恭先结合大量工程实践，主要考虑可能产生形成滑动面（带）的地层和位置，以及岩土体的分布和排列顺序、位置、产状及其与临空面之间的关系，进行坡体结构划分，见表 3-17。

坡体结构类型与滑坡的破坏模式（王恭先，2005）　　　表 3-17

坡体结构		滑坡的破坏模式
基本类型	亚类型	
近水平层状结构（α<10°）	（1）河湖相沉积层结构	顺层滑动
	（2）黄土软岩层状结构	切层滑动
	（3）软、硬岩互层结构	切层滑动
	（4）厚层硬岩下伏软岩结构	挤出式滑动
顺倾层状结构（α≥10°）	（1）黄土顺倾层状结构	顺层滑动
	（2）堆积土顺倾层状结构	顺层滑动
	（3）岩层缓倾层状结构	顺层滑动
	（4）岩层陡倾层状结构	顺层-切层滑动
反向层状结构（α≥10°）	（1）缓倾层状结构	切层滑动
	（2）陡倾层状结构	倾倒-切层滑动
碎裂状结构	（1）碎块状结构	旋转滑动
	（2）碎裂状结构	顺构造面滑动
块状结构	（1）似层状结构	顺构造面滑动
	（2）眼球状结构	顺构造面滑动

（7）白云峰结合渝怀线工程地质条件，建立的顺层路堑边坡的工程地质分类体系。

第一级划分：按岩层倾角大小将顺层路堑边坡划分为 3 个大类；

第二级划分：按地层岩性及其组合特征将顺层路堑边坡分为 6 个亚类；

第三级划分：首先按层面层间错动状况分为 3 类，然后根据层面的胶结和起伏特征进行了详分（表 3-18）。

顺层边坡分类简表（据白云峰，2000）　　　表 3-18

一级划分 （按岩层倾角）	二级划分 （按岩层组合特征）	层面特征
缓倾角顺向岩质边坡 5°～15° 中等倾角顺向岩质边坡 16°～35° 陡倾角顺向岩质边坡 36°～65°	软质岩边坡 硬质岩边坡 厚层硬岩夹薄层软岩边坡 页岩、片岩、板岩类边坡 "双层结构"边坡 软硬岩互层边坡	无层间错动（胶结良好） 轻微层间错动（胶结一般） 剧烈层间错动（存在破碎带、胶结一般～无胶结）

3.3.3　飞凤山坡体结构特征

结合坡体结构基本概念，以及边坡的岩土体类型、控制性结构面与临空坡面的组合关系（包括岩土分界面、沉积层面、区域性构造破裂面或断层）以及后期改造，建立以"统一可视化数据库"为主体的坡体结构模型，模型中既包括直观的岩性组合、结构面产状、强弱卸荷带的划分、地下水位等"看得见"的结构要素；也包括对各种结构要素的规律性的抽象描述，例如卸荷规律、地应力分布特征、地质构造及自然营力作用过程等，收集了近年已建或在建的大量工程，在总结分析这些工程实例破坏模式及变形机理的基础上，针对飞凤山软岩边坡进行坡体结构分类。飞凤山处置场受构造作用影响，边坡和场地岩层产状变化较大，岩性组合不同，加上边坡临空面坡向也处于变化中，必须分区分段研究其坡体结构，如图 3-23 所示。

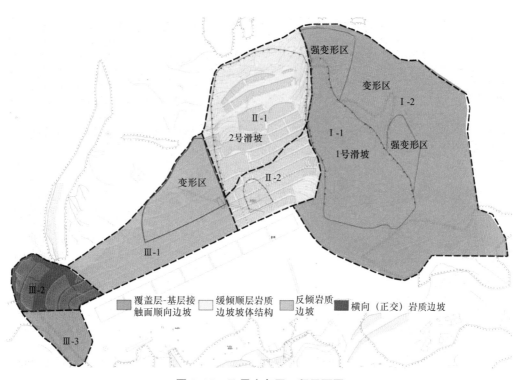

图 3-23　飞凤山各区工程平面图

1. 覆盖层 – 软岩接触面顺向边坡坡体结构

该坡体结构主要包括边坡 I 区和边坡 III-3 区上部覆盖层分布广泛稳定，厚度 5.0～24.0m，下伏基岩层面产状相对稳定，岩层产状 345°∠55°～20°∠20°，坡向约 9°，边坡坡向与岩层倾向夹角为 11°～24°，方向相同，属于覆盖层 – 基岩接触面顺向坡体结构。由于覆盖层 – 基岩差异性，形成双层异质物质。其中上部覆盖层松散，渗透性强，力学性质差，下伏软岩结构相对较好，透水性差，遇水软化等，往往受降雨、地下水等作用，容易在覆盖层 – 软岩结构面位置形成饱和状态，力学性质急剧降低，形成潜在滑带，多沿着接触面发生顺层滑坡，并且上部覆盖层厚度越大，稳定性越差。

2. 缓倾顺层软岩边坡坡体结构

飞凤山 II 区岩层产状变化多端，岩性主要为质页岩，产状 355°∠18°～50°∠35°，坡向约 340°，坡度 38°～45，边坡坡向与岩层倾向夹角为 15°～70°，方向相同，主要属于缓倾顺层岩质边坡，斜向缓倾外岩质边坡，坡体结构整体上属于缓倾顺层岩质边坡，岩体有向外活动的空间，属于稳定性最差的岩质坡体结构类型，天然状态下，缓倾顺层软岩坡体结构的边坡很难形成高陡边坡。边坡在重力、构造作用下，软硬岩形成错动，形成软弱带，在风化和水的影响下，总体上形成滑移－拉裂或者顺层滑移破坏，最终形成顺层滑坡。

3. 反倾软岩边坡坡体结构

III-1 区岩层倾向 175°，倾角 30°～15°，坡向 336°，坡度为 40°，边坡坡向与岩层倾向夹角为 19°，方向相反，岩层倾角小于边坡坡度，岩性主要为泥质页岩，属于反倾软岩边坡。岩体强度低，抗风化能力弱，遇水强度易软化，层理面和节理裂隙均发育，岩层层面的优势作用不明显，岩层倾角变化、结构面组合对反倾软岩边坡起控制性作用，总体边坡较顺层边坡稳定。

4. 正交软岩边坡坡体结构

III-2 区岩层倾向 17°～23°∠15°～30°，坡向 315°，坡度为 30°，边坡坡向与岩层倾向夹角为 62°～68°，属于横向（正交）岩质边坡。正交软岩边坡是整个软岩边坡中最不易发生变形破坏的类型。边坡岩性为软岩，在重力作用下缓慢产生蠕变，进而产生滑移，整个进程比较缓慢，并且规模较小。

第4章 软岩边坡水文地质

边坡的变形破坏不是单纯的动力地质现象，它的发生和发展是极其错综复杂的。影响边坡稳定的因素很多，其中地下水对边坡的影响是其中一个重要的因素，地下水流量、埋藏条件、渗流条件和动态变化等与很多典型边坡的滑动和破坏密不可分。软岩边坡作为一类特殊边坡，地下水在其中的作用显得更加复杂。

飞凤山处置场边坡主要存在两大特殊水文地质问题：（1）通过地质调查和钻探确定边坡内存在多组裂隙密集带，这些裂隙密集带内地下水活动强烈，边坡内多处发现地下水涌出点，并具有明显承压特征，边坡多处出现受地下水影响破坏现象；（2）受复杂构造裂隙影响，场地地下水来源不仅仅是附近大气降雨入渗补给，还存在来源较远的相邻水文地质单元的地下水补给，水量较大，具有承压特征，对边坡的稳定性和场地安全有重大影响。

4.1 软岩边坡水文地质结构

4.1.1 一般特征

水文地质结构是由含水介质类型、岩性结构与地质构造等要素在空间上的组合。含水介质空间系指在地质剖面上，各类含水岩体与隔水岩体的空间组合（或称含水系统）。各类含水介质空间及其岩性特征与地质构造条件在空间上的组合，构成具有三维空间关系的水文地质结构。水文地质结构决定了地下水的赋存及空间展布规律，控制着地下水的储存和运移。水文地质结构控制地下水系的观点，既从本质上反映了构造控水作用，又能表征地下水系统的特征，同时又为定量化研究提供可靠的水文地质模型。

斜坡岩体内裂隙水由于裂隙发育的不规律性，导致裂隙水的不均一性、水力联系不统一性，以及渗流的各向异性。根据边坡块状岩体中裂隙水的分布、运移特点对边坡水文地质结构按照岩体裂隙水进行工程地质分带，一共分为四类，即孔隙－裂隙水带、网状裂隙水带、面状裂隙水带和线状裂隙水带。在三峡水利枢纽工程研究中，按照岩体裂隙水进行工程地质分带块状透水岩体的边坡，一般分为四个水文地质结构类型，分别为散体状结构、孔隙－裂隙网络结构、裂隙网络结构和脉状结构（表4-1）。水文地质结构中富水性越好，透水性越强的类型对边坡稳定性影响越大。

块状岩体水文地质结构特征表 表 4-1

基本特征 结构体代号	A	B	C	D
水文地质结构类型	散体状结构	孔隙-裂隙网络结构	裂隙网络结构	脉状结构
主要分布部位	全强风化带	弱风化带	微、新岩体	透水断层及岩脉
介质类型	孔隙（裂隙）介质	裂隙（孔隙）介质	裂隙介质	裂隙介质
渗透方向性	均质各向同性	非均质各向同性	非均质各向同性	均质各向异性
透水性大小	中等-严重	中等-较严重	微-极微	较严重-严重
富水性	差	好	差	中等
承压性	多数非饱和带	潜水	潜水为主，局部微承压	局部承压
渗流特征	垂直入渗	主要岩斜坡方向运动，少数向深部运动	向排泄基准面作斜向运动	沿局部或倾向方向运动、为渗流主干网络

按照岩质边坡赋存特征划分，可以分为裂隙型、断裂型（压扭性断裂、张性断裂）和层控型三种模式，如图 4-1 所示。

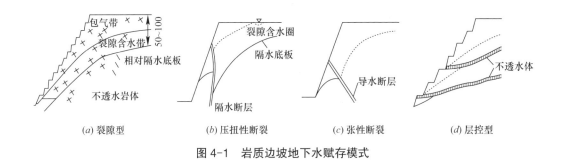

(a) 裂隙型　　(b) 压扭性断裂　　(c) 张性断裂　　(d) 层控型

图 4-1　岩质边坡地下水赋存模式

4.1.2　飞凤山边坡水文地质结构

飞凤山处置场岩性主要为一套志留系泥质页岩，地表风化强烈，裂隙发育，风化深度一般都在 20～30m，形成以基岩裂隙水为主的地下水类型。边坡中部发育一向斜，向斜呈南东～北西向展布，轴向约为 338°，向斜西翼较为平缓，东翼由西向东逐渐变陡，局部发育小褶皱，岩层发生明显倒转，产状变化较大，褶皱核部岩体破碎，构造裂隙贯穿其中。

边坡中发育的节理密集带是地下水运动的主要通道，其发育规模、深度对场地地下水的分布和运动起控制作用。最为典型的是飞凤山边坡中部，发育一向斜构造，轴部呈 SE～NW 展布，沿构造轴向上方向上结构面发育，与岩层层面形成较好的地下水通道和储存场所，使地下水和地表水以及不同含水带（层）之间发生水力联系，形成沿向斜轴向上的构造裂隙水。

受区域构造影响，边坡区域内存在的 7 条富水带和 6 个地下水明显富集的区域，如图 4-2 所示。这些富水带和富水区在边坡调查中呈现明显的异常特征。

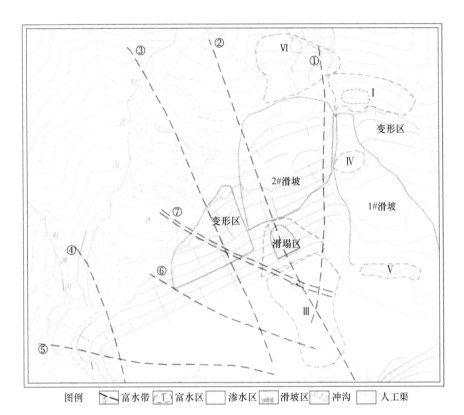

图 4-2　富水带、富水区平面位置图

1. 富水带划分的依据

（1）裂隙调查统计,具有明显裂隙发育,优势方向连续延伸具有一定规模的连续带。

（2）裂隙带上有钻孔压水试验存在明显的不起压现象。

（3）裂隙带上有钻孔地下水明显高异常现象。

（4）裂隙带上有钻孔声波,波速低于 2000m/s,并且具有现状分布特征。

2. 地下水富水区划分的依据

（1）存在地下水位明显的高异常或低异常区域。

（2）地下水位变化大,雨期和枯水季水位变化较大的区域。

（3）钻探观察,岩芯完整程度差、裂隙发育的区域。

（4）降雨后观察,有大量地下水溢出的区域。

（5）钻孔声波测试,波速值低于 2000m/s 的深度较大的区域。

飞凤山边坡地下水类型主要为风化裂隙水及构造裂隙水,风化裂隙水赋存于中~强风化泥质页岩和粉砂质页岩中,基岩裂隙多呈闭合或微张状态,且发育不均匀,故裂隙赋水性一般,但其呈面状分布。受构造影响,裂隙密集带成为较为导水的脉状含水体。因此,飞凤山边坡水文地质结构是受控于裂隙密集带的裂隙网络状 + 脉状结构。

边坡在枯水季与丰水季地下水的补、排有着不同的模式,如图 4-3 所示。

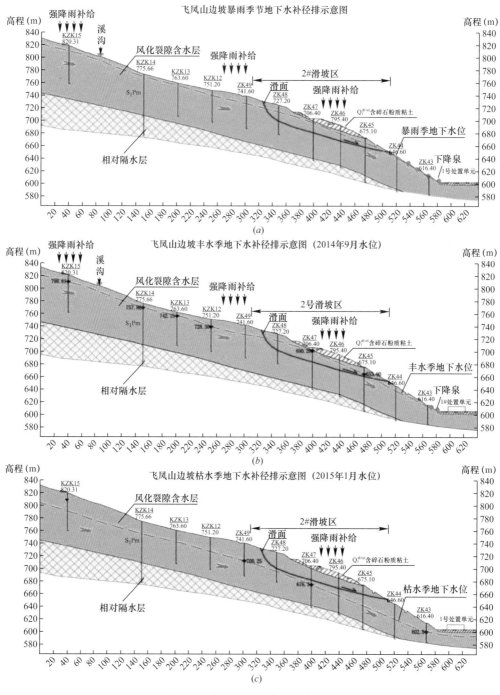

图 4-3 枯丰季地下水水位变化图

在丰水季节，边坡地下水补给来源主要是大气降雨，同时还接受溪沟水与边坡后缘更高处含水层中地下水的补给。地下水沿边坡从高到低径流，丰水季地下水补给量丰富，地下水位浅，主要在坡脚处以泉的形式排泄。在暴雨季节，地下水位相对更浅，在坡脚至 636m 平台可见多处渗水现象，地下水在边坡下部以多处泉的形式排泄。丰水期地下水位长期高于边坡内潜在滑动面，且在降雨时水位变幅较大，富水带（区）内地下水活动强烈，对边坡稳定性影响较大。

在枯水季，降雨量很少，降雨补给几乎为零。边坡地下水主要来自于边坡后缘更高处相邻水文地质单元地下水的补给，与丰水季补给量相比较少。地下水位较丰水期低，地下水主要径流途径远，最终排泄到北侧的平溪河。

4.2 典型方法在边坡水文地质调查中的运用

4.2.1 水文地质试验

水文地质试验分为野外水文地质试验和室内水文地质试验。野外水文地质试验主要包括抽水试验、注水试验、压水试验、渗水试验、地下水均衡场试验、连通试验、水质弥散试验等。这些试验是在现场对探测目的层位进行直接测试，其成果能比较真实地反映客观情况。室内水文地质试验包括模拟实验（水化学模拟、水力模拟、电网络模拟等）以及岩土水文地质参数测定、溶蚀实验等。

飞凤山软岩边坡进行的水文地质试验为野外现场试验，根据边坡结构、岩土体特征，主要采用试验包括：试坑渗水试验、钻孔压水试验、抽水试验、连通试验，如图 4-4 所示。

1. 试坑渗水试验

（1）试验原理

渗水试验是一种较为简易的在野外测定包气带非饱和岩层渗透系数的方法，主要包括试坑法、单环法、双环法。

试坑法是在表层干土中挖一试坑，坑底要离潜水位 3～5m 以上，向试坑内注水，必须使试坑中的水位始终高出坑底约 10cm。为便于观测坑内水位，在坑底要设置一个标尺。求出单位时间内从坑底渗入的水量 Q，除以坑底面积 F，即得出平均渗透速度 $v=Q/F$。当坑内水柱高度不大等于 10cm 时，可以认为水头梯度近于 1，因而 $K=v$。渗水试验法见表 4-2。

（2）试验概况

飞凤山处置场边坡表层分布有部分第四系覆盖层，表部土层对降雨入渗有一定影响，了解土层渗透性有助于分析边坡地下水入渗，由于土层分布的不连续性，且不是重点研究对象，因此，选用渗水试验中的试坑法。

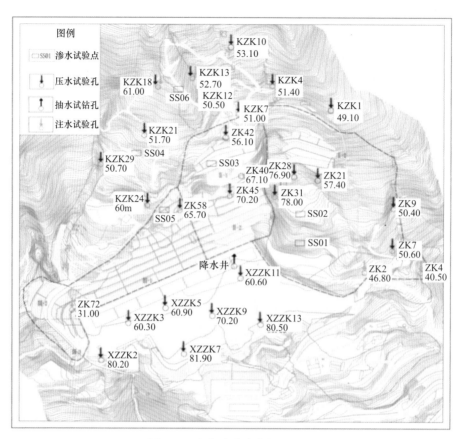

图 4-4　水文地质试验点位置图

渗水试验方法表　　　　　　　　　　　　　　　表 4-2

试验方法	装置示意图	优缺点	备注
试坑法	开关　试验层　10cm	（1）装置简单； （2）受侧向渗透的影响较大，试验成果精度差	当圆形坑底的坑壁四周有防渗措施时，$F=\pi r^2$；当坑壁无防渗措施时，$F=\pi r(r+2z)$
单环法	10cm　35.75cm	（1）装置简单； （2）没有考虑侧向渗透的影响，试验成果精度差	当圆形坑底的坑壁四周有防渗措施时，$F=\pi r^2$；当坑壁无防渗措施时，$F=\pi r(r+2z)$。 式中：r 为试坑底的半径；z 为试坑中含水层厚度

续表

试验方法	装置示意图	优缺点	备注
双环法		（1）装置较复杂； （2）基本排除了侧向渗透的影响，试验成果精度较高	当圆形坑底的坑壁四周有防渗措施时，$F=\pi r^2$；当坑壁无防渗措施时，$F=\pi r(r+2z)$。 式中：r 为试坑底的半径；z 为试坑中含水层厚度

试坑渗水试验是在表层土中挖一试坑进行的渗水试验。坑深 30～50cm，坑底面积 40cm²，坑底高出潜水面 3～5m，向试坑内注水，水位高出坑底约 20cm，通过单位时间内坑底渗入地下的水量（Q），以此数据计算渗透系数 K 值。

试坑深 30cm，坑底 40cm²，并保持坑中初始水层厚（z）为 10cm，如图 4-5、图 4-6 所示。

图 4-5　SS01 渗水试验　　　　　　图 4-6　SS03 渗水试验

计算公式如下：

$$v = \frac{Q}{F} \tag{4-1}$$

$$v = KI \tag{4-2}$$

$$I \approx \frac{H_k + z + L}{L} \tag{4-3}$$

$$k = \frac{QL}{F(H_k + z + L)} \tag{4-4}$$

式中　Q——稳定的入渗流量，cm³/min；

　　　F——试坑的渗水面积，cm²；

　　　H_k——毛细压力水头，cm，其值可参见表 4-3 确定；

　　　L——试验结束时水的入渗深度，cm，可在试验结束后利用麻花钻或其他钻具确定；

K——入渗系数，cm/min。

当坑内水柱高度不大于或等于10cm时，即$z \leqslant 10$cm，可认为水头梯度近于1，$I \approx 1$，则$K=v$。

不同岩性毛细压力水头 H_k 值表　　　　　　　　　　表4-3

岩（土）名称	H_k（m）	岩（土）名称	H_k（m）
重亚黏土（粉质黏土）	≈1	细粒黏土砂质	0.3
轻亚黏土（粉质黏土）	0.8	粉砂	0.2
重亚砂土（黏质粉土）	0.6	细砂	0.1
轻亚砂土（砂质粉土）	0.4	中砂	0.05

按式（4-1）～式（4-4）计算，得到试坑渗水试验成果见表4-4。

试坑渗水试验及水文地质参数计算成果表　　　　　　表4-4

试坑编号	试坑渗水面积（F）	稳定流量（Q）	渗透系数（K）
	cm²	cm³/min	cm/s
SS01（ZK25附近）	3200	160	4.6×10^{-2}
SS02（ZK26附近）	3200	320	1.7×10^{-3}
SS03（ZK47附近）	4800	80	1.4×10^{-2}
SS04（KZK27附近）	4800	1600	0.65
SS05（KZK24附近）	4800	640	0.26
SS06（KZK18附近）	4800	3200	1.1×10^{-2}

2. 压水试验

（1）试验原理

压水试验是钻孔内进行岩石原位渗透试验的方法，是测定岩石渗透性最常用的方法。通过压水试验，可以定性地了解地下不同深度岩层的相对透水性和裂隙发育相对程度。

1）试验方法：目前多采用自上而下的吕荣多阶段压水法，即每钻进一段，便用气压式或水压式栓塞隔离进行试验。一般不使用双栓塞法及自上而下的综合法，因其试验质量较前者差。

2）试验段长度：一般规定为5m，如岩芯完好，岩石透水性很小时（单位吸水量$w<0.01$L/min），可适当加长试段，但不宜大于10m；对于透水性较强的构造破碎带、裂隙密集带、岩层接触带和岩溶等地段，需要单独了解它们的透水性情况时，可根据具体情况确定试段长度。孔底残留岩芯不超过20cm者，可计入试段长度之内。倾斜

钻孔的试段长度，按实际倾斜长度计算。

3）压力阶段与压力值：每一段的压水试验，采用三级压力，即 P_1（0.3MPa）、P_2（0.6MPa）、P_3（1.0MPa）；五个阶段循环试验，即逐级升至最大压力：（1.0MPa），然后按原压力逐级下降 [$P_1 \sim P_2 \sim P_3 \sim P_4$（$=P_2$）$\sim P_5$（$=P_1$），$P_1 < P_2 < P_3$]。在实际应用中，压力值应根据钻孔的具体情况来确定，最大压力值 P_3 不一定是 1MPa，可以小于或大于该值。当试验时漏水量很大，不能达到规定的压力时，可按水泵的最大供水能力所能达到的压力进行试验或注水。压力值的计算可参阅表 4-5。

压力值计算条件 表 4-5

试段内地下水状况	压力计算零点图标	压力值 P	备注
干孔		$P = P_M + P_y$	
地下水水位位于试验段之内		$P = P_M + P_y$	1. 压力表读数的精度要求达到 0.01kg/cm^2，指针左右摆动时，取其平均值； 2. 使用压力表时，其压力值应在压力表极限压力值的 1/3～1/4 范围内，在特殊情况下，才可使用小于极限压力值 1/3 的刻度值； 3. 如使用单管柱栓塞压水时，应从总压力中扣除实际测定的压力损失； 4. P_M- 压力表上读数（m）；P_y、P_y'- 水柱压力值（m）；L- 试段长度；L'- 试段内水位以上长度（m）；α- 钻孔倾斜角度
地下水位位于试验段以上，且属于试段所在含水层时		$P = P_M + P_y$	
斜孔，地下水位在试验段以上		$P = P_M + P_y$ $= P_M + P_y' \sin \alpha$	

4）试验钻孔的质量要求：应采用清水钻进，孔壁保持平直完整，覆盖层与基岩之间应使用套管隔离并止水。试验前，必须清洗钻孔，达到回水清洁，孔底无沉淀岩粉。

5）测定地下水位：试验前，应观测试验孔段的地下水位，以确定压力计算零点。地下水位应每5min观测一次（并同时进行工作管内、外水位的测量），当连续三次读数的水位变幅小于8cm/h，即视为稳定。若各试段位于同一含水层中，可统一测定水位。

6）试段隔离：栓塞下入预定孔段封闭后，应采用试验的最大压力进行试验，测定管内外水位，检查栓塞止水效果，必要时采取紧塞或移塞等措施。如确属裂隙串通而引起的水位上升，可继续进行压水试验，但须详细记录说明。

7）压力和流量观测：压力和流量要同时观测，一般每5min记录一次。压力要保持稳定，当连续四次流量读数的最大和最小值之差小于平均值的10%或1L/min时，即可结束。重要的试验，稳定延续时间要超过2h以上。

（2）试验概况。

飞凤山边坡在调查过程中发现坡体受结构面切割，有多条裂隙密集带，在前期的勘察钻孔中发现深部有岩芯较为破碎层，为确定岩体透水性，详细了解边坡不同分区、不同深度裂隙发育情况，在边坡中开展了大量的钻孔压水试验。试验采用自上而下的分段压水法，最大压力0.6MPa，试验段长度一般5～10m。

压水成果用吕荣值L_u（创用人Lugeon）表示。L_u是指在特定压力$100N/cm^2$（即1MPa）下，通过每延米试验段，每分钟压入岩石裂隙中的水量（单位L/min）。其公式为：

$$L_u = \frac{Q}{l \times s} \tag{4-5}$$

式中　Q——钻孔特定压力下的稳定流量（L/min）；

　　　s——试验压水时所施加的总压力（MPa）；

　　　l——试段长度（m）。

岩层渗透系数与吕荣值的关系按下式近似计算：

$$K = 0.525 L_u \times 10^{-2} \lg \frac{0.66l}{r} \tag{4-6}$$

式中　r——钻孔的半径（m）。

边坡压水试验成果见表4-6。

边坡压水试验成果统计表　　　　　　　　表4-6

统计项目	压水试验透水率 q 值（Lu）				
	$0.1 \leq q < 1$	$1 \leq q < 10$	$10 \leq q < 100$	$q \geq 100$	不起压
段数	7	69	19	1	9
比例（%）	6.7	65.7	18.1	0.9	8.6

边坡压水试验结果分析：

1）钻孔压水试验表明，勘察区地层渗透性总体为弱透水，6.7% 的试段 L_u 值小于 1，为微透水；65.7% 段 L_u 值在 1～10 之间，为弱透水；18.1% 段 L_u 值在 10～100 之间，为中等透水。9 段不起压，压水成果统计见表 4-6。

2）压水试验揭示，弱透水段占 65.7%，说明勘查区地层岩性总体为弱透水。由于裂隙、破碎带发育，某些钻孔存在中等透水或者强透水试段。

3）压水试验揭示，勘察区地层的渗透性总体上具有随深度逐渐减弱的特征。受裂隙和破碎带发育的影响，部分试段的 L_u 值呈跳跃式浮动，如 KZK4 钻孔 3 试段、KZK21 钻孔的 5 试段等。

由钻孔岩心资料得知，大部分中等透水试验段位于钻孔的上部，受风化作用明显，岩芯破碎，以饼状和短柱状为主，风化裂隙发育。在压水试验过程中，裂隙由于水的冲积，造成裂隙宽度增加，使压入水量增大，透水率随之增大。由于破碎带某些试段给压小，压入水量也很大，为强透水段。

3. 抽水试验

（1）试验原理

抽水试验是水位地质试验中最为常用的野外现场试验之一，通过试验能确定抽水井（孔）的特性曲线和实际涌水量，评价含水层的富水性，推断和计算井（孔）最大涌水量和单位涌水量，确定含水层水文地质参数，了解地下水、地表水及不同含水层（组）之间的水力联系。

按不同的划分依据，抽水试验有多种划分方法，见表 4-7。

抽水试验类型分类　　表 4-7

划分依据	类型
抽水孔与观测孔数量	单孔抽水试验（无观测孔）
	多孔抽水试验（一个主孔抽水，一到数个观测孔观测水位）
	孔群互阻抽水试验（两个以上主孔同时抽水）
试段含水岩层的多少	分层抽水试验
	分段抽水试验
	混合抽水试验
钻孔揭露含水层的情况	完整井抽水试验
	非完整井抽水试验
抽水顺序	正向抽水（S_1-S_3）试验
	反向抽水（S_3-S_1）试验
专门要求	矿井疏干试验
	开采性抽水试验
	生产群井抽水试验

1）抽水试验场地布置：抽水试验目的主要为确定水文地质参数时，观测孔的布置考虑以下原则：

观测孔的布置方向：垂直地下水流向布置观测孔，或沿含水层非均质变化最大方向布置。

2）抽水试段的划分原则：抽水试段的划分根据试验目的和精度要求，结合钻孔揭露的含水层厚度而定。下列情况一般需要分段进行抽水：钻孔揭露的各主要含水层；潜水和承压水；第四系和基岩含水层。

3）抽水试验的落程：正式抽水试验，一般进行三个落程。对于勘察精度要求不高的地区，也可试用两个落程代替三个落程。水量较小（$q<0.1L/s\cdot m$）的含水层可作为一次最大落程。

4）抽水试验稳定延续时间和稳定标准：抽水试验稳定时间的长短，直接关系到抽水试验质量和资料的利用。稳定时间的长短，应根据勘察目的的要求和水文地质复杂程度而定。按稳定流公式计算参数时，s 和 q 需保持相对稳定数小时至数天，且最远观测孔水位稳定时间不少于 $3\sim4h$；按非稳定流公式计算参数时，非稳定状态延续至 $s\sim\lg t$ 曲线呈直线延展时，其水平投影在 $\lg t$ 轴的数值（单位为分钟或秒）不少于两个对数周期。

① 水位水量的观测。在同一试验中应采用同一种方法和工具。抽水孔动水位、水量的观测与观测孔水位的测量工作需同时进行。抽水孔的水位测量应读数到厘米，观测孔的水位测量应读数到毫米。较远的观测孔，可在开泵后延迟一段时间观测。观测孔较多时，可分组进行观测。当采用堰箱或孔板流量计测量涌水量时，读数应准确到毫米；为保证测量精度，可根据流量大小选用不同规格的堰箱；当流量小于 10L/s、10～50L/s、50～100L/s 时，堰箱断面面积应分别大于 $0.5m^2$，$1.0m^2$，$1\times2m^2$；采用容积法时，量桶充满水所需的时间不宜小于 $15m^3$，应读数到 0.1s；采用水表时，应读数到 $0.1m^3$。

按非稳定流计算参数时，抽水孔应保持出水量（或水位）为常量，若前后两次观测的流量变化超过 5% 时，应即时调整。观测时间主要应满足于绘出计算所用的各种曲线，特别是对数关系曲线。要求在开泵后的 10～20min 内，尽可能准确记录较多的数据。一般观测时间间距为（min）：1、2、2、5、5、5、5、5、10、10、10、10、10、20、20、20、30、30……

② 水温、气温的观测。一般每 2～4h 观测一次，读数应准确到 0.5℃，观测时间与水位观测相对应，并同时记录地下水的其他物理性质有无变化。

③ 恢复水位观测。抽水试验结束或中途因故停泵，应进行恢复水位观测。观测时间间距，应按水位恢复速度确定。一般以 1、3、5、10、15、30min 为试验结点，直至完全恢复。观测精度的要求同静止水位的观测。

（2）试验概况

距飞凤山边坡坡脚 35m 处有一口降水井，据调查，边坡开挖前降水井位置有一流量大于 $100m^3/d$ 的泉水出露，平场后，水文地质条件发生了变化，泉水消失，转为隐伏排泄，但排泄通道因场地填方受阻，在边坡坡脚形成一个水位较高的富水区，边坡坡脚处置库基础建设中，因该位置地下水丰富，影响施工，专门施工了一口降水井。施工完成后该井一直保留。降水井所在位置地层为志留系，岩性以青灰色中风化粉砂质页岩为主。降水井附近地层岩层倾向北西，地层风化裂隙发育，而降水井正好处于边坡中部向斜轴向方向。

因此，抽水试验主要针对降水井开展，以测定降水井出水量及含水层水文地质参数。

降水井结构如图 4-7 所示，降水井井深 13.8m，稳定水位埋深约 3.6m，水位高程602.4m。通过前期访问及勘察期间水位观测，认为降水井位于富水构造带，富水性极好，在满足水泵抽水能力条件下，对降水井进行稳定流抽水试验，并达到三次降深要求，抽水试验严格按《水利水电工程钻孔抽水试验规程》（SL 320—2005）要求。

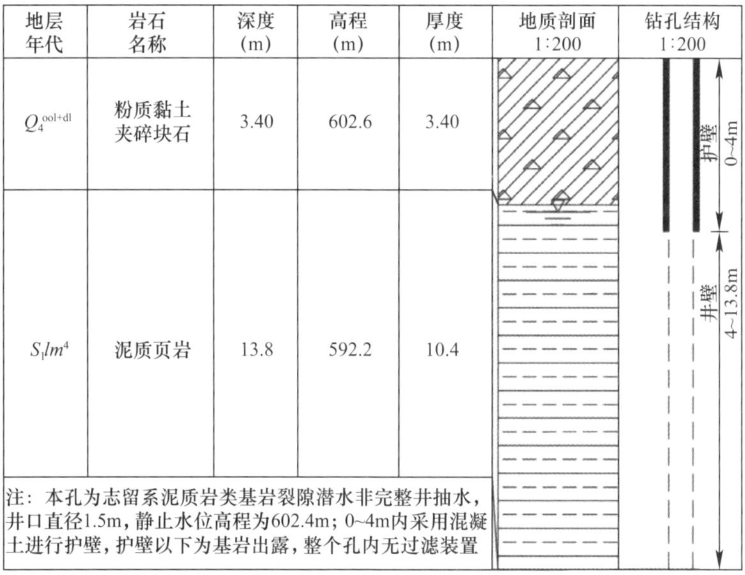

地层 年代	岩石 名称	深度 (m)	高程 (m)	厚度 (m)	地质剖面 1:200	钻孔结构 1:200
Q_4^{col+dl}	粉质黏土 夹碎块石	3.40	602.6	3.40		护壁 0~4m
S_1lm^4	泥质页岩	13.8	592.2	10.4		井壁 4~13.8m
注：本孔为志留系泥质岩类基岩裂隙潜水非完整井抽水，井口直径1.5m，静止水位高程为602.4m；0~4m内采用混凝土进行护壁，护壁以下为基岩出露，整个孔内过过滤装置						

图 4-7　场区降水井剖面特征图

依据对降水井水文地质特征分析，认为降水井是具有一定承压性质补给地下水。在对降水井完全抽水后，井壁均出现涌水，认为降水井实际并未完全揭露该含水带，可视作非完全井。因此，依据《水利水电工程钻孔抽水试验规程》（SL 320—2005）规定，按巴布什金推荐承压水非完整井公式计算降水井抽水试验参数。

计算公式如下：

$$K = \frac{0.366Q}{LS}\lg\frac{0.66L}{r} \qquad (4-7)$$

$$R = 2S\sqrt{MK} \tag{4-8}$$

式中　K——渗透系数（m^3/d）；

　　　Q——试验最大出水量（m^3/d）；

　　　S——最大水位降深（m）；

　　　r——降水井半径（m）；

　　　M——含水层厚度（m）；

　　　R——影响半径（m）；

　　　L——进水端长度（m）。

降水井抽水试验成果见表4-8。

飞凤山处置场降水井抽水试验成果表　　　　　　　　　　表4-8

降深次数	降深 S（m）	涌水量 Q（m^3/d）	含水层渗透系数 K（m/d）	抽水影响半径 R（m）
1	0.63	76.8	4.260	14.244
2	1.25	150	4.194	28.041
3	2.96	288	3.400	59.790
平均值			3.951	34.025

通过抽水试验成果可知，降水井所在含水层渗透系数在3.400～4.260m/d之间，降水井抽水降深在2.96m时，稳定出水量达288m^3/d，停止抽水后2h时即恢复原水位，说明降水井富水性较强，为中等富水含水层。而降水井主要岩性为泥质页岩，富水性较差，据场地压水试验结果，这类泥质岩类地层的渗透系数在8.64×10^{-4}～8.64×10^{-2}cm/s范围，为弱透水～微透水。

抽水试验期间，对降水井附近钻孔及监测井均进行水位观测，但水位均未明显降低，这与勘察期间大量抽取降水井情况下对监测井的水位观测数据相吻合，说明降水井与场区地下水的不相关性。

从上述特征，结合地质环境分析，降水井水量远大于该地区水井的水量（单井出水量一般小于1m^3/d，水量较大的1～5m^3/d），认为降水井为一定地质构造背景下，具有稳定地下水补给的构造裂隙成因地下水。

4. 连通试验

（1）试验原理

连通试验是基于示踪法在地下水水平运动为主的裂隙、岩溶含水层中进行的一种流速试验。在上游某个地下水点（水井、坑道、岩溶竖井及地下暗河表流段等）投入某种指示剂，在下游诸多的地下水点（除前述各类水点外，还包括泉水、岩溶暗河出口等）监测示踪剂到达时间和浓度。

连通试验多采用示踪剂法、水位传递法。传统观测需专业人员 24h 蹲守观测，目前可采用现代电子技术，实现信号采集、记录、传递自动化。

连通试验目的是为查明地下水运动途径、速度等水文地质条件，查明地下河系的连通、延展与分布情况，地表水与地下水转化关系以及矿坑涌水的水源与通道等问题（表 4-9）。

连通试验的目的与试验段（点）的选择原则　　　　　　　　　　　表 4-9

试验目的	试验段（点）的选择原则
1. 研究地下水，尤其是研究岩溶地下水系的下述问题； 2. 补给通道、补给速度、补给量与相邻地下水的关系； 3. 径流特征、实测地下水流向、流速、流量； 4. 与地表水的转化、补给等关系； 5. 配合抽水试验等确定水文地质参数，为合理布置开采井提供设计依据； 6. 为工程地质目的查明渗流途径、渗流量及洞穴规模、延伸方向，以及为截流成库、排洪引水等工程提供依据	1. 需在测绘基础上，有一定的地质依据说明有连通的地段； 2. 目的性要明确，针对性要强，并需考虑与试验方法相适应； 3. 尽量做到施工与观测方便； 4. 要经济合理，尽量做到就地取材

（2）连通试验的方法及其应用

连通试验的方法选择，除取决于研究目的外，还取决于岩溶通道的形态特征、发育规模、贯通程度、地下水的流量大小和流速快慢以及试验的长度等。常用方法见表 4-10。

连通试验的方法及其应用　　　　　　　　　　　表 4-10

试验方法		目的	野外工作要点
水位传递法	闸水试验	了解地下水系的连通情况及流域特征	利用天然通道或钻孔，进行闸水、放水、堵水或抽水、注水，观测上下游水位、水量、水色之变化，以判断其连通情况
	泄水试验		
	堵水试验		
	抽水试验		
指示剂法	浮标法	了解地下水系的连通情况及流域特征；实测地下水流向、流速、流量；查明地下水与地表水的转化补排关系等	浮标法是根据地下水的流速、流态、流途长短的不同，分别在上游投放谷糠、稗壳、稻草、锯木屑、废机油、黄泥水等，观测器连通状况
	比色法		
	化学剂示踪法		
	放射性同位素示踪法		
气体传递法	烟熏或烟幕弹法	了解与地下水有密切联系的地下水位以上的溶洞的连通情况	在与地下水有联系的无水溶洞或裂隙内放烟，用人工鼓风或自然通风，使烟扩张，了解溶洞内的连贯情况，判断地下水系的连通状况

（3）试验概况

连通试验从 2015 年 6 月 23 日进场做准备工作，6 月 27 日投放示踪剂，监测一直持续至 2015 年 9 月 30 日。本次示踪试验的主要目的是：①查明场内地下水的运动方向和流速；②获取场内地下水系统天然渗流场的水动力特征。

1）示踪剂、投放量及投放点：

示踪剂选择 NaCl，主要根据场地地下水化学资料，场地地下水中 Cl⁻ 离子浓度本底值较低，便于观察。试验采用工业盐（NaCl），放量为 500kg。

投放点：选择降水井作为示踪剂投放点，示踪剂投放点位置图如图 4-8 所示。

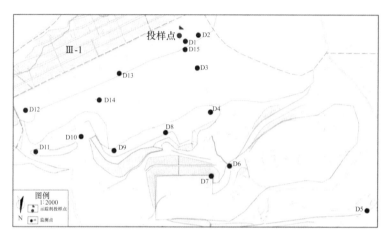

图 4-8　连通示踪试验投放点及监测点布置示意图

2）示踪剂接收监测点：

试验选择 D1、D2、D3、D4、D5、D6、D7、D8、D9、D10、D11、D12、D13、D14、D15 点，总共 15 个示踪剂接收点。

示踪试验于 2015 年 6 月 27 日上午 8:00 开始，采取监测井水样，以获取监测点地下水 Cl⁻ 离子背景值含量。

2015 年 6 月 27 日 12:00，从降水井直接投入 500kg 工业盐（NaCl 含量为 95%），示踪剂直接融入井水，随后进行搅拌直至 NaCl 全部溶解，整个投样时间持续了 0.5h。

根据 NaCl 示踪剂投样点以及接收点的距离和场内水文地质特征，在不同时间不同区域分别进行取样及地下水综合指标测定。具体监测取样频率见表 4-11。

示踪试验监测孔地下水取样及监测频率　　　　　　　　　　　　表 4-11

时间安排	监测项目	取样频率
6.28～7.5	水位、水温、电导、矿化度，取样	每日／次
7.6～7.31	水位、水温、电导、矿化度，取样	4d／次
8.1～8.31	水位、水温、电导、矿化度，取样	5d／次
9.1～10.31	水位、水温、电导、矿化度，取样	10d／次

3）示踪剂检测方法：

本次试验采用硝酸银容量法测定地下水样中氯离子的含量，采用笔式电导率 EC/矿化度 TDS、温度测定仪对地下水样中水温、电导率和矿化度进行监测。

① 示踪剂检测方法和精度。氯离子的测定采用硝酸银容量法，以铬酸钾作指示剂，最低检出限为 0.05mg。最终以 Cl⁻ 离子浓度随时间变化曲线替代示踪剂含量随时间变化曲线。

② 实验原理。硝酸银与氯化物反应生成氯化银沉淀，过量的硝酸银与铬酸钾指示剂反应生成红色铬酸银沉淀，指示反应终点。

（4）结果分析

本次连通示踪试验进行中，截至 2015 年 8 月 26 日，整个示踪试验连续观测 60d，目前为止在监测点 D1、D2、D6、D12、D13、D14、D15 接收到示踪剂信号。其余监测点 D3、D4、D5、D7、D8、D9、D10 尚未接收到示踪剂，其地下水中 Cl⁻ 离子浓度在 0.5～8mg/L 范围内波动，监测点 D5 因位于原垃圾场下部，Cl⁻ 离子浓度本底值较高，其浓度范围为 21.5～41mg/L。部分监测点地下水 Cl⁻ 离子浓度随时间变化曲线如图 4-9～图 4-14 所示。

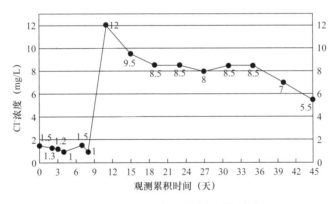

图 4-9　D1 Cl⁻ 离子浓度与时间变化

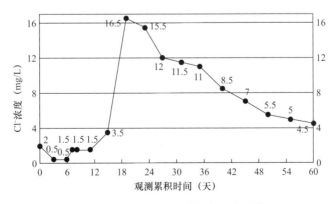

图 4-10　D2 Cl⁻ 离子浓度与时间变化

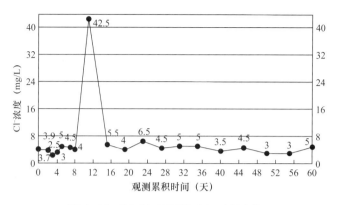

图 4-11　D6 Cl⁻ 离子浓度与时间变化

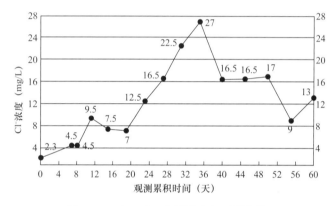

图 4-12　D13 Cl⁻ 离子浓度与时间变化

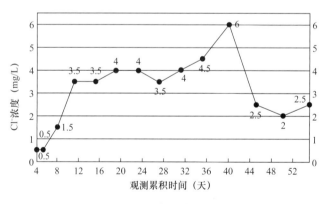

图 4-13　D14 Cl⁻ 离子浓度与时间变化

投样点与监测点 D1、D2、D13、D14 连线近东西向展布，在各监测点都不同程度接收到示踪剂信号，表明场地地下水有一个由西向东径流的优势方向。另外，投样点与监测点 D1、D6、D15 连线近南北向展布，虽有人为干扰加速示踪剂随地下水径流速度，也表明场地地下水有一个由南向北径流的优势方向。场地示踪试验各接收点的示踪参数见表 4-12。

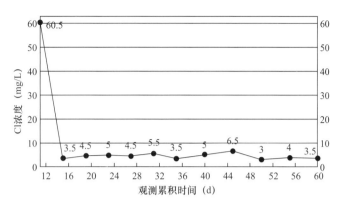

图 4-14　D15 Cl⁻ 离子浓度与时间变化

场地示踪试验各接收点的示踪参数　　　　　　表 4-12

监测点	距离（m）	峰值时间（d）	平均速度（m/d）
D1	15.7	11	1.43
D2	36.8	19	1.94
D3	69.3	—	—
D4	153.6	—	—
D5	482.1	—	—
D6	259.6	11	23.60
D7	266.9	—	—
D8	181.1	—	—
D9	246.4	—	—
D10	265.2	—	—
D11	349.1	—	—
D12	326.5	—	—
D13	134.3	35	3.84
D14	193.6	40	4.84
D15	28.1	11	2.55

监测点 D1、D2 地下水属上覆第四系松散岩类孔隙水，地下水通过第四系松散岩类孔系介质径流，径流速度相近，因 D1、D2 点距离投样点距离不同（图 4-15），导致其地下水中 Cl⁻ 离子浓度分别在投样后 13d、投样后 20d 突然升高，地下水平均流速在 1.43～1.94m/d 范围内。

监测点 D13、D14 地下水属风化裂隙水，地下水通过风化裂隙介质径流，D13 地下水中 Cl⁻ 离子浓度自投样后 20d 开始呈持续增加的趋势，在投样后 36d 达到峰值，而后 Cl⁻ 离子浓度降低，但仍未恢复到本底范围，所以监测将持续进行。距离投样点相对较远的监测点 D14 地下水中 Cl⁻ 离子浓度在投样后 28d 开始也呈现上升趋势。这种类型地下水平均流速在 3.84～4.84m/d 范围内。

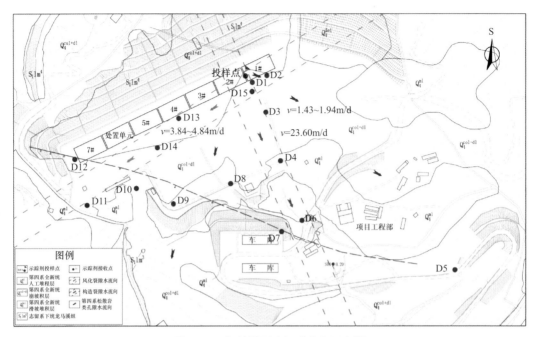

图 4-15 场地地下水运动方向示意图

监测点 D6 地下水属构造裂隙水，地下水通过构造裂隙介质径流，地下水径流迅速，投样后 11d 便接收到示踪剂信号，该类型地下水平均流速达 23.60m/d。

监测点 D15 为新挖降水井兼施工临时储水井，因施工等人为因素的干扰，促使 D15 地下水在投样后 11d 便接收到示踪剂信号。然而，在每日反复抽灌水工作的影响下，示踪剂在地下水中弥散，自身被稀释，导致地下水中 Cl^- 离子浓度大致稳定在 3~6.5mg/L 的范围内。人为干扰下的地下水流速为 2.55m/d。

4.2.2 同位素方法

同位素水文地质学的基本原理是以大气输入同位素的特征作为输入函数，通过已知改变这种同位素特征的各种物理和化学作用，识别地下水系统的各种信息。

综合研究地下水中稳定同位素、放射性同位素及其水化学分组，可解决有关的水文地质问题（表 4-13、表 4-15）。

环境同位素通常可以解决的水文地质问题   表 4-13

阶段	可以解决的水文地质问题
地下水资源调查及评价	1. 调查水文地质参数。了解含水层结构，估算渗透系数，重建古水文条件； 2. 评价含水层天然补给和排泄。追踪水循环和溶解物质迁移、确定补给源和补给区，估算补给强度和排泄强度、确定不同水体的年龄和流动路径、评价地表水和地下水的相互作用； 3. 调查古水的分布及其变化，估算资源的可利用性

续表

阶段	可以解决的水文地质问题
地下水资源开发管理	1. 地下水污染调查。识别污染源和污染过程、评价含水层对污染的脆弱性； 2. 指示地下水过量开采。评价地下水盐化、开发的负效应，以及地下水的可持续性； 3. 评价地下水人工补给，评估方案的有效性，识别最适宜的场地； 4. 评价废水再利用对地下水的影响

地下水研究中最常用的环境同位素及其他环境示踪剂　　　　表 4-14

环境示踪剂	半衰期	应用
^2H、^{18}O	稳定同位素	水起源、补给区、水力联系、含水层渗漏、水混合、咸化机制、灌溉水回归等
^3H	12.32a	识别近期补给、包气带传输过程
^3He、^4He	稳定同位素	确定滞留时间
^{11}B	稳定同位素	识别污水影响
^{13}C	稳定同位素	碳化合物起源、识别古水、地下水动力学、识别污染质来源和起源
^{14}C	5730a	地下水测年、地下水动力学、识别古水
硝酸盐的 ^{15}N、^{18}O	稳定同位素	地下水动力学、识别古水、污染源
硫酸盐 ^{34}S、^{18}O	稳定同位素	识别污染源、酸化、盐化、矿山排水、地热系统水流动
磷酸盐的 ^{15}N、^{18}O	稳定同位素	识别污染源
^{32}Si	140a	浅部地下水测年、风化强度
^{36}Cl	$3.01 \times 10^5 a$	测年、水岩相互作用
^{37}Cl	稳定同位素	识别污染源和盐化作用
^{39}Ar	269a	测年
^{81}Kr	$2.29 \times 10^5 a$	测年
^{85}Kr	10.756a	裂隙流传输机制、确定保护带
^{234}U	$2.455 \times 10^5 a$	测年、水岩相互作用
^{222}Rn	0.0105a	测年，估算入渗强度、排泄强度以及裂隙岩层中地下水流速，区分地下水污染源
^{129}I	$15.7 \times 10^6 a$	地下水测年
$^{87}Sr/^{86}Sr$	稳定同位素	水岩反应、物质来源（包括污染物的来源）、不同水体混合、含水层之间的越流补给量
He、Ne、Ar、Kr、Xe	稳定溶解气体	古温度计
N_2	稳定溶解气体	古温度计
CFCs	稳定溶解气体	地下水测年
SF_6	稳定溶解气体	地下水测年
有机化合物单体 ^{13}C、^{18}O、^{37}Cl	稳定同位素	识别污染源

表 4-15

不同目的的地下水研究中心最常用的环境同位素方法

研究目的	同位素方法
调查地下水补给和排泄	1. 含水层。^3H、$^3H-^3He$、CFCs、^{36}Cl、^{14}C 测年方法 2. 包气带。^3H、$^3H-^3He$、核爆 -^{36}Cl 和 Cl 剖面方法、^2H 和 ^{18}O 剖面、人工示踪 3. 河流侧渗与排泄。^3H、$^3H-^3He$、^2H、^{18}O、环境示踪剂 CFCs 和 SF_6 方法
调查古水补给	1. 确定时间尺度。^{14}C、U/Th、^{36}Cl 测年方法 2. 含水层古补给条件。^2H、^{18}O（氘过量（$\delta D \sim 8\delta^{18}O$））、$^{14}C$ 测年、惰性气体（补给温度））
调查人类活动影响	1. 农业活动对地下水的影响。地表水入渗、灌溉效应、盐化等选择 ^2H、^{18}O、^{15}N、^{13}C、^{34}S 方法 2. 地下水污染源调查。溶解有机碳 ^{13}C、^{15}N、硝酸盐、硫酸盐和磷酸盐中的 ^{18}O 3. 成熟化对地下水的补给的影响。输水系统的渗漏和废水处理等 ^2H、^{18}O、^{13}C、^{34}S 4. 含水层过量开采。地下水咸化研究选择 ^2H、^{18}O 方法，地下水监测选择 ^3H、^{14}C 方法
地下水测年	1. 年轻地下水测年通常采用 ^3H、$^3H-^3He$、CFCs、SF_6 2. 年老地下水测年通常采用 ^{14}C、^4He、^{36}Cl 等方法

边坡坡脚降水井出水量大于 $100m^3/d$，而据区域 1:200000 水文地质资料统计分析，在志留系泥质岩类分布区，泉流量一般在 0.01～0.1L/s，钻孔出水量一般在 0.51～$1m^3/d$，在这类泥质岩类地区，降水井水量是相当大的，其径流通道一定受构造或裂隙带控制。为了追溯降水井地下水来源，研究区域地下水的补给状况、地下水系之间的联系，采集了边坡及区域的地下水、地表水进行氢氧稳定同位素分析。区域同位素采样包括平溪河及其支沟、杨家沟及其支沟、鱼儿沟、盐水溪及白龙江等地表水点共计水样 18 个，处置场钻孔水样 17 个（图 4-16、图 4-17）。

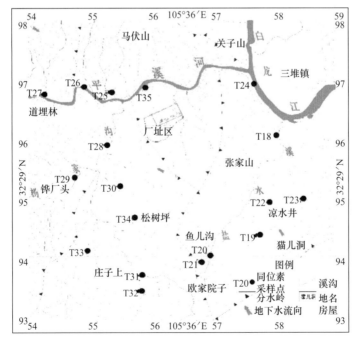

图 4-16　区域同位素采样点位置图

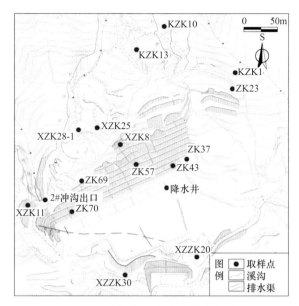

图 4-17　处置场同位素采样点位置图

对比图 4-16 可见，采样的氢氧同位素数据基本落在当地大气降水线附近，表明飞凤山地区地下水、地表水主要接受大气降水补给。其 δD 值范围为 −72.02‰～−40.79‰，δ^{18}O 值范围为 −12.12‰～−5.44‰，δD、δ^{18}O 值变化范围大，说明该地区不同位置的水其补给形式可能不同，具体统计结果见表 4-16 所示。

研究区氢氧同位素统计数据　　　　　　　　表 4-16

编号	样品名称	δD 值（‰）	δ^{18}O 值（‰）	取样高程（m）
T01	KZK13	−55.64	−7.7	763.6
T02	KZK28-1	−62.28	−8.71	693.09
T03	2# 溪沟出口	−56.44	−7.95	638
T04	ZK57	−64.65	−9.77	646.71
T05	ZK70	−63.24	−9.43	615.27
T06	ZK37	−58.75	−9.19	624.2
T07	降水井	−64	−9.3	606
T08	XZZK20	−57.22	−8.07	587.42
T09	ZK43	−62.42	−9.32	616.4
T10	ZK69	−40.79	−6.06	657
T11	ZK23	−58.72	−8.91	717.21
T12	KZK1	−55.68	−8.52	732.23
T13	KZK10	−55.25	−7.46	777.22
T14	KZK25	−62.29	−9.08	700.09

续表

编号	样品名称	δD 值(‰)	δ¹⁸O 值(‰)	取样高程(m)
T15	XZK8(686 平台)	−59.08	−8.21	686
T16	XZK11(Ⅲ-2 区)	−47.73	−6.19	645
T17	XZZK30	−44.58	−5.44	590.87
T18	QY01(盐水溪出口)	−50.91	−7.24	526
T19	QY02(凉水井 1#)	−53.78	−8.54	852
T20	QY03(鱼儿沟水库)	−53.15	−8.06	807
T21	QY04(水库支沟)	−56.31	−9.1	807
T22	QY05(凉水井 2#)	−56.55	−9.36	716
T23	QY06(凉水井 3#)	−63.61	−10.15	744
T24	QY07(白龙江)	−69.6	−12.12	497
T25	QY08(821 厂区)	−72.02	−10.93	523
T26	QY09(平溪河)	−62.69	−9.71	510
T27	QY10(水力压裂厂河水)	−62.32	−9.63	514
T28	QY11(杨家沟主沟)	−61.66	−9.06	523
T29	QY12(杨家沟支沟)	−59.36	−9.02	542
T30	QY13(桃树盖 1#)	−60.24	−8.88	639
T31	QY14(大沟)	−51.51	−7.71	724
T32	QY15(大沟支沟)	−51.26	−7.52	726
T33	QY16(沟边头)	−57.73	−8.26	713
T34	QY17(桃树盖 2#)	−48.26	−6.91	717
T35	QY18(场地下方水沟)	−59.74	−8.18	511

区域内河流、溪沟等同位素相对较贫，以白龙江水同位素为代表，其组成 δD 测值为 −69.6‰，与 δ¹⁸O 测值 −12.12‰ 是飞凤山地区最贫同位素组成的天然水，原因是白龙江属远源补给水系，流域补给面积较大，补给高程较高（图 4-18）。

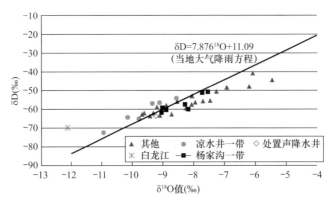

图 4-18 飞凤山地区天然水 δD-δ¹⁸O 关系

研究区东南区域取样点（T19～T23）凉水井附近一带，在大气水线以上，与杨家沟流域相比，这一带流域范围较小，径流途径相对短，取样点或接近分水岭，降雨后形成快速的直接补给；处置场内受边坡原始地形影响，取样点 T06 位于大气降水线以上，说明入渗前未经过蒸发，推断可能为暴雨快速补给，这也与该点降雨前后比其他点地下水水位涨落更快特点吻合；处置场其他钻孔采样点位于当地大气降水线下方，大气降水入渗后浅层地下水在运移的过程中一定程度受到了蒸发作用的影响。

分析氢氧同位素与高程的关系（图 4-19）发现，随高程的变化氢氧同位素分布比较离散，没有一定的相关性，高程效应不明显。研究区内部分区域地下水的补给高程存在异常：

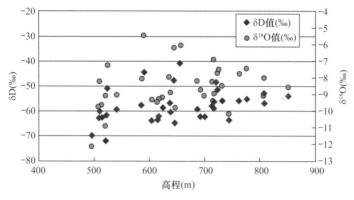

图 4-19　氢氧同位素与高程关系

（1）杨家沟水系一带有 7 组水样，分布在高程较高位置的大沟水样（高程 724m）同位素为 δD-51.26‰ 与 δ^{18}O-7.52‰，相对富同位素，而杨家沟下游（高程 523m）同位素为 δD-61.66‰ 与 δ^{18}O-9.06‰。这不符合同位素组成随高程增加，越贫同位素的规律，说明杨家沟向下游径流过程中，有来自来源更高高程的地下水的侧向补给混入。而杨家沟一带构造发育，则形成了更高高程的地下水通过断裂、裂隙径流补给下游的体系。

（2）处置场钻孔地下水同位素组成一般在 δD-44.58‰ 与 δ^{18}O-5.44‰ 至 δD-60‰ 与 δ^{18}O-9.00‰ 范围，但降水井同位素为 δD-64.00‰ 与 δ^{18}O-9.30‰，明显低于钻孔地下水和溪水同位素，也低于平溪河水，表明降水井地下水有来源于更高高程的地下水的补给。同时，在处置场边坡北西一线，取样点 T02、T04、T09、T14、T15 均表现出同位素较贫的现象，降水井与北西方向的取样点地下水存在较为明显的水力联系。

通过氢氧同位素特征的分析，处置场内降水井水化学组成与边坡地下水组成有一定差异，揭示降水井地下水来源与边坡地下水来源有差异，或降水井有其他来源的地下水补给。

降水井水量大于区域一般泥质岩类地下水的出水量，必然是受构造控制；结合杨家沟补给特点，分析处置场地质构造等特征，处置场范围内近南北向和近东西向裂隙发育，形成的裂隙密集带，是地下水运动的主要通道。

地下水同位素组成揭示，处置场地下水来源虽然主要是大气降雨，但除T06点附近受边坡原始地形影响，降雨直接入渗补给外，其他区域地下水在入渗前有一定的蒸发。而降水井地下水同位素贫于其他位置，反映其地下水补给高程高于处置场其他取样点。

与降雨井连成一线的北西方向的取样点，同位素也相对较贫，推测降水井地下水主要通过近东西向裂隙密集带，存在南东向北西方向运动径流（图4-20）。

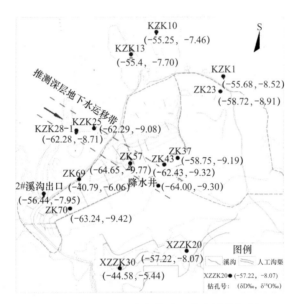

图4-20　处置场降水井地下水来源分析图

综上分析，场地内发育的节理裂隙是降水井地下水主要径流通道，降水井地下水在更高高程接受大气降雨补给后，通过裂隙密集带，呈SE-NW方向的径流。与降水井地下水来源有关的节理裂隙，将大量远源地下水带至处置场，形成降水井附近丰富的地下出水量。

因此，飞凤山处置场虽然位于低渗透性岩类（泥页岩）地区，但地下水依然活动强烈，特别是受到构造影响下，地下水通过优势节理裂隙进入场地，处置场地下水来源不仅有大气降雨直接补给，还存在远源地下水补给。

4.3　边坡地下水渗流模拟

人类开采利用地下水的历史非常悠久，但对地下水运动规律的认识进展却十分缓慢。19 世纪之前，基本没有地下水的定量计算。1856 年，法国工程师达西（Hanry Darcy）在总结前人经验的基础上，通过具体实验提出了水在孔隙介质中的运动规律，即著名的达西定律。这个定律是对地下水渗流运动定量认识的开始，直到今天它仍然是地下水计算的基础。1863 年，法国水力学者裴布依在达西定律的基础上，将之在一定的假设条件下布依假设应用到天然含水中提出地下水流模型，得出了裴布依微分方程来研究一维稳定流动和向水井的二维稳定流动，从而奠定了地下水稳定流理论的基础。1935 年，美国学者泰斯利用抽水试验资料、潜水含水层和承压水含水层非稳定流动过程与含水层疏干和弹性释放有关的实际资料，提出了著名的泰斯公式。泰斯公式的出现开创了现代水文地质计算的新纪元，非紊流模型出现并开始蓬勃发展起来。到了 20 世纪 50 年代，由于国民经济的迅猛发展，对水资源的需求量得到大幅提升，随着深层承压水的开采利用，多层含水层相互越流问题呈现在人们面前。为了解决这一难题，雅克布（C.E.Jacbo）、汉土什（M.S.Hantuch）等人提出了越流补给条件下的非完整井越流模型，这样使人们在含水层间相互联系与相互制约中研究非稳定井流问题。从此，地下水非稳定流理论不断得到发展和更符合生产实际。

20 世纪 60 年代以来，随着计算机的迅速普及，数值方法也得到了广泛的推广，数值方法被用来方便的处理解析解难以解决的一些难题。数值法在应用中不断得到发展，从最初的有限差分法（FDM）、有限元法（FEM）发展到后来的有限差分法、有限元法、边界单元法（BEM）和有限分析法（FAM）等多种方法。国内外应用最广泛的主要是有限差分法、有限元法两种方法。有限差分法的基本思想是通过用渗流区内有限个离散点的集合代替整个连续的渗流区，对离散点用差商近似代替微商，求解方程以得到近似解的过程。有限元法是我国数学家冯康（1965 年）创建的，其基本思想是采用插值近似使控制方程通过积分形式在不同意义下得到近似的满足，把研究区域转化为有限数目的单元而列出计算格式。

有限差分法的代表软件 Visual Modflow，是加拿大 WATERLOO 水文地质公司在美国地质调查局发布的 MODFLOW 软件基础上研发而成的。进而可视性操作得到加强，三维地质建模过程得到简化。有限元法的代表软件 FEFLOW。它由德国公司于 1979 年开发，经过不断的改进，目前已经成为功能最为齐全的地下水水量及水质计算机模拟软件系统。

此次，软岩边坡的地下水渗流模拟分为天然渗流场模拟及边坡截排水效果模拟。天然渗流场模拟采用 Visual Modflow 软件，边坡截排水效果模拟采用 GeoStudio 软件。

4.3.1　天然渗流场模拟

1. 三维渗流计算的基本数学模型

当不考虑水的密度变化的条件下，在孔隙介质中地下水在三维空间的流动可以用下面的偏微分方程来表示：

$$\frac{\partial}{\partial x}\left(K_{xx}\frac{\partial h}{\partial x}\right)+\frac{\partial}{\partial y}\left(K_{yy}\frac{\partial h}{\partial y}\right)+\frac{\partial}{\partial z}\left(K_{zz}\frac{\partial h}{\partial z}\right)-W=S_s\frac{\partial h}{\partial t} \qquad (4-9)$$

式中　K_{xx}，K_{yy}，K_{zz}——渗透系数在 x、y 和 z 方向上的分量。在这里，假定渗透系数的主轴方向与坐标轴的方向一致，单位为（LT^{-1}）；

　　h——水头（L）；

　　W——单位体积流量（T^{-1}），用以代表流进源或流出汇的水量；

　　S_s——孔隙介质的贮水率（L^{-1}）；

　　t——时间（T）。

一般来说，S_s，K_{xx}，K_{yy} 和 K_{zz} 都可能用空间的函数，而 W 可能不仅随空间变化，还可能随时间发生变化。式（4-9）即描述了在三维空间中，当渗透系数主轴和坐标系方向一致时，地下水在孔隙介质中流动。

式（4-9）加上相应的初始条件和边界条件，构成了一个描述地下水流动体系的数学模型。从解析解的角度来说，该数学模型的解就是一个描述水头值分布的代数表达式。在所定义的空间和时间范围内，所求得的水头 h 应满足边界条件和初始条件，但除了某些简单的情况，式（4-9）的解析解一般很难求得。因此，各种各样的数值法被用来求得公式（4-9）的近似解。其中一种就是有限差分法。在本章数值计算采用的方法就是有限差分法。

在有限差分法求解过程中，连续的时间和空间被划分成为一系列离散的点。在这些点上，连续的偏导数也由水头差分公式来取代。将所求的未知点联合起来，这些有限差分公式构成了一个线性方程组。然后对这个线性方程组进行联立求解。这样获得的解就是水头在各个离散点上的近似值。数值解虽然不能给出描述水头随时间和空间变化的代数表达式，但它可以用来解决大量的实际问题，具有很高的精度。

2. 模拟区的概化及离散

对模拟区模型进行概化，考虑研究区水文地质条件特殊性及范围的局限性，选取以边坡和场地为中心，南至 R2 冲沟源头，北抵清源公司厂房作为模拟范围，呈一长940m、宽845m的矩形。

模型区 X 方向的模拟长度为940m，Y 方向的模拟长度为845m，垂直于 XY 平面方向为 Z 轴正方向，模拟高程范围为410m 至地表，地表高程范围为516～823m。因此，模型平面按照 188m×169m 规格划分，垂向上划分为5层，前4层厚度分别为10m、20m、20m、30m，最后一层为410m 高程至第4层底板。模拟区平面离散化如图4-21所示，空间三维离散化如图4-22所示。

3. 模拟区边界条件确定

岩土体中地下水渗流的特点是由渗透介质的空间结构特征来描述的，表征这种特

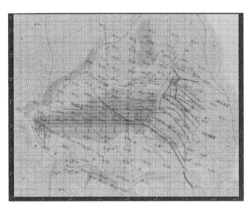

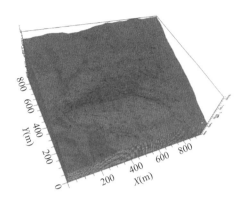

图 4-21　地下水渗流场平面离散化特征图　　图 4-22　地下水渗流场三维模型离散化特征图

性的概念模型是建立岩土体渗流数学模型的基础。在实际工作中，有些单元水头值已知，而有些单元可能位于所研究的问题边界之外。为此，Modflow 将计算单元分成了三大类：定水头单元、无效单元和变水头单元。

根据模拟区范围的特点，本次模拟中，地下水以定水头方式进行设置，分别附于南北两侧，模型东西两侧近似为隔水边界。模型上表面接受大气降水补给，下表面高程为 410m，考虑到此深度以下基岩渗透性能已经非常微弱，模型下表面也为隔水边界。模拟区边界条件如图 4-23 所示。

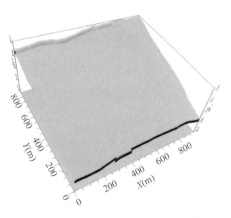

图 4-23　研究区地下水渗流场数值模拟边界条件

在为定水头边界附值前，对 105 钻孔的孔口地表高程 E 与钻孔揭示地下水水位 h 的相关性进行分析，结果表明地表高程 E 与地下水水位 h 的线性正相关关系显著。

4. 模拟区水文地质参数的选定

（1）补给条件

模拟区位于川北山区，兼有南北方气候特征，属亚热带季风气候，冬冷夏热，四季分明，雨量充沛，气候湿润。根据研究区气象资料，多年平均降雨量为 866.6mm。为使模型简化且易于实现，本次未考虑地形地貌而造成降雨的不均匀分布特征，全区降雨均按其平均降雨量考虑，然后根据不同区域大致降雨入渗系数进行分布，计算时略作调整。

（2）含水介质渗透性及存贮系数特征

为使模型运行简单，对模型区域进行分区并简化，第四系全新统地层岩体松散，渗透系数相对较大，崩坡积层（Q_4^{col+dl}）分为Ⅰ区，人工填土（Q_4^{ml}）为Ⅲ区。表层出露的强风化志留系龙马溪组地层为Ⅱ区，下伏地层因风化程度和岩性的不同，渗透系数也不同，分别划为Ⅲ、Ⅴ、Ⅵ区。具体如图4-24、图4-25所示。

 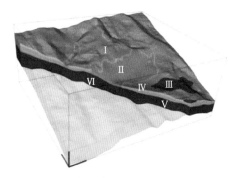

图4-24　研究区渗透系数附值分区图（一）　图4-25　研究区渗透系数附值分区图（二）

对于模型的不同层，不同区按照含水性进行水文地质参数赋值，模型涉及的主要参数渗透系数（K）值，参考前期勘察报告相关地层渗透性特征及相关经验参数，并借鉴相邻地区试验成果综合确定。各参数在模型调试过程中有一定修正，模型参数取值见表4-17。

岩土体渗透特性取值表（单位：m/d）　　　　　　表4-17

分区	地层层位	岩性特征	K_x	K_y	K_z
Ⅰ区	Q_4^{col+dl}	黏土或粉质黏土夹约25%碎块石	0.025	0.025	0.0025
Ⅲ区	Q_4^{ml}	黏土或粉质黏土少量碎石	0.028	0.028	0.0028
Ⅱ区	S_1lm^4	灰黄色、灰绿色泥质页岩，泥质粉砂质页岩，夹薄层状、透镜体状细砂岩组成	0.012	0.012	0.0012
Ⅳ区			0.008	0.008	0.0008
Ⅴ区			0.006	0.006	0.0006
Ⅶ区			0.004	0.004	0.0004
Ⅷ区			0.003	0.003	0.0003

5. 地下水的初始渗流场模拟

首先运用稳定流运算对地下水的初始渗流场进行拟合，对模拟区地下水进行7300d（20年）中地下水的渗流场特性模拟，结果如图4-26示。

从模拟图中可以看出，研究区地下水受到地形地貌控制明显，总体南高北低，顺坡向地下水位逐渐降低。模拟区浅层地下水在地形影响下向东侧的R1、R2冲沟以及西侧的R3冲沟进行排泄；深部地下水以模拟区下部定水头边界为排泄基准面，部分地下水顺裂隙以泉的形式向溪沟排泄，大多沿地形向下运移或转为向渗透系数较大的地段径流。区域最低地下水水位约491m，最高约786m。

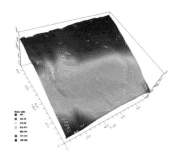

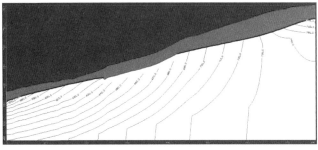

(a) 初始渗流场三维地下水位等值线图　　　(b) 初始渗流场地下水位等值线剖面图（第100列）

图 4-26　初始渗流场拟合模拟结果

　　边坡区水位受开挖影响明显，上下等水位线近相互平行，水力梯度大，流速相对较快。场区内水位起伏小，整体水位在 594～602m，水力梯度小，流速慢。沿Ⅱ区向斜轴部，裂隙发育，径流通道密集，地下水流动速度加快，因此于平台西侧出现一块水位相对低值区，平均水位约为 596m。

　　根据初始地下水渗流场拟合的模拟结果，基本表征了地下水的埋藏、径流及排泄等与地形、溪沟关系一致性，参数选取较可靠，符合地下水渗流场的一般规律。

4.3.2　边坡截排水效果模拟

1. 边坡降雨入渗数值模拟的定解条件

边坡降雨入渗即非饱和渗流，非饱和渗流的定解条件包括：初始条件、边界条件。

（1）初始条件

$$\begin{cases} h(x,y,z,0)=h_i(x,y,z) \\ \theta(x,y,z,0)=\theta_i(x,y,z) \end{cases} \tag{4-10}$$

脚标 i 表示初始已知量。

（2）边界条件

非饱和渗流的边界条件包括：第一类边界条件、第二类边界条件、混合边界条件（混合边界条件）（吴吉春等，2009）。

1）第一类边界条件（Γ_1）

$$\begin{cases} h(x_0,y_0,z_0,t)=h_0(t) \\ \theta(x_0,y_0,z_0,t)=\theta_0(t) \end{cases} \tag{4-11}$$

式中的脚标 0 表示第一类边界上的值。

2）第二类边界条件（Γ_2）

$$\begin{cases} -k(h).\nabla(h-z)l_{\Gamma_2}=\varepsilon(t) \\ -D(\theta)\nabla(\theta)+k(h)l_{\Gamma_2}=\varepsilon(t) \end{cases} \tag{4-12}$$

3）第三类边界条件（相当于水流通量随边界 Γ_3 上的变量（含水率或水压力）值

而变化）

$$\alpha_1 \nabla f + \alpha_2 f = \alpha_3 \qquad\qquad (4-13)$$

式中，f 为变量。

2. 模型的建立

本次数值模拟选择边坡典型剖面，将模型分为三层（图 4-27），剖面模型自上而下分为三层：上部粉质黏土层（淡黄色）、中部强风化泥质页岩（浅绿色）、下部中风化泥质页岩及粉砂质页岩（深绿色）。整个模型长 345m，高 180m。左边界取到后缘距截排水沟 65m 处，右边界取到距坡脚 30m 处。模型网格划分采用混合网格，网格单元的数量为 1580，节点数量为 1644。

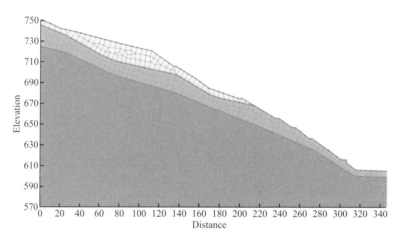

图 4-27　典型剖面建模图

3. 模型参数的选定

SEEP/W 中参数设置主要是渗透性特征曲线、水土特征曲线、饱和含水率、残余含水率、饱和渗透系数。

渗透性特征曲线根据 Fredlund&Xing 方法来拟合：通过输入实测的饱和渗透系数和拟合的土—水特征曲线实现。土—水特征曲线的拟合通过输入实测的饱和体积含水率和同类土样本实现。3 种材料渗透性特征曲线和土—水特征曲线如图 4-28～图 4-31 所示。

4. 截排水方案的选择

根据飞凤山场地及边坡区水文地质调查和水文地质试验，场地及边坡受构造作用影响，裂隙发育，场地水文地质条件复杂。边坡及场地范围内存在第四系松散岩类孔隙水、风化裂隙水、构造裂隙水，各类地下水在边坡场地不同区域分布差异较大。边坡、场地区域地下水位埋深变化较大，不具备统一的地下水位。受发育较深的构造裂隙影响，存在由南部相邻水文地质单元通过构造裂隙进入场地及边坡的地下水，导致边坡、

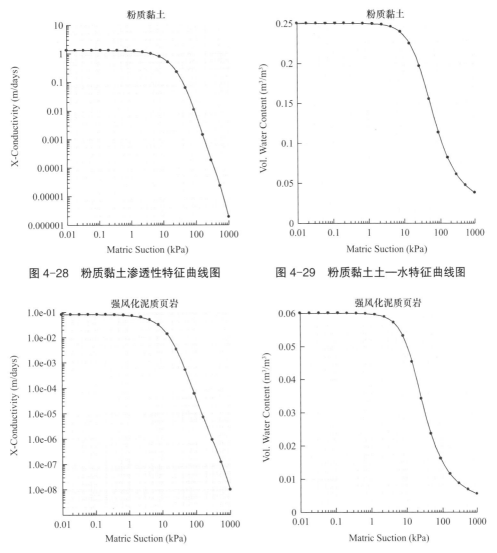

图 4-28 粉质黏土渗透性特征曲线图　　图 4-29 粉质黏土土—水特征曲线图

图 4-30 强风化泥质页岩渗透性特征曲线图　图 4-31 强风化泥质页岩土—水特征曲线图

场地地下水丰富。特别是雨期有大量地下水汇入边坡和场地，使边坡地下水水位迅速提高和地下水压力迅速增加，是影响边坡稳定性和场地安全的重要因素。

根据边坡水文地质条件、地下水富水带分布、地下水对边坡稳定性影响程度、场地地形等因素，本研究提出三种地下水排水方案。

（1）方案一：后缘地表截水＋坡面截水＋仰斜排水孔＋集水井＋渗沟（盲沟）。

（2）方案二：边坡后缘廊道截排地下水＋场地廊道截排水。

（3）方案三：边坡后缘廊道截排地下水。

5. 模拟结果

（1）天然无排水工况模拟分析

为了检验工程的排水效果，对典型剖面进行渗流稳定性分析，SEEP/W 模块初始条件左右边界设为定水头边界。根据勘查钻孔水位分析，左边界定水头为695m，右边界定水头边界为598m。赋上相应参数得到初始渗流场及孔隙水压力分布如图4-32、图4-33所示。然后根据飞凤山地区15年全年雨量观测，在2015年6月26~28日连续三天的降雨量分别为23.2mm、105.8mm，131.2mm。本次模拟假设三天连续降雨为100mm/d。得到暴雨后渗流场及暴雨后孔隙水压力分布图（图4-34~图4-37）。

通过剖面暴雨前后对比可得，在边坡后缘730m高程附近水位线以上的非饱和带，总水头等值线往剧烈弯曲，可得附近730m高程附近总水头变大，由于总水头等于位置水头加负压水头，位置水头不变，负压水头升高，基质吸力降低，将不利于边坡的稳定。可知在Ⅱ区边坡后缘730m高程附近及其后缘部位在降雨后，使得非饱和带稳定性降低。这一点与边坡在730m高程出现拉裂缝也具有一致性。同时暴雨使得地下水位线在坡脚部位迅速上升，水位接近坡面，同样也使坡脚部位稳定性降低。

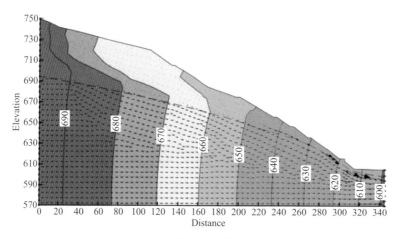

图4-32 典型剖面无排水初始渗流场

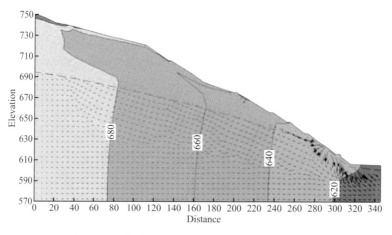

图4-33 典型剖面无排水暴雨后渗流场（3day）

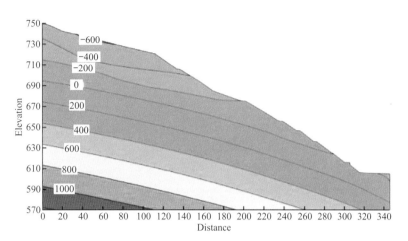

图 4-34　无排水初始孔隙水压力分布图

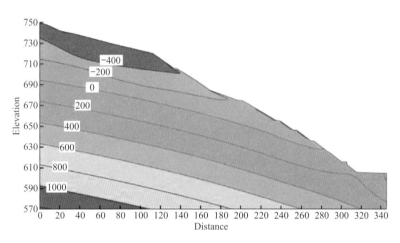

图 4-35　无排水暴雨后孔隙水压力分布图（1day）

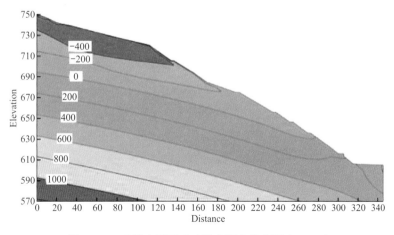

图 4-36　无排水暴雨后孔隙水压力分布图（2day）

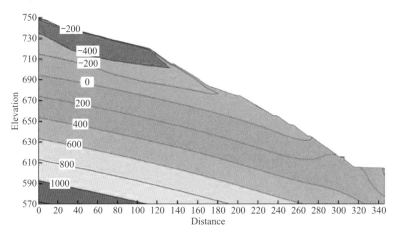

图 4-37　无排水暴雨后孔隙水压力分布图（3day）

在边坡工程学中，为了计算方便，通常将大气压力作为压力零点。当孔隙气压 μ_a 为大气压力时，$\mu_a=0$。在非饱和岩土体中，孔隙水压力 $\mu_w<0$，则基质吸力 $\mu_a-\mu_w$。根据图 4-34～图 4-37 孔隙水压力分布图可知，在没有降雨时候，边坡后缘非饱和带孔压 μ_w 为 -600kPa。在降雨第一天从图 4-35 看出，孔压 μ_w 逐渐增大为 -400kPa，-600kPa 消失，则基质吸力（$\mu_a-\mu_w$）减小，到第三天后缘孔压 μ_w 逐渐增大为 -200kPa，基质吸力降为最低，使得边坡稳定性降低。

（2）仰斜孔 + 渗沟排水方案模拟分析

在典型剖面上增加仰斜孔 + 渗沟的排水方案，模拟效果如图 4-38、图 4-39 所示。

由于仰斜孔 + 渗沟排水方案在边坡后缘并没有相应的排水措施，与无排水情况一致，在边坡后缘 730m 高程附近水位线以上的非饱和带，总水头等值线往剧烈弯曲，可得附近 730m 高程附近总水头变大，由于总水头等于位置水头加负压水头，位置水

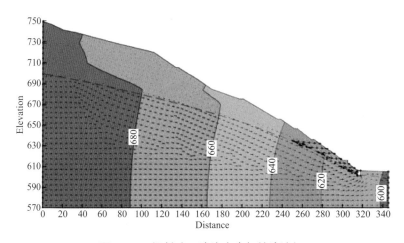

图 4-38　仰斜孔 + 渗沟方案初始渗流场

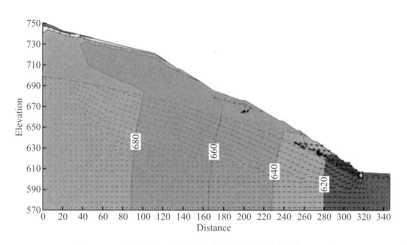

图 4-39 仰斜孔 + 渗沟方案暴雨后渗流场（3day）

头不变，负压水头升高，基质吸力降低，将不利于边坡的稳定。可知在Ⅱ区边坡后缘 730m 高程附近及其后缘部位在降雨后，使得非饱和带稳定性降低。这一点与边坡在 730m 高程出现拉裂缝也具一致性。

采用仰斜排水孔 + 渗沟排水方案后，仰斜排水孔在 616～636m 高程有效地起到了 排水作用，使得地下水位下降约 3m。暴雨后仰斜排水孔附近的地下水基本被排走，仰 斜排水孔有效地抑制了其附近地下水位的抬升，使得水位不至于溢出坡面。此剖面由 于没有集水井，从图中可以看出坡脚的渗沟的排水效果并不明显，水位较暴雨前有上 升接近地表趋势。考虑到剖面坡脚为富水区，建议在坡脚附近多设置集水井或加深渗 沟的深度，降低坡脚地下水位（图 4-40～图 4-43）。

根据图 4-40～图 4-43 孔隙水压力分布可知，在没有降雨时候，边坡后缘非饱和 带孔压 μ_w 为 -400kPa，一直延伸到 706m 平台以下。降雨第一天，从图 4-41 看出，-400kPa

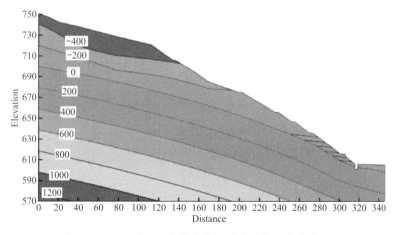

图 4-40 仰斜孔 + 渗沟方案初始孔隙水压力分布图

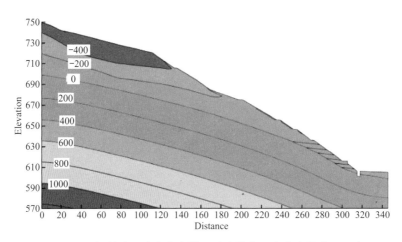

图 4-41　仰斜孔 + 渗沟方案暴雨后孔隙水压力分布图（1day）

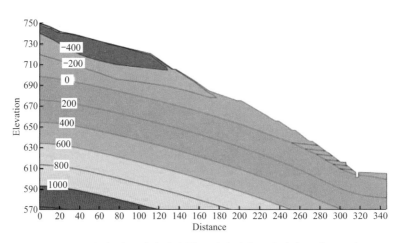

图 4-42　仰斜孔 + 渗沟方案暴雨后孔隙水压力分布图（2day）

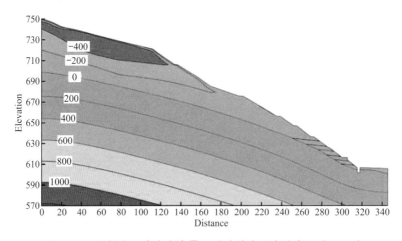

图 4-43　仰斜孔 + 渗沟方案暴雨后孔隙水压力分布图（3day）

孔压等值线移到 706m 平台以上部,深蓝色区面积减小。图 4-42、图 4-43 显示,-400kPa
孔压等值线继续后移,面积也随之逐渐减小。由于基质吸力为 $(\mu_a-\mu_w)$,可以得出基
质吸力在逐渐降低。从中可以得出在后缘由于没有排水措施,降雨使得基质吸力降低,
从而使得边坡稳定性降低。

（3）边坡后缘廊道截排地下水 + 场地廊道截排水

本次处置场边坡加固治理工程,采用的廊道排水能有效截排后缘进入边坡的地下
水（图 4-44、图 4-45）。为了验证采用此方案的排水效果和排水后边坡稳定性的变化,
现对此方案的模拟结果分析如下。

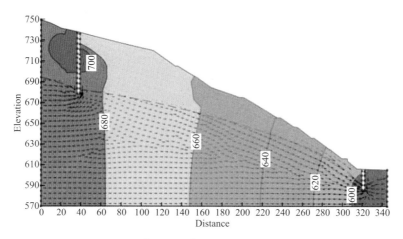

图 4-44　典型剖面廊道排水方案初始渗流场

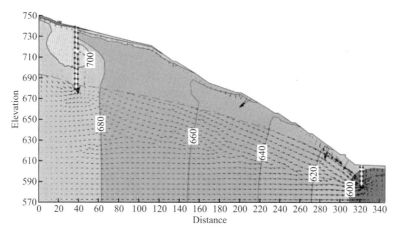

图 4-45　典型剖面廊道排水方案暴雨后渗流场

采用廊道排水方案后,边坡后缘与坡脚两个廊道排水方案对于边坡整体地下水起
到了有效的疏排作用。尤其是坡脚部位的排水廊道对于降低坡脚的地下水位有较明显
的效果,水位较仰斜孔 + 渗沟排水方案下降明显。

后缘廊道能有效地截排边坡后缘进入边坡的地下水,在后缘附近总水头等值线变

化不大，只在局部表层有增大趋势，对后缘整体稳定性影响并不大。同时坡脚廊道也大幅疏排了降雨渗入坡体的地下水（图 4-46～图 4-49）。

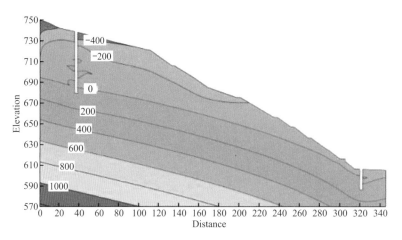

图 4-46　仰斜孔 + 渗沟方案初始孔隙水压力分布图

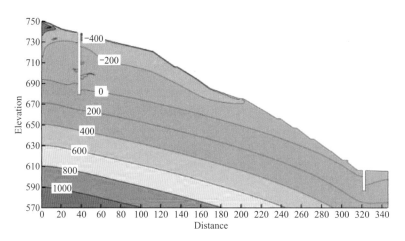

图 4-47　廊道排水方案暴雨后孔隙水压力分布图（1day）

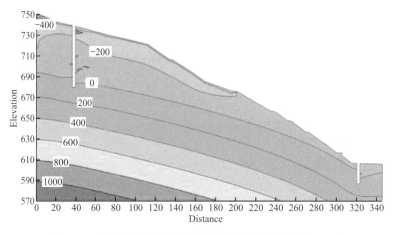

图 4-48　廊道排水方案暴雨后孔隙水压力分布图（2day）

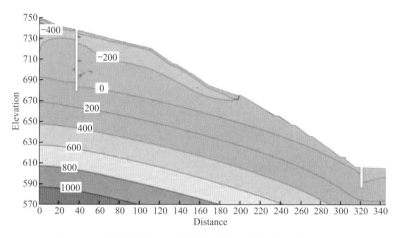

图 4-49 廊道排水方案暴雨后孔隙水压力分布图（3day）

边坡后缘廊道地表附近非饱和带孔压 μ_w 为 -400kPa，降雨后，孔压 μ_w 为 -400kPa，虽有减小趋势，但并不明显，在降雨第二天与第三天基本一样。由于基质吸力 = $(\mu_a - \mu_w)$，可以得出基质吸力变化并不大。从中可以得出后缘廊道起了较好的排水作用，降雨并没有使基质吸力明显降低。

（4）廊道排水方案模拟分析

只采用后缘廊道截排地下水，其模拟结果如图 4-50～图 4-52 所示。

采用后缘廊道排水方案后，边坡后缘廊道排水方案对后缘边坡地下水起到了有效的疏排作用，抑制了地下水水位的抬升。但在 666m 平台以下部位，地下水水位整体上升 0.5～1m，可见后缘廊道对坡脚排水效果不明显。

（5）截排水措施模拟效果结论及建议

通过三种方案排水效果对比，可得出以下结论及建议：

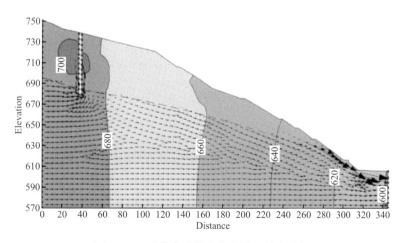

图 4-50 后缘廊道排水方案暴雨前渗流场

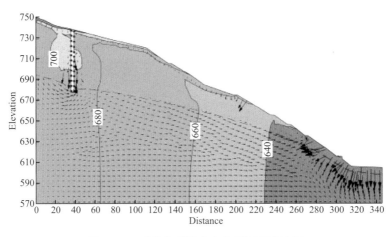

图 4-51　后缘廊道排水方案暴雨后渗流场

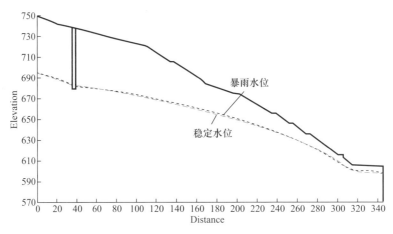

图 4-52　后缘廊道排水方案暴雨前后水位变化图

1）通过仰斜排水孔＋集水井＋渗沟排水方案模拟结果可以看出，由于边坡相对平缓，在此剖面仰斜排水、集水井、渗沟都能有效地降低地下水位。

2）单纯的后缘廊道排水措施对后缘地下水有明显的效果，但对边坡前缘地下水截排效果不佳。

3）前后缘廊道排水方案较仰斜排水孔＋集水井＋渗沟排水方案降水效果明显，前后缘廊道排水方案能使整个剖面附近水位下降明显。既能有效截排边坡后缘进入边坡的地下水，也能有效疏排坡脚及场地地下水。但前后缘廊道排水方案造价较高且施工难度较大，本次加固治理不建议采用。

第5章 软岩边坡稳定性分析

5.1 概述

软岩边坡变形失稳是最常见的岩质边坡问题之一，相对土质边坡而言，软岩受岩体强度、结构面组合以及岩层与临空面组合等多种因素影响；而相对硬质岩边坡而言，软岩强度较低，易风化，且遇水易软化，甚至泥化，具有可塑性、膨胀性、崩解性、分散性、流变性、触变性和离子交换性等特点，严重影响边坡稳定性，易形成地质灾害。特别是在西南地区，山间谷地众多，气候湿润多雨，在这种特殊环境地质条件下，加之岩体中节理发育，岩体较破坏，使得软岩边坡变形失稳问题更加突出。

为此，国内外学者对软岩边坡的变形破坏类型、变形破坏机理、力学机制及其影响因素做了大量研究。如Müller（1964）认为边坡是一个时效变形体，边坡的演变是一个时效过程或者累进性破坏的过程。孙玉科（1988）等人以岩体工程地质力学为基础，提出了用地质模型来分析边坡岩体变形破坏的机制。张倬元、王兰生（1994）等认为边坡破坏是指边坡岩土体中已经形成贯通性破坏面时的变动，在此之前，边坡岩土体发生的变形和局部破裂，称为边坡变形。边坡变形、破坏和破坏后的继续运动，分别代表了边坡变形破坏的三个不同演化阶段。

近年来，我国在高速公路、高速铁路以及大型水利水电工程建设中，越来越多地涉及软岩边坡，其变形破坏形成不同程度和规模的滑坡、倾倒、松动等不良地质现象（见表5-1），这些不良地质现象往往成为制约工程勘察、设计、施工的重大工程地质问题。因此，迫切需要结合地球科学、系统论、现代数学等理论，强调边坡的变形破坏的过程理论，坡体结构与变形破坏相互对应关系，更加全面掌握软岩边坡的变形特性以及演化的动态过程，从而全面掌握软岩边坡的基本特征，为边坡稳定性评价、工程治理、监测预警以及风险管理奠定基础，更好地为工程服务，也是目前软岩边坡研究的主要趋势。

典型软岩边坡变形破坏特征 表5-1

工程实例	坡体结构类型	变形破坏类型	文献来源
里底水电站	陡倾反向千枚岩夹砂岩边坡	坝址右岸边坡倾倒破坏	李树武，2011
李家峡水电站	中倾顺向片岩层状边坡	Ⅱ号滑坡体溃曲破坏	廖元庆，2002

工程实例	坡体结构类型	变形破坏类型	文献来源
玛尔挡水电站	陡倾顺向砂岩、泥岩互层	坝址右岸边坡顺层滑坡	黄昌卫，2010
	陡倾反向砂岩、泥岩互层边坡	坝址左岸边坡倾倒破坏	
乌弄龙水电站	陡倾顺向板岩夹砂岩边坡	巴东坝址右岸 4 号变形体顺层倾倒	李树武，2012
	陡倾反向板岩夹砂岩边坡	巴东坝址左岸倾倒破坏	
金川水电站	陡倾反向砂岩板岩互层边坡	右岸导流洞进水口边坡倾倒破坏	于永亭，2008
	缓倾顺向砂岩板岩互层边坡	右岸导流洞进水口边坡滑坡破坏	
	平缓顺向砂岩夹板岩边坡	坝址右岸边坡顺层滑移	
白龙江碧口水电站	陡倾顺向千枚岩夹少量凝灰岩边坡	青崖岭滑坡	陈全明，2011
广甘高速公路	薄层状青灰色绢云母千枚岩	K28+970~K29+101R 段边坡滑塌破坏	龙海涛，2012
勉宁高速公路	陡倾内层状‐缓倾外粉砂质泥岩	顺向坡：脱落、滑塌为主；反向坡：滑塌破坏	张志沛，2012

5.2 边坡变形破坏特征

5.2.1 软岩边坡破坏基本特征

软岩边坡变形破坏具有多样、复杂性的特点，所以必须对其进行总结归纳，才能分析和评价其稳定性，科学合理地提出工程治理方案，实现真正指导实践。总结前人大量的研究成果，结合软岩边坡坡体结构特征，总结软岩边坡变形破坏模式和破坏类型（表 5-2）。从表 5-2 可以看出，软岩边坡变形破坏基本涵盖了岩土体边坡变形破坏的所有类型，包括崩塌、滑坡、溃屈、倾倒等破坏类型。

软岩边坡坡体结构与变形破坏特征对应关系   表 5-2

变形破坏基本模式	可能破坏方式	层状岩质斜坡坡体结构特征
松弛张裂	表部脱落、剥落	反向软岩边坡
滑移‐崩落	崩塌、崩落	近水平软硬岩互层边坡、反倾软岩边坡
蠕滑‐拉裂	圆弧形（转动型）滑坡、滑塌	近水平软质岩坡、陡倾顺向软岩边坡、反向软岩边坡
滑移‐拉裂	顺向滑坡、阶梯状滑坡、平推式滑坡	缓倾顺向软岩边坡、缓倾顺向软硬互层边坡
滑移‐弯曲	顺向‐切层滑坡、溃屈	中倾顺向软硬互层边坡、中倾顺向薄层软岩边坡
弯曲‐拉裂	崩塌、弯曲倾倒	陡倾反向软硬互层边坡、陡倾反向软岩边坡
陡倾顺向倾倒模式	顺向倾倒	陡倾顺向薄层软岩边坡

1. 崩塌

崩塌主要存在于软硬互层边坡、反倾软岩中，边坡坡度陡倾，卸荷作用下陡倾拉张裂隙发育，软硬岩差异性风化形成岩腔，使得岩体失去支撑，最终在外界因素影响下突然脱落、崩落，如图 5-1 所示。崩塌在层状岩质斜坡广泛存在，几乎每一种坡体结构基本都可以发生崩塌。其主要特点是崩落速度快，规模差异性很大，结构散乱，大小混杂。

(*a*) 反倾泥岩边坡形成滑塌体　　　　　　(*b*) 薄层板岩形成崩塌现象

图 5-1　崩塌现象

2. 滑坡

顺层滑坡是缓倾顺向岩质斜坡中常见的类型。重力作用下，斜坡岩体有往外滑移的趋势，其中软岩或者软弱夹层遇水软化，抗剪强度降低，这种滑移变形越来越明显，拉张裂隙发育。后期在降雨、地震作用下，斜坡岩体沿着某层或者某几层软弱面滑动形成滑坡，如图 5-2 所示。在自然界中，顺层滑坡比较容易产生，形成典型滑坡地貌，并且可能导致地质灾害，所以顺层滑坡一直是重点关注的地质问题之一。

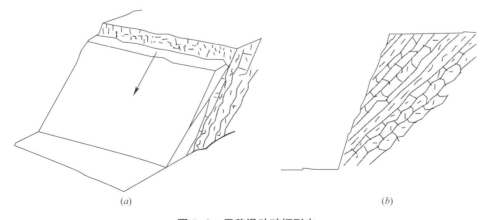

(*a*)　　　　　　　　　　　　　　　　(*b*)

图 5-2　平移滑动破坏形态

3. 溃屈

溃屈破坏一般在中倾顺向岩质斜坡中产生，主要特点是当岩层倾角与坡角相当时，斜坡岩体顺层滑移没有空间，而在重力、风化、水作用下，坡角以上一定位置开始隆起，最终弯曲折断而产生溃曲破坏，如图5-3所示。溃屈破坏岩层错动强烈，节理裂隙切割下，岩体破碎，尤其在溃屈点位置基本成为散体。

(a) 薄层板岩溃曲　　　　　　　　　　(b) 软硬互层溃曲破坏

图 5-3　溃屈现象

4. 倾倒

倾倒现象在陡倾反向层状岩质斜坡中较为常见，分为块状倾倒、弯曲-块状倾倒以及弯曲倾倒。倾倒最重要的特点是岩层产状发生变化，岩层发生转动，出现弯折范围或者弯折点，使得岩层错动，岩体破碎松散，斜坡各个空间位置倾倒程度存在差异性，一般来说越往斜坡上部，变形越强烈，成块状、板状，后期发展呈滑坡体；斜坡从内到外，变形越强烈，岩层产生转动更厉害，岩体更为破碎。近年来，人们开始认识到陡倾顺向的软硬互层或者薄层软岩斜坡也可能发生倾倒，如图5-4所示。在锦屏一级、毛尔盖、羊曲一级茨哈峡水电站等工程区域内，都发现顺层倾倒现象。

5.2.2　飞凤山软岩边坡变形破坏特征

飞凤山低中放固体废物处置场于2013年初对处置场南侧和东西两侧边坡进行开挖，形成最高达100m的高边坡。2013年5月受强降雨影响，西侧边坡出现变形、滑动迹象。2014年进入雨期以后，滑坡变形再次加剧。飞凤山 I 区边坡经7月18日强降雨后，于7月19日发生滑坡，滑动距离约20m，坡体原格构梁、锚索、截水沟及排水沟被拉裂破坏，形成滑坡堆积体约 $20.5 \times 10^4 m^3$；飞凤山 II 区边坡北东侧锚喷破坏，坡面发现大量拉裂缝，中下部形成一个体积约 $0.9 \times 10^4 m^3$ 的滑塌体，原有支护措施多处失效。同时，东侧边坡也存在不同程度变形，整个边坡存在继续变形破坏和整体失稳的高风险，严重威胁坡脚在建的低中放固体废物处置库。

(a) 中薄层砂质泥岩倾倒现象　　　　　　　　(b) 中薄层砂质泥岩倾倒现象

图 5-4　倾倒现象

通过滑坡变形破坏基本特征，发现其变形破坏具有明显的区域特征，不同位置的破坏类型、破坏模式及发展趋势各不相同。结合飞凤山区域地质背景、地形地貌、地质构造、岩土体特征以及水文地质条件进行详细全面调查，认为飞凤山处置场处于龙门山断裂带，地质环境十分复杂，特别是受 2008 年"5·12"汶川大地震及余震影响，场地地质构造特性、工程地质、水文地质性质发生了很大变化，出现山体开裂、岩体松弛、土体滑动、地下水活动性增强等地质灾害现象，加上飞凤山处置场边坡人类工程活动影响，导致飞凤山边坡连年出现的边坡变形、失稳等地质灾害。从滑坡的范围、物质结构特征、微地貌特征以及变形历史，全面分析飞凤山软岩边坡变形破坏基本特征，从而更加准确地掌握其变形破坏成因、稳定性状态，为整个边坡治理工程奠定基础。

1. 飞凤山覆盖层－软岩接触面滑坡基本特征

覆盖层－软岩接触面滑坡位于飞凤山 I 区边坡，该区在平面上呈长舌状，总体坡度较缓（13°左右），中部有两级较大的缓坡平台。前缘高程约 620～630m，受到堆积体挤压变形，可见树木歪斜；后缘高程 680～703m，为一基岩陡壁，形成完整滑坡地貌特征。该滑坡滑动方向 343°，宽约 150m，平均斜长约 220m，滑体平均厚约 10m，体积约 $33 \times 10^4 m^3$，如图 5-5 所示。

（1）滑坡周界范围

1）后缘边界：滑坡后缘为基岩陡壁，高程约 680～703m，岩性为龙马溪组泥质页岩，产状 5°∠65°，平面上呈扇形，陡壁上可见明显擦痕，如图 5-6 所示。

2）前缘边界：滑坡前缘在平面上呈一弧线，以 616m 平台为界，616～650m 高程为一斜坡，坡度约 22°，主要物质组成为第四系全新统滑坡堆积体（Q_4^{del}），斜坡上部为滑坡二级平台，如图 5-7 所示。

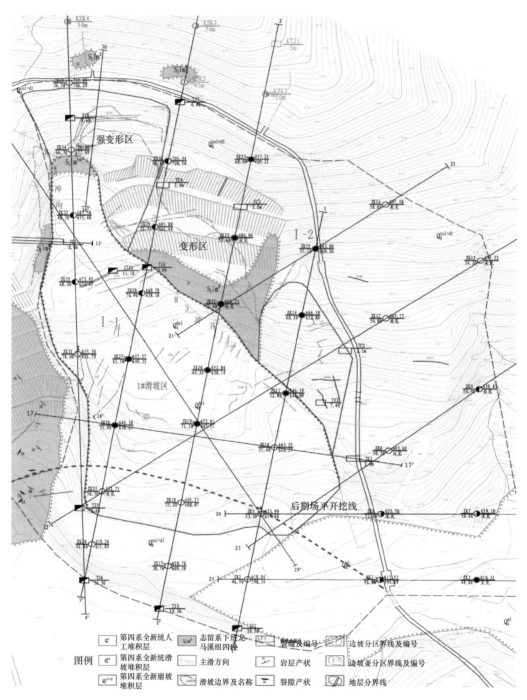

图5-5 覆盖层－软岩接触面滑坡工程地质平面图

图 5-6　滑坡后部

图 5-7　滑坡前缘

3）西侧边界：西侧边界为滑坡滑动后形成的陡坎，坎高 1～3m，坎下紧邻 R3 冲沟，坎上可见格构架空现象。滑坡下部陡坎不明显，地形上呈一缓坡，如图 5-8 所示。

4）东侧边界：滑坡东侧边界与 2# 滑坡紧邻，滑动后现为一陡坎，坎高 8～15m，陡坎上部为覆盖层，厚 12～15m，下部为基岩，受构造影响岩体较破碎，如图 5-9 所示。

图 5-8　滑坡西侧边界

图 5-9　滑坡东侧边界

（2）物质结构特征

滑坡物质是产生滑坡的物质基础，其物质结构特征控制着斜坡的演化进程以及变形破坏机制和形式。

该滑坡滑体由粉质黏土夹碎块石组成，厚 5～24m，黄褐色、褐色、可塑～硬塑，碎块石粒径一般为 5～20cm，局部夹孤石，最大约 200cm，棱角～次棱角状，含量占 15%～25%，母岩成分主要为砾岩，如图 5-10 所示。

滑带为粉质黏土夹角砾，褐色、软塑～可塑状、滑腻感强，包含有角砾，含量 10%～15%，其粒径为 0.2～1cm，厚 5～10cm。滑带中上部多沿基覆界面分布，在剖面上略有起伏，倾角上部较陡（约 20°），下部较缓（5°～10°），局部可见镜面及擦痕，如图 5-11 所示。

图 5-10　滑坡滑体　　　　　　　　　　图 5-11　滑坡滑带

滑床为强风化泥质页岩，岩层倾向坡外，倾角自下而上，由缓（20°）变陡（40°）。岩芯呈碎块状、薄片状、短柱状，局部发育破碎带，该层厚度变化较大（下部较薄，上部较厚），一般为 10～25m。

（3）滑坡变形历史

2013 年初～2013 年 5 月，该区边坡采用放坡开挖。其中，基岩按 1∶1.25 放坡，坡面采用素喷混凝土防护；第四系覆盖层按 1∶1.6 放坡，坡面采用混凝土格构护坡，此时该边坡坡体未出现任何变形迹象。

2013 年 5 月份边坡开挖至 646m 平台，边坡 666～676m 段坡面出现凸起、混凝土护面开裂，如图 5-12、图 5-13 所示；5 月 27 日边坡后缘原截水沟及截洪沟外边坡发现数条裂缝，如图 5-14、图 5-15 所示。7 月 2 日监测点在水平、垂直方向均持续、较快地移动，10 月 28 日移动速度达到 4.9mm/h，斜坡出现滑动迹象。

图 5-12　坡面混凝土开裂　　　　　　图 5-13　坡面混凝土开裂及隆起

图 5-14　边坡后缘原截水沟拉裂破坏

图 5-15　边坡后缘坡体拉裂缝

2014 年 4 月，对覆盖层 - 软岩接触面滑坡采用了锚索格构梁（局部采用系统锚杆加固）、截水沟、地表裂缝处理及滑坡体范围内设置坡面和坡体排水系统的方式进行治理。

截至 2014 年 7 月 18 日，覆盖层 - 软岩接触面滑坡 646m 平台以上部分已完成锚索张拉，636m 平台正在进行锚索成孔注浆施工，616～626m 边坡土石方开挖部分完成。在施工过程中，2014 年 7 月 18 日～20 日经历了一轮强降雨（18 日降雨量为 33.7mm，19 日降雨量为 11.8mm，20 日降雨量达到 123.6mm）。7 月 19 日下午 14：00，676m 平台靠近原冲沟区域出现裂缝，裂缝宽度约 1.0m，下午 5 时，覆盖层 - 软岩接触面滑坡体变形急剧增大，下滑 1～2m，7 月 20 日晨 6：30，覆盖层 - 软岩接触面滑坡体646～696m 区域整体滑移，上缘垂直位移约 12m，最大水平位移约 20m。

（4）微地貌特征

滑坡发生整体滑动，滑坡周界明显，洼地、平台、裂缝等滑坡微地貌特征突出。滑坡中部可见两级平台，一级平台位于 652～659m 高程，长约 30m，宽度约60m，面积 1800m^2；二级平台位于 672～675m 高程，长约 80m，宽度约 60m，面积 4800m^2；688～694m 高程上为一滑坡洼地，长、宽约 20m，降雨后洼地内可见积水。

受滑坡滑动影响，滑体多处出现变形裂缝，652～675m 高程处可见由数条平行拉裂缝组成的裂缝群 LF6、LF9，发育方向多与滑坡滑动方向垂直，为滑坡后缘拉裂缝，NE 向，总长近 12～30m，宽度 0.2～0.3m，可见深度 0.3～0.4m，多充填粉质黏土、角砾，如图 5-16 所示；在平台周边由于滑坡剪切作用形成多组羽状裂隙 LF8、LF10，延伸近SN 向，剪切性质，总长 10~30m，宽度 0.3~0.4m，可见深度 0.8~1.0m，多充填粉质黏土、角砾充填；滑体前缘由于堆积体挤压，形成多组鼓胀裂缝 LF11～LF13，具有拉张性质，由多条平行裂缝组成，EW 向，总长 16~34m，宽度 0.1~0.2m，可见深度 0.1~0.2m，多充填粉质黏土、角砾充填，如图 5-17 所示。

图 5-16　滑坡后缘拉张裂隙　　　　图 5-17　滑坡前缘鼓胀裂隙

2. 飞凤山软岩顺层滑坡基本特征

（1）滑坡周界范围

飞凤山软岩滑坡位于飞凤山边坡Ⅱ区，滑动方向 11°，坡度上缓（20°）下陡（35°），平均宽约 150m，平均斜长约 160m，滑体厚约 20m，体积约 $48 \times 10^4 \mathrm{m}^3$。滑坡后缘高程 714～735m，前缘高程 641～676m，左右边界均受地形控制，其中左侧边界与Ⅰ区滑坡紧邻，右侧以一小山脊为界，中部东侧原始地形为一负地形，后缘外侧为缓坡地带，如图 5-18 所示。

（2）物质结构特征

滑体由粉质黏土夹碎块石和强风化泥质页岩组成。粉质黏土夹碎块石主要分布在 676～742m，平均厚约 10m，松散，可塑，碎石含量占 15%～25%，母岩成分为砾岩。下伏泥质页岩，灰黄色、灰黄绿色、强风化，泥质结构，薄层状构造，岩芯呈碎块状、饼状、短柱状，岩体破碎～较破碎，结构面局部夹泥、锈染严重。

滑带位于高程约 654m 处，属于层间软弱带，分布较为稳定，厚度 5～10cm，主要由粉质黏土组成，黄褐色，软塑 - 可塑，滑腻感强，稍有光泽，强度中等，角砾含量 10%～15%，粒径 0.2～0.5cm，剖面上呈折线，倾角 16°～25°，在滑坡前缘剪出口位置出露，如图 5-19、图 5-20 所示。

滑床为泥质页岩，强风化，岩层倾向 N～NNE，倾角 18°～25°，发育多组结构面，岩体破碎、岩芯呈碎块状或短柱状，结构面局部夹泥、锈染严重。

（3）变形破坏历史

该区在 2013 年 6 月 25 日以前，采用放坡开挖，基岩按 1∶1.25 放坡，坡面采用素喷防护；第四系覆盖层按 1∶1.60 放坡，坡面采用混凝土格构护坡，未出现任何变形迹象。2013 年 6 月份边坡开挖至 646m 平台，在开挖过程中，坡面局部出现小范围的滑塌破坏，6 月 25 日后位于坡顶的监测点位移量及速度开始增大，至 7 月初迅速增加，9 月 27 日移动速度达到 4.1mm/h，水平方向主要向 NNW 移动，至 10 月 28 日累计向北移动

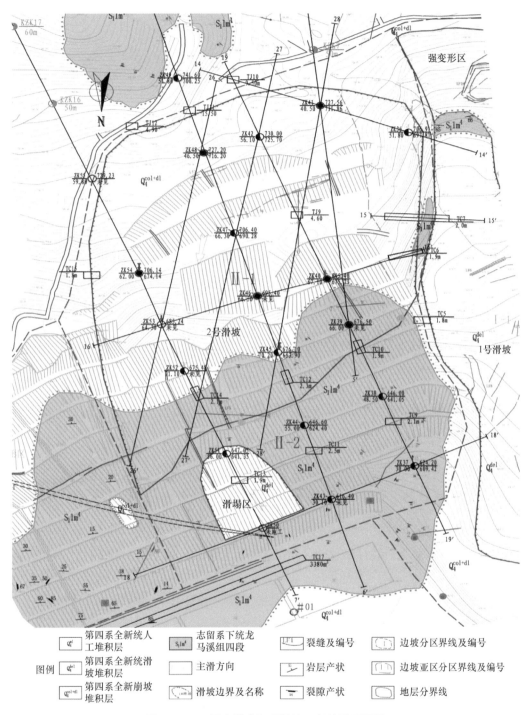

图 5-18　飞凤山软岩顺层滑坡工程地质平面图

1711.5mm，边坡后缘原截水沟外边坡发现数条裂缝。该区滑坡后缘发育数量众多的拉裂缝，平面展布多呈弧形，最长约 120m。目前该区中部的变形主要为急流槽的侧壁、底部被拉裂，梯步一角被挤压破碎，如图 5-21、图 5-22 所示。

图 5-19　滑带土（一）　　　　　　　　图 5-20　滑带土（二）

图 5-21　急流槽的侧壁、底部被拉裂　　　图 5-22　梯步一角被挤压破碎

5.3　边坡变形破坏成因分析

5.3.1　软岩边坡变形破坏成因分析

根据边坡岩体坡体结构特征，将边坡分为近水平软岩边坡、顺层软岩边坡、反倾软岩质边坡。近水平层状岩质斜坡一般构造作用不强烈，岩层倾角≤10°，在西南地区、西北地区广泛分布，近水平软岩边坡岩层产状对斜坡影响较小，对斜坡变形破坏不起控制作用，一般来说近水平层状岩质斜坡整体较为稳定；顺向软岩边坡是指岩层走向与边坡走向一致，岩层倾向与边坡坡向相同的层状结构边坡，属于相对不稳定坡体结构特征；反倾软岩边坡是指岩层走向与边坡走向一致，岩层倾向与边坡坡向相反的层状结构边坡。

边坡变形破坏受控于坡体结构特征，随着坡体结构概念逐步深化，其坡体结构类型划分更细化、更具体，能反映坡体变形破坏成因以及机理模式。基于软岩边坡坡体结构类型、变形破坏类型，进一步探讨软岩边坡变形破坏动态演化机制，这样可以全面掌握边坡变形破坏的"来踪去迹"。

1. 近水平软岩边坡

近水平软岩边坡俗称"三明治"边坡，尤其在四川盆地东缘广泛分布，岩性主要有砂岩与页岩互层、灰岩与泥岩互层、砂岩与泥岩互层等。

　　近水平软质岩边坡一般很难形成高陡的自然边坡，岩性主要有泥岩、页岩、片岩等，岩性软弱，抗风化能力弱，遇水软化，节理裂隙发育程度不一，层面结合力与岩体力学性质差距不大，更加接近土质边坡，以蠕滑－拉裂破坏模式为主，如图 5-23、图 5-24 所示，图中（a）系列表示斜坡位移变化图，（b）系列表示剪应变增量图。首先斜坡在重力作用下形成向临空蠕滑趋势，斜坡表部应力集中，形成后缘拉裂缝，如图 5-24（a_1）、（b_1）所示。随着降雨、风化等作用下，拉裂隙继续向下发展，整体蠕滑作用更加剧烈，后缘开始有下沉的迹象，剪应力集中进一步促进软弱面的贯通，如图 5-24（a_2）、（b_2）所示。最终在剪应力的作用下软弱面贯通，斜坡岩土体沿着软弱带滑动，形成滑坡，如图 5-24（a_3）、（b_3）所示。

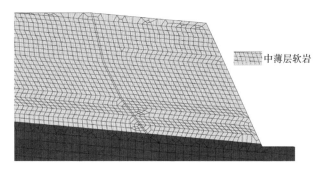

图 5-23　蠕滑－拉裂数值计算模型

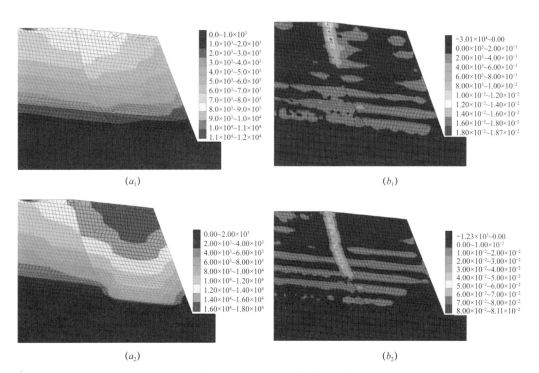

图 5-24　蠕滑－拉裂数值模拟过程（一）

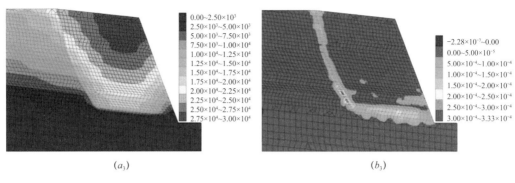

(a_3) (b_3)

图 5-24 蠕滑－拉裂数值模拟过程（二）

平缓软硬互层岩质边坡在不同岩层或岩层界面形成差异性风化卸荷作用，加上常发育两组近正交的陡倾节理，节理延伸长度一般不大，地表一定范围内软岩风化强烈，岩体破碎，形成软弱带，层面和陡倾裂隙一起形成岩体变形破坏的边界。不同等级的结构面，可把斜坡岩体切割成规模不同的结构体，对边坡稳定性产生影响。软硬互层的差异性使得岩体破碎，层面、节理裂隙切割块状，软弱泥化带广泛发育。差异性风化引起崩塌，水作用下形成滑坡，甚至可以形成平推式特大型滑坡。

2. 顺向软岩边坡

泥岩、黏土岩组成的顺向软岩边坡，层理面和节理裂隙发育一般，易风化、易软化，可以看作似均质体斜坡。无论岩层倾角陡缓变化，边坡主要是以蠕滑－拉裂破坏为主。重力作用下边坡岩体向临空面方向发生剪切蠕变，岩层向坡下弯曲，后缘产生拉应力形成拉张裂隙，并向深部发展。随着时间推移，坡体岩层错动形成软弱面，软弱面进一步发展成剪切蠕变带，即潜在滑面，特殊情况下可能会发生滑坡。

薄层板岩、片岩以及页岩组成的软质边坡，层面极为发育，平直光滑，且层面的控制作用较为明显。但当节理裂隙发育时，层面的优势作用就会下降，影响边坡稳定性的主要因素是层间错动和节理裂隙的发育程度。对于缓倾角边坡来讲，边坡岩体向坡前临空方向发生剪切蠕变，在其后缘易发育自坡面向深部发展的拉裂缝或使已有的裂缝不断向下扩展，如果有雨水渗入裂隙，将产生强大的静水压力。当裂隙贯通时，可发生小～中等规模的类似土质边坡的蠕滑－拉裂型破坏，破坏面形状多呈圆弧形。中等倾角边坡多形成滑移－拉裂型破坏，如图 5-25 所示，在重力作用下，整个边坡沿着层面向临空方向滑移，尤其坡顶位移量较大，形成拉裂隙。随着时间推移拉裂隙向下发展，斜坡中上部压缩变形强烈。最终整个拉裂面贯通形成软弱面，在降雨、地震条件下产生顺层滑坡。

陡倾角边坡，其倾角一般不超过 $40°\sim50°$，如图 5-26 所示。在重力作用下，岩层倾角较大，一般大于层面间摩擦角，层间错动强烈，形成泥化带后进一步降低层面力学性质，使得斜坡稳定性降低，出现下滑的趋势，但是不具备滑出条件，形成类似

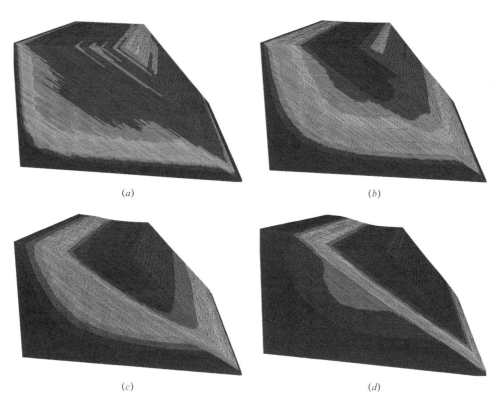

(a)

(b)

(c)

(d)

图 5-25　滑移－拉裂数值模拟演化过程

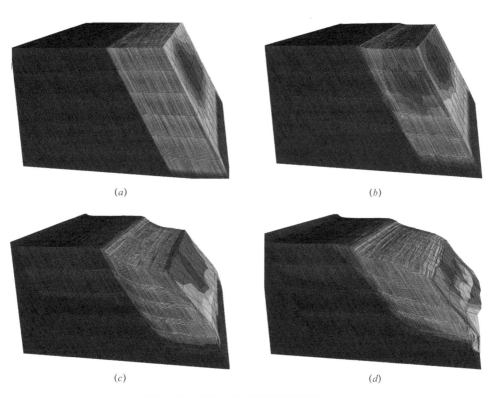

(a)

(b)

(c)

(d)

图 5-26　滑移－弯曲数值模拟演化过程

压杆力学问题,随着层间错动更加强烈,局部压碎,层面弯曲隆起。继续发展弯曲折断,坡体层间错动开始发生质的变化,整体上形成滑移,岩体开始碎裂化、散裂化。最终滑移弯曲折断,阻碍作用消失,形成滑坡,从而发生顺层滑移－弯曲－溃屈型破坏。

3. 反倾软岩边坡

软岩反倾斜坡属于相对稳定坡体结构,主要包括软岩夹硬岩边坡、软岩边坡。缓倾软岩夹硬岩反倾边坡中软岩起主导作用,以往研究学者认为主要以蠕滑－拉裂为主,硬岩的作用基本上被忽略。黄润秋等研究西南地区高边坡发现,当边坡底部发育软岩、中下部为硬质岩、上部为软岩或者碎裂状的坡体结构时,硬岩一般充当完整性和强度均很高的"刚性"地质体,在整个边坡中起到了类似挡土墙的作用,承担和"挑住"了因上部坡体变形而传递下来的巨大"推力",如同通常意义上的"锁固段"一样,起到了维系边坡整体稳定性的关键作用,形成"挡墙"溃屈变形破坏模式。陡倾软岩夹硬岩反倾边坡中下部软岩被压缩发生变形,上部岩层发生倾倒变形,结构面切割下产生剪切错动,坡体后缘形成拉裂,这样上部岩体容易发生倾倒崩塌破坏。

软岩反倾边坡中无论泥岩还是板岩、片岩,层面作用没有顺层边坡强烈,所以变形破坏类似。缓倾软岩边坡主要以蠕滑－拉裂为主,形成一定规模切层滑坡;陡倾软岩主要发生弯曲－拉裂破坏,此类边坡临空条件一般较好,重力作用下岩体发生悬臂梁似的弯曲变形,并且产生裂隙,加速了这种变形,且越靠近坡面中上部变形越强烈。随着弯曲变形的加强,层间发生错动,表部岩体形成碎裂结构,并且这种弯曲变形向深部发展。这种弯曲变形超过一定界限,被折断形成倾倒现象,这种弯曲－折断越往斜坡上部倾倒越强烈,越往坡面倾倒越强烈,岩体破碎,结构裂隙密集发育,层面作用消失,使得斜坡坡体结构复杂化,后期大多转化成蠕滑－拉裂的破坏模式,从而发生滑坡,如图 5-27 所示。

5.3.2 飞凤山边坡变形破坏成因分析

1. 区域地质环境的演化与斜坡的形成

区域地质环境作用强度不仅是影响斜坡形成的最基本的因素之一,而且直接控制着滑坡的分布和发育程度。在区域构造比较复杂、褶皱比较强烈和新构造运动活跃的地区,边坡的稳定性较差,滑坡发育,如西南峨眉山块断带、大娄山褶皱断带和龙门山褶皱断带等地区,构造复杂,地震活动频繁,滑坡非常发育(谌文武,2006)。

研究区位于松潘甘孜造山带、秦岭造山带和扬子地台三个构造单元的结合部位,龙门山造山带的北东端,是中国大陆构造活动最为强烈地区之一。新构造运动作用下,龙门山构造带及其西部高原表现为大面积的快速隆升运动,上升速率一般在 2～3mm/a,内部形成断陷盆地。从滑坡形成,发展变化,最后发生滑动破坏,整个过程受到新构造运动控制。

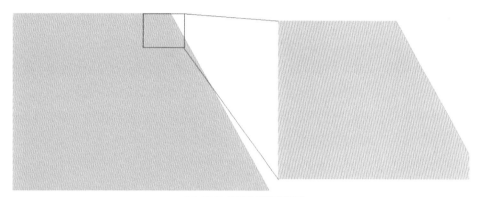

(a) 弯曲-拉裂数值计算模型

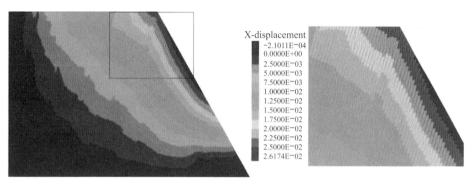

(b) 斜坡岩体变形阶段

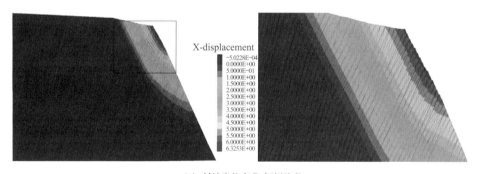

(c) 斜坡岩体弯曲-倾倒阶段

图 5-27　弯曲-拉裂数值计算模型与演化过程

滑坡的产生与高原隆升密切相关，在湖盆演化阶段，各湖盆在高原受挤压隆升的背景条件下强烈断陷，为后期特大型滑坡的形成储备了丰富的物质条件。在河流形成演化阶段，强烈的构造抬升降低了侵蚀基准面，造成河流强烈下切，为特大型滑坡的产生提供了必要的临空和高陡斜坡等地形条件。与此同时，诱发特大型滑坡的强震，也与高原隆升密不可分。研究区的地震是高原受持续挤压，应力集中后瞬间释放的结果，在各期隆升阶段都可能伴随着一系列强震的产生。

区域地质环境决定了研究区的地形地貌、地质构造以及地层岩性等基本工程地质条件，对边坡的变形破坏具有重要意义。青藏高原不断隆升，从而形成研究区主压应力方向为 NWW-SEE 至 NW-SE 向（张荣斗，等，2008；刘峡，等，2014；唐红涛，等，2014）。在此应力场作用下，构造断裂、褶皱等不断改变岩体性质，岩层发生改变，从而决定着岩体结构与坡体结构特征；另一方面形成 NE-SW 向节理结构面、NW-SE 向节理结构面、近 E-W 向节理及断层结构面、近 S-N 向节理结构面四组结构面，并形成节理裂隙密集带、层间软弱带，从而影响岩体完整性，使得岩体较为破碎，不断弱化岩体力学性质，为滑坡的发生创造条件。

2. 影响因素

（1）地形地貌

地形地貌直接影响边坡的稳定性，一般情况下，当岩性相同时，坡度越陡，临空条件越好，山坡越不稳定；边坡坡度越高，卸荷应力集中越显著，边坡稳定性差；坡面形态也影响边坡稳定性，根据三峡库区和黄河上游等流域以及国外的斜坡调查资料，凸形坡形成于地壳上升，河流下切速度大于剥蚀速度的阶段，稳定性最差，多发育中小型滑坡；凹形坡形成于侵蚀基准面稳定的时期，稳定性最好，滑坡发育少但多为大型滑坡；直线斜坡介于两者之间，可发育各类规模滑坡。

不同地貌单元，滑坡的分布密度、规模、类型以及产生滑坡的原因均有明显的差异。河谷冲积阶地区，滑坡常出现在阶地前缘斜坡上，大多为黏土滑坡或黄土滑坡；侵蚀堆积丘陵区，是堆积物经后期侵蚀而形成的低缓丘陵，一般以黏性土滑坡为主，规模不大；剥蚀中低山区，山坡陡峻，基岩裸露，坡脚经常有堆积物分布，主要发育岩石顺层滑坡、破碎岩石滑坡、堆积土滑坡等，此类滑坡一般规模巨大，年代久远，常经过多次复活和稳定阶段。

飞凤山边坡属于中低山地貌，原始地形低山缓坡地形，呈陡缓相间的特征，缓坡地带堆积大量的崩坡积物，厚度接近 20m，客观上也为滑坡提供了物质条件和地形地貌条件。坡面冲沟发育，沟谷切割呈"V"字形，缓坡段常形成积水区，局部陡坡段可能地下水溢出，从而影响水文地质条件。边坡开挖使得飞凤山边坡地形地貌发生改变，边坡坡度增大，形成良好的临空条件，边坡变形破坏无论程度还是规模上都有质的改变，为斜坡体的失稳提供了良好条件。

（2）地层岩性

地层岩性是产生滑坡的物质基础，控制着斜坡的演化进程以及变形破坏机制和形式。地层岩性的差异是影响斜坡稳定性和滑坡产生的主要因素。正是由于地层岩性对斜坡的发展演化和稳定状况起控制作用，使各种类型斜坡的变形破坏形式以及滑坡的分布具有一定的区域性特征。因此，滑坡的发育不仅受地质构造控制，而且还取决于组成滑坡的地层岩性特征，包括组成滑坡体地层的时代、岩体结构构造以及岩石类型等。

飞凤山边坡主要由志留系下统龙马溪组泥质页岩、粉砂质页岩、第四系崩坡积层粉质黏土夹碎石和各种成因的松散堆积物组成，其地层岩性具有多样性，各不同分区岩性组成存在差异性。

覆盖层－软岩接触面滑坡表部主要覆盖层由粉质黏土夹碎块石组成，自坡顶到坡脚，厚度变化较大（厚 5~24m，中段厚、前后缘薄），平均厚约 12m。下伏强风化泥质页岩，呈灰黄色、土黄色，泥质结构，薄层状构造，风化裂隙很发育。由此形成覆盖层－基岩岩性组合，覆界面自上而下，由陡变缓，上部倾角约 26°，下部倾角约 7°，整体倾角约 18°，厚 5~20m。下伏基岩岩层倾向由东至西，由 NW 变为 NE，岩层倾角在该区上部较陡（40°~60°），中下部相对较缓（20°~40°），强风化层埋深 20m 左右，由坡脚到坡顶剖面上呈"深－浅－深"的趋势。这种覆盖层－基岩物质结构差异巨大，透水性相差亦较大，下渗水流常在此汇集，长期浸润、软化与该面接触的坡体物质，使其力学性质降低，逐步发育成软弱带，从而导致滑坡产生。

飞凤山软岩滑坡表面分布覆盖层，由粉质黏土夹碎块石组成，下伏强风化泥质页岩，呈灰黄色、土黄色，泥质结构，薄层状构造，风化裂隙很发育，也属于覆盖层－基岩岩性组合，但是相比较 I 区，覆盖层无论分布区域还是厚度都相对较小，边坡变形破坏特征、整体稳定性主要取决于页岩性质，属于顺层岩质边坡。层间发育软弱带，软塑－可塑，并且分布稳定均匀，对边坡稳定性起到决定性作用。软弱带影响边坡应力重分布，产生局部应力集中；另一方面，透水性差，地下水容易汇集并沿着软弱面运移，使得其遇水易软化，直接导致抗剪强度降低，边坡变形破坏加剧和滑坡的产生。

（3）地质构造

边坡区的主体构造为一向斜，轴面产状为 210°∠88°，枢纽走向 120°。向斜核部 SW 翼产状：50°∠25°；NE 产状：175°∠40°。岩性主要为泥质页岩、粉砂质页岩，属于软岩范畴，软岩具有较强延展性、蠕变的特性，构造发育强烈的区域往往岩层产状变化多端，覆盖层－软岩接触面滑坡岩层产状 20°∠20°。飞凤山软岩滑坡上部岩层产状为 50°∠40°，下部岩层产状为 355°∠20°，直接导致各区岩体结构、坡体结构特征，从而影响了边坡变形破坏模式以及整体稳定性。

岩体中的软弱带是岩体中力学强度相对薄弱的部位，它导致了岩体力学性能的不连续性、不均一性和各向异性，对岩体稳定性具有明显的控制作用。软弱带的产状、延展性、密集程度对边坡稳定性都有影响。

飞凤山边坡出露的层间错动带或泥化夹层呈零散状，在后边坡及坡脚探槽中出露较好。总体层间或小角度切层出现。泥质带原 2~10cm，迹长可见 20m，泥质呈灰白色及泥黄色，或夹有黑色硫化物碎粉。顺向坡软弱带对边坡稳定性起控制性作用，如飞凤山软岩滑坡中发育软弱带，其相对基岩强度明显降低，遇水易软化，力学强度进一步降低，易形成边坡薄弱环节，成为滑坡的滑动带。反向坡软弱带对边坡岩体切割，降低其完整性，导致岩体破碎，易风化，强度降低，从而影响边坡稳定性。

（4）降雨与水文地质条件

降水对新滑坡的形成和老滑坡的复活有很重要的影响，是滑坡的首要触发因素。降雨一方面冲刷坡面并形成冲沟，从而绕边坡表部凹凸不平，局部易失稳，从而不断改变整体稳定性；另一方面入渗转化地下水，岩土体容重增加，软化岩体，抗剪强度降低，改变应力状态，并且地下水流速加快，产生动水压力，促进滑坡的形成和发展，从而影响其稳定性。

本区总降雨量大，且降雨集中，一年中降雨期集中在7～9月份，占全年降雨量60%以上，暴雨次数多，雨强度大。2014年7月18日～20日迎来一轮强降雨（18日降雨量为33.7mm，19日降雨量为11.8mm，20日降雨量达到123.6mm）。

降雨对滑坡的诱发作用主要体现在：大暴雨时，边坡区接受大量后缘地下水和地表水下渗补给，由于补给大于排泄，坡体迅速饱和，加大了坡体重度，与此同时，地下水渗入裂隙后，在裂隙中形成了较高的静水压力，当前部临空的条件下，静水压力促使滑体启动，从而产生滑坡。

（5）坡体结构特征

坡体结构是指构成坡体的岩层和各类结构面及其与斜坡的组合关系。分析斜坡岩体结构面的产状、性质、厚度、含水状况以及在斜坡上的分布位置和开挖面之间的关系，对于分析结构面对斜坡的稳定起控制作用，并以此来确定边坡可能发生变形的范围、类型、规模，分析边坡变形破坏的发育特征、形成机制及其稳定性评价，都具有十分重要的意义。

飞凤山处置场受构造作用影响，边坡和场地岩层产状变化较大，岩性组合不同，加上边坡临空面坡向也处于变化中，必须分区分段研究其坡体结构。I区整体上属于覆盖层－基岩岩性组合，上部覆盖层分布广泛稳定，厚度5.0～24.0m，下伏基岩，层面产状相对稳定，岩层产状345°∠55°～20°∠20°，坡向约9°，边坡坡向与岩层倾向夹角为11°～24°，方向相同，属于覆盖层－基岩接触面顺向坡体结构。由于覆盖层－基岩差异性，容易在其接触面发生变形破坏，多沿着接触面发生顺层滑坡，并且上部覆盖层厚度越大，稳定性越差。II区岩层产状变化较大，岩性主要为泥质页岩，产状355°∠18°～50°∠35°，坡向约340°，坡度38°～45°，边坡坡向与岩层倾向夹角为15°～70°，方向相同，主要属于缓倾顺层岩质边坡，斜向缓倾外岩质边坡，坡体结构整体上属于缓倾顺层岩质边坡，岩体有向外活动的空间，属于稳定性最差的岩质坡体结构类型。边坡在重力构造作用下，软硬岩形成错动，形成软弱带，在风化、水的影响下，总体上形成滑移－拉裂或者顺层滑移破坏，最终形成顺层滑坡。III区岩层产状变化较大，岩性主要泥质页岩，并且坡向逐渐变化，所以分区讨论其坡体结构。III-1

区岩层倾向 175°，倾角 15°～30°，坡向 336°，坡度为 40°，边坡坡向与岩层倾向夹角为 19°，方向相反，岩层倾角小于边坡坡度，属于反倾岩质边坡；III-2 区岩层倾向 17°～23°∠15°～30°，坡向 315°，坡度为 30°，边坡坡向与岩层倾向夹角为 62°～68°，属于横向（正交）岩质边坡；III-3 区属于覆盖层–基岩岩性组合，接触面顺向特征，自下而上呈"缓（9°）～陡（21°）～缓（近水平）"之势，总体为覆盖层–基岩接触面顺向坡体结构。

（6）人类工程活动

边坡开挖破坏了斜坡的结构，使得原本较陡的斜坡临空面增大，使斜坡原有应力条件发生改变，应力场重新分布，坡体表面局部变形破坏，斜坡稳定性有所降低。同时，施工过程中未严格按照分级施工原则，致使支挡措施失效，斜坡向整体失稳发展。因此，人类工程活动是斜坡体滑动的主要诱发因素。

3. 覆盖层–软岩接触面滑坡变形破坏成因分析

覆盖层–软岩接触面滑坡属于覆盖层–基岩接触面顺向坡体结构特征，变形破坏特征基本一致，现主要分析覆盖层–软岩接触面滑坡形成过程，如图 5-28 所示。

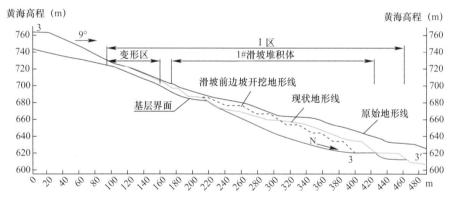

图 5-28 边坡开挖前后及滑坡发生后 I 区地形线变化示意图

覆盖层–软岩接触面滑坡原地形较为平缓，上覆覆盖层主要为粉质黏土夹碎石，下伏泥质页岩，接触面顺向，且倾角从下至上逐渐变陡。覆盖层松散，孔隙率高，连通性好，渗透性强，富水性相对于崩坡积层较好，在滑坡后缘形成富水区，并沿着坡体内部向下流动，形成较为稳定潜水面，并受季节水位变化。由于斜坡较为平缓，临空条件有限，整体较为稳定。

2013 年开始开挖，并形成一定高度，前缘边坡变陡，导致临空面增大，打破原来的坡体内部力学平衡，重力的作用下应力重分布，并在接触面、坡脚位置应力集中，边坡变形开始增加，并破坏面不断贯通，从而使得边坡稳定性不断降低。另一方面，边坡开挖改变原有水文地质条件，降雨时，滑坡后部截水沟只能排走一分部地下水，一分部沿覆盖层或下伏基岩裂隙流入下部滑坡区，岩体饱和，力学性能降低，并且渗流路径较小，渗透力增加，滑体稳性大大降低。

在 2013 年雨期出现滑坡现象后，采用格构锚索支护，但格构锚索现场施工未完全竣工，仅 646.0～656.0m 之间全部锚索格构施工，其他高程段锚索正在施工或者未完成张拉，格构锚索还未形成支护效果。随着边坡不断开挖，不断变高变陡，应力重分布不断加强，变形破坏不断发展贯通。

2014 年 7 月 19 日突降暴雨，大暴雨时，边坡区接受大量后缘地下水和地表水下渗补给，由于补给大于排泄，坡体迅速饱和，加大了坡体重度，抗剪强度降低。覆盖层－基岩差异性完全发挥，接触面位置上下两侧渗透系数存在差异性，大量地下水在此位置汇集，并软化接触面岩土体形成滑带。同时，造成地下水水位上升，形成静水压力；并且在接触面位置汇集，向下流动，形成动水压力。最终，在降雨的诱发下已实施的支挡结构提供的抗滑力不能抵挡滑坡的下滑力，形成滑移－拉裂型滑坡。

4. 软岩顺层滑坡变形破坏成因分析

该滑坡属于缓倾顺层软岩边坡，局部为斜向顺层，主要缓倾顺层边坡性质。该区紧邻向斜，受构造影响强烈，岩体破碎，层间错动发育。边坡开挖导致坡体应力发生变化，卸荷回弹，部分结构面张开，逐步贯通，不仅加深了对岩体的切割，还成为了水流的通道，使风化作用更加深入坡体内部，进一步降低了岩体的物理力学参数，对边坡稳定极为不利。开挖减小渗流路径，当坡体接受降雨入渗后，地下水顺边坡从地形高点向低点进行运移；远程补给的地下水沿裂隙的优势发育方向运移，最终以泉的形式出露。

2013 年 6 月份边坡开挖至 646m 平台，边坡坡面局部出现小范围的滑塌破坏，6 月 25 日后位于坡顶的监测点位移量及速度开始增大，至 7 月初迅速增加，边坡后缘原截水沟外边坡发现数条裂缝。变形发生后，采用格构锚索、喷锚等措施进行了加固整治。但是根据监测报告结果显示，Ⅱ区锚索应力损失严重，60% 以上锚索固力已不足 520kN（原锚索设计锚固力），部分锚索应力值不足设计值的 1/4，锚固可靠性无法保证。所以随着边坡变形不断拉裂过程中，Ⅱ区的格构、锚索已失去设计功能（保证边坡整体稳定性），不能独立作为边坡支护结构使用，仅能发挥防止浅层变形功能，反而使得变形区形成整体，有助于滑坡形成整体性破坏。

随着开挖不断加大，边坡变形破坏更加严重。2014 年 7 月 19 日突降暴雨，大暴雨时，降雨渗入软化软弱带，使得稳定性大大降低，坡体内急流槽、梯步等位置可见拉裂变形，该区处于蠕动变形阶段，原有结构面逐步张开，层面软弱带连接贯通，成为滑带。上部坡体沿降雨等因素作用下，发生滑动。此外，本区降雨量大且集中，降雨增加了滑体的自重，增大了水压力，地表水下渗，在滑动面（带）汇集，浸润软化滑带物质，降低其抗剪强度，最终导致坡体变形失稳。

5.4 软岩边坡稳定性分析

边坡稳定性评价一直以来是边坡的核心问题，涉及国家和人民生命财产安全、基础建设工程各领域，因此边坡稳定性研究具有重大意义。从边坡稳定性评价研究来看，其发展经历了由经验到理论，由定性到定量，由单一评价到综合评判，由传统理论方法到新理论、新技术的发展过程，如图 5-29 所示。

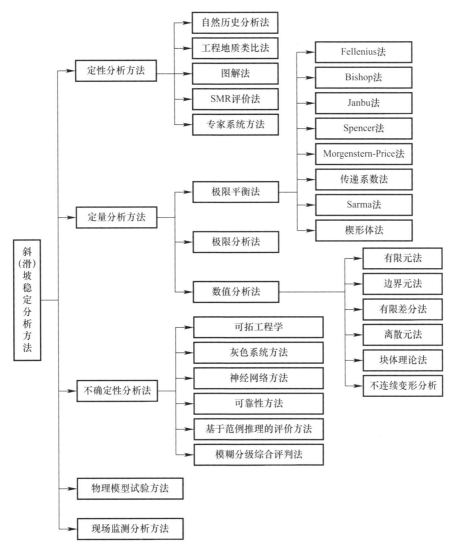

图 5-29 边坡稳定性评价方法

根据软岩边坡坡体结构以及变形破坏特征，软岩边坡变形破坏多样性、复杂性，针对不同变形破坏类型与特征，采用不同稳定性评价方法。若近水平软岩边坡、缓倾反向软岩边坡，层面对边坡变形破坏模式、稳定性影响较小，主要受控于软岩自身的性质，可以形成似均质边坡，形成圆弧滑坡，从而采用条分法，常见采用毕肖普法进行稳定性评价；顺层软岩边坡，一般沿着层面发生平面滑动，从而采用平面直线法；若软岩边坡中表部存在覆盖层，沿着基覆界面发生滑动，或者边坡局部夹有硬质岩，其滑动面不完全是圆弧形，也不是平面滑动，采用折线滑动法（传递系数法）。

5.4.1 定性评价方法

定性评价方法是通过现场调查、钻探、物探及室内试验等基础资料的相关论证，在研究分析边坡的工程地质环境、微地貌特征、失稳条件以及影响因素的基础上，阐述其边坡的成因与演化机制，以此评价边坡稳定状况及其可能发展趋势。该方法的优点是综合考虑内外影响因素,快速地对滑坡的稳定性作出评价和预测。考虑边坡的特点，常用评价方法主要包括自然历史成因分析法和工程地质类比法。

1. 自然历史成因分析

根据边坡的地质环境、地形地貌形态、地层结构和坡体变形破坏的基本规律，追溯边坡形成、发展演化的全过程，预测边坡稳定性发展的总趋势及其破坏方式，从而对边坡的稳定性作出评价，对已发生过滑坡的边坡，则判断其能否复活或转化。

2. 工程地质类比法

（1）地形、地貌

地貌是地层岩性和地质构造在内力和外力综合作用下的结果，有其发育阶段及其对应的地貌特征和地表迹象,因此可从地貌形态的演变来考察滑坡,并进行稳定性评价。将已发生变形的边坡与周围稳定边坡的地貌特征，以及当地类似条件下的各个不同发育阶段和不同稳定程度的滑坡，进行地貌形态特征的对比，分析判断滑坡当前的稳定状态。

（2）地质条件对比

在滑坡区的变形边坡和滑坡周围稳定性的自然边坡，开展地质调查、测绘和必要的勘探，将拟研究滑坡的地层岩性、地质构造和滑带土性质等与类似地质条件下的稳定边坡、不稳定边坡以及不用滑动阶段滑坡的地质断面逐项进行对比，根据地质条件及其差异对该滑坡作出稳定性判断。

5.4.2 定量评价方法

1. 刚体极限平衡分析法

刚体极限平衡理论是在库仑理论和朗金理论基础上发展起来的一种经典的确定性分析方法。刚体极限平衡理论认为，岩土体破坏是由于滑体沿滑动面发生滑动而造成的，它假定滑体为理想的刚塑性材料，将滑体视为刚体，只考虑破坏时的应力条件而不考虑滑体本身的应力—应变关系（即只要求滑面达到塑性条件而不要求整个滑体达到塑性条件），按刚体极限平衡原则，进行力的分析并求解。在假设滑动面为已知（平面、圆弧面、对数螺旋或其他不规则面）的前提下，通过考虑边坡上的及由滑动面形成的分离体或其分块的力学平衡，分析边坡在各种破坏模式下的受力状态以及坡体抗滑力和下滑力之间的定量关系，来评价边坡的稳定性。

该方法理论基础简单、概念直观、计算公式简捷，可以解决各种复杂形状，能考虑各种加载形式和影响因素（如地下水、地震作用、工程荷载等）；在不考虑结构体受应力作用变形影响的情况下，也能对结构体的稳定性给出较精确的总体性的结论；分析失稳边坡反算的强度参数与室内试验结果吻合得较好，使分析更具可信性。同时，在分析稳定系数基础上，可以开展一系列的研究工作，如影响因素的灵敏度分析、边坡处理后稳定程度的改变等。因此，该方法是工程实践中应用最为广泛且最为成熟的一种稳定性计算方法。

（1）圆弧法（毕肖普法）

毕肖普（Bishop）考虑侧向力的不平衡，假定各土条底部滑动面上的抗滑安全系数均相同，即等于整个滑动面的平均安全系数。如图 5-30 所示，假定滑动面系一圆心为 O，半径为 R 的圆弧。分析土条上的受力，有重力 W_i、滑面上的法向力 N_i、切向抗滑力 T_i、两侧面法向力 E_i 和 E_{i+1}（水平向）、切向力 Y_i 和 Y_{i+1}（竖向）。

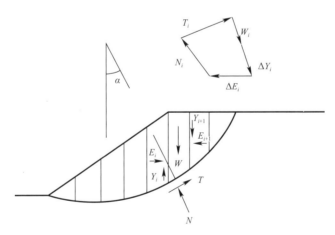

图 5-30　毕肖普条分法

根据竖向力平衡条件，有

$$W_i + \Delta Y_i - T_i \sin \alpha_i - N_i \cos \alpha_i = 0$$

式中，$\Delta Y = Y_i - Y_{i+1}$；抗滑力 T_i 是抗剪强度 τ_f 提供的。当土坡尚未破坏时，土条滑动面上的抗剪强度只发挥一部分，参考瑞典条分法抗剪力 T_i 方法。将其整理后可得

$$N_i = \frac{1}{m_{ai}} \left(W_i + \Delta Y_i - \frac{c l_i \sin \alpha_i}{F_s} \right)$$

其中

$$m_{\alpha i} = \cos\alpha_i + \frac{\tan\varphi\sin\alpha_i}{F_s}$$

求得

$$T_i = \frac{1}{F_s m_{\alpha i}}\Big[\big(W_i + \Delta Y_i\big)\tan\varphi + cb\Big]$$

式中　b——土条宽，$b = l_i\cos\alpha_i$。

然后就整个滑动土体对圆心 O 求力矩平衡，此时相邻土条之间侧壁作用力的力矩将互相抵消，而各土条的 N_i 和 $u_i l_i$ 的作用线均通过圆心，故有

$$\Sigma W_i R\sin\alpha_i - \Sigma T_i R = 0$$

故得

$$F_s = \frac{\Sigma\dfrac{1}{m_{\alpha i}}\Big[\big(W_i + \Delta Y_i\big)\tan\varphi + cb\Big]}{\Sigma W_i\sin\alpha_i}$$

当土坡上只有竖向力作用，没有其他方向的力影响 ΔE_i，可近似假定 $\Sigma\dfrac{\Delta Y}{m_\alpha}\tan\varphi = 0$ 或假定 $\Delta Y = 0$，安全系数公式成为

$$F_s = \frac{\Sigma\dfrac{1}{m_{\alpha i}}(W_i\tan\varphi + cb)}{\Sigma W_i\sin\alpha_i}$$

（2）折线滑动法（传递系数法）

传递系数法也称不平衡推力法或剩余推力法，是我国工程技术人员创造的一种实用的滑坡稳定性分析方法。由于该方法能够计算各土条界面上剪力的影响，可以获得任意形状滑动面在复杂荷载作用下的滑坡推力，且计算简便，因此，该法在我国边坡工程中使用较广，在国家规范和行业规范中都将其列为推荐方法在使用。传递系数法中仅考虑重力作用时单个土条的受力，示意图如图5-31所示。

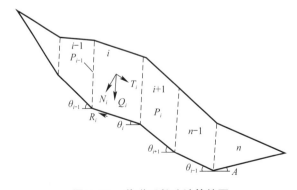

图5-31　传递系数法计算简图

$$F_{\mathrm{s}} = \frac{\displaystyle\sum_{i=1}^{n-1}\left(R_i \prod_{j=i}^{n-1}\psi_j\right) + R_n}{\displaystyle\sum_{i=1}^{n-1}\left(T_i \prod_{j=i}^{n-1}\psi_j\right) + T_n}$$

$$\psi_j = \cos(\theta_i - \theta_{i+1}) - \sin(\theta_i - \theta_{i+1})\tan\varphi_{i+1}$$

$$\prod_{j=i}^{n-1}\psi_j = \psi_i \cdot \psi_{i+1} \cdot \psi_{i+2} \cdots \psi_{n-1}$$

$$R_i = N_i \tan\varphi_i + c_i l_i$$

$$T_i = W_i \sin\theta_i + P_{\mathrm{W}i}\cos(\alpha_i - \theta_i)$$

$$N_i = W_i \cos\theta_i + P_{\mathrm{W}i}\sin(\alpha_i - \theta_i)$$

$$W_i = V_{iu}\gamma + V_{id}\gamma' + F_i$$

$$P_{\mathrm{W}i} = \gamma_{\mathrm{W}} i V_{id}$$

$$i = \sin|\alpha_i|$$

$$\gamma' = \gamma_{\mathrm{sat}} - \gamma_{\mathrm{W}}$$

式中　F_{s}——滑坡稳定性系数；

　　　ψ_i——传递系数；

　　　R_i——第 i 计算条块滑体抗滑力（kN/m）；

　　　T_i——第 i 计算条块滑体下滑力（kN/m）；

　　　N_i——第 i 计算条块滑体在滑动面法线上的反力（kN/m）；

　　　c_i——第 i 计算条块滑动面上岩土体的粘结强度标准值（kPa）；

　　　ϕ_i——第 i 计算条块滑带土的内摩擦角标准值（°）；

　　　l_i——第 i 计算条块滑动面长度（m）；

　　　α_i——第 i 计算条块地下水流线平均倾角（°）；

　　　W_i——第 i 计算条块自重与建筑等地面荷载之和（kN/m）；

　　　θ_i——第 i 计算条块底面倾角（°），反倾时取负值；

　　$P_{\mathrm{W}i}$——第 i 计算条块单位宽度的渗透压力，作用方向倾角为 α_i（kN/m）；

　　　i——地下水渗透坡降；

　　　γ_{W}——水的重度（kN/m³）；

　　　V_{iu}——第 i 计算条块单位宽度岩土体的浸润线以上体积（m³/m）；

　　　V_{id}——第 i 计算条块单位宽度岩土体的浸润线以下体积（m³/m）；

　　　γ——岩土体的天然重度（kN/m³）；

　　　γ'——岩土体的浮重度（kN/m³）；

　　γ_{sat}——岩土体的饱和重度（kN/m³）；

　　　F_i——第计算条块所受地面荷载（kN）。

（3）平面直线法

平面直线法（单平面法）作为滑坡稳定性分析中常采用的一种刚体极限平衡法，主要适用滑动面平直光滑。其计算模型如图 5-32 所示，有地下水作用以及暴雨条件下，地表水从滑体后缘的张裂隙中渗入后，滑动面上产生渗透压力 U、张裂隙中的静水压力 V，平面直线法满足整体力平衡条件。

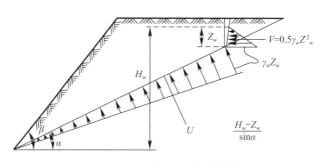

图 5-32　有地下水时计算模型

$$K = \frac{(W\cos a - U - V\sin\alpha)\tan\varphi + cl}{W\sin a + V\cos\alpha}$$

其中：

$$U = \frac{\gamma_w Z_w (H_w - Z_w)}{2sin\alpha}$$

$$V = 0.5\gamma_w Z_w^2$$

2. 数值分析法

刚体极限平衡分析法虽然计算简单、物理意义明晰，但无法考虑岩土体内部应力应变关系、材料非线性、岩土体的应力历史及加载应力条件等。20 世纪 70 年代后，数值分析方法逐渐在边坡稳定性研究中得到应用。数值计算方法可分为区域型和边界型两大类。区域型数值方法主要包括有限单元法、有限差分法和离散单元法等。

数值分析方法的突出优点是能够较好地考虑诸如介质的各向异性、非均质特性及其随时间的变化、复杂边界条件和介质不连续性等地质条件。既可分析任何形状的几何体，又可进行线性和非线性分析。特别是高速电子计算机的广泛使用，冗繁的数值运算问题已不是问题。其中有限单元法（Finite Element Method，简称 FEM）的基本原理是将所考虑的区域分割成有限大小的小区域（单元），这些单元仅在有限个节点上相连接。根据变分原理把微分方程变换成变分方程，通过物理上的近似，把求解微分方程问题变换成求解关于节点未知量的代数方程组的问题，有限单元法是分析结构应力—应变的严格方法，首先在固体力学领域获得广泛应用，后来逐渐引入到地质领域。有限单元法可以解决复杂的边界条件及材料的非均质性和各向异性，还可以模拟材料的非线性应力—应变关系。根据不同的本构方程，目前广泛使用的有限单元法是线弹性有限元法、弹塑性有限元法、损伤有限元法、统计岩土模型有限元法等。有限差分法（Finite Differential Method，简称 FDM）是较早出现的数值计算方法，其基本原理是将所考虑的区域分割成网络，用差分近似代替微分，把微分方程变换成差分方程，即通过数学上的近似，把求解微分方程的问题变换成求解关于节点未知量的代数方程组的问题。FLAC 是连续介质快速拉格朗日差分分析方法的英文（Fast Lagrangian Analysis of Continua）缩写，它将计算域划分为若干单元，单元网格可以随着材料的变形而变形。美国 Itascas Consulting Group Inc. 率先将此方法应用于岩土体的工程力学计算中，并于 1986 年开发出应用软件。随着该软件从二维平面分析拓展到三维空间分析，使其成为处理功能强大的新一代软件 FLAC3D。

众所周知，由于岩土体不同于一般固体材料。加之现代工程建设的规模越来越大，场地条件也越来越复杂，对这些问题进行分析评价时，采用传统的解析法求解偏微分方程是不可能的。因此，长期以来工程地质学被视为经验性学科甚至"艺术性"学科，对大多数工程地质问题只能作出定性的分析。

目前，随着数值方法理论和计算机技术的迅速发展，工程地质数值方法的不断成熟和完善，解决了更加广泛工程地质问题，研究课题也更加深入。首先，飞速发展的工程地质学不断地提出新的难题，用现有的数学、力学理论对其无法作出确切的描述，工程地质数值方法为解决这类问题提供了可能的手段。其次，在通用数值方法的基础上，提出了许多研究和工程地质问题的专用数值法，如节理单元法、不连续变形分析、块体弹簧元法、无网络伽辽金法、界面元法、无界元和数值流形元法等，以研究复杂的岩土介质和复杂的工程地质问题。最后，各种数值方法的不断成功应用，深化了人们对许多工程地质现象的理解，有力地推动了工程地质定量化研究进程。

3. 不确定性分析方法

随着现代数学、计算机、力学的不断发展，一些新理论和方法的出现，边（滑）坡稳定性研究进一步完善。同时工程实践经验不断积累，人们认识到边（滑）坡影响因素复杂多变，而且涉及大量具有随机性和模糊性的不确定性因素，如坡体性质、岩土体参数、取样选择、试验数据统计、计算模型以及人为影响等。仅通过简单局部手段测试，给边（滑）坡坡稳定性评价造成很大的模糊性、随机性、不确定性，得到结果往往出现偏差，甚至带来灾难性的后果。因此，基于新理论、新方法的边（滑）坡稳定性非确定性分析方法大批涌现出，其中主要有可靠性评价法、模糊综合评价法、灰色系统评价法和人工神经网络评价法等。

（1）可靠性评价方法

岩土体是地质历史作用的产物，经历了漫长而又复杂变化进程，无论在空间上还是时间上都表现出变异性。而人们只能在特定的时刻、特定地点选择试样测定，这样使得对岩土体的形状以及整个工程地质条件认识具有局限性，这样对边（滑）坡稳定性研究具有不确定性、随机性和模糊性。可靠性方法是边（滑）坡稳定分析中有效处理不确定性的方法。在大量的现场调查统计基础上，利用数理统计方法可以求出各变量概率分布及其特征参数，从而建立起边坡安全稳定性分析的功能函数，用来求解边坡岩土体的失效概率和边坡安全稳定性的可靠指标，最终对边（滑）坡稳定性作出科学合理的评价。目前常用的边坡可靠性分析方法主要有：蒙特卡罗方法、一次二阶矩法和点估计法等。

蒙特卡罗方法（Monte Carlo method），也称随机模拟方法，是 20 世纪 40 年代中期由于科学技术的发展和电子计算机的使用，而被提出的一种以概率统计理论为指导的一类非常重要的可靠性分析方法，它是使用随机数来解决实际问题的方法，与之相对应的是确定性算法。它适用于随机变量的概率密度分布形式已知的情况，在目前边（滑）坡可靠性分析中，是一种相对精确的方法。

蒙特卡罗法是将统计过程中所确定的物理状态在计算机上用随机数进行模拟，也就是用数学的方法模拟具有某种分布的随机变量的抽样值，它在边坡稳定性模拟计算中的基本思路是：若已知状态变量的概率分布类型，根据边坡稳定的极限状态条件 $g(X_1, X_2, \cdots, X_n)=1$（以稳定性系数表示的边坡稳定状态），利用蒙特卡罗方法产生符合状态变量概率分布的一组随机数 $x_1, x_2, \cdots, x_n$，将它们代入状态功能函数 $F=g(X_1, X_2, \cdots, X_n)$ 中，计算得到状态功能函数的一个随机数，即边坡的稳定性系数 F_s。如此用同样的方法计算 N 次，当产生 N 组随机数 $x_1, x_2, \cdots, x_n$ 时，相应的得到 N 个 F 值。在得到的 N 个 F 值中，如果其中有 M 个小于等于 1，则边坡的失稳频率为 M/N，当 N 足够大时，根据大数定律，此时边坡的失稳频率已近似于概率，可得边坡的失稳概率为：

$$P_f = p\left\{g\left(X_1, X_2, \cdots, X_n\right) \leqslant 1\right\} = \frac{M}{N}$$

此式即为用蒙特卡罗法直接计算出的边坡失稳概率，式中 X_1，X_2，$\cdots$，X_n 为 n 个具有一定分布且控制边坡稳定性的随机变量，例如滑面的抗剪强度指标 c、φ 等。由此可见，在蒙特卡罗模拟中，边坡的失稳概率就是边坡失稳次数占总抽样次数的频率，最终判断出边（滑）坡的稳定性。

（2）灰色系统评价法

影响边坡稳定性的因素，大体可分为三类：

1）边坡土的物理、力学性质（包括土体的重度、黏聚力、内摩擦角等）。

2）边坡的自然地形地貌（包括边坡的高度、坡率等）。

3）外部因素（如降雨入渗、地下水升降、地震作用等）。

这些影响因素多具有不确定性、模糊性，很难定性确定各种影响因素优势关系、对边坡稳定性的贡献程度。灰色系统理论以"部分信息已知、部分信息未知"的"小样本"、"贫信息"不确定性系统为研究对象，主要通过"部分"已知的信息来生成、开发和提取有价值可利用的信息，进而实现对系统运行的正确认识和有效控制。灰色系统理论是不同于白色系统理的一种理论。灰色系统理论适用于含有不确定因素的系统，所以，灰色预测法是对含有不确定因素的系统进行预测的一种常用的定量方法。

灰色理论的一个重要组成部分是灰色关联度理论，灰色关联度分析的实质是通过比较数据序列的曲线的几何形状的接近程度来判断其联系的紧密程度，通常来讲，数据序列的几何形状越接近，其变化趋势也越接近，进而其关联度也就越大，反之，其关联度也就越小。灰色关联度的评价方法就是通过计算关联因素变量的数据序列和系统特征变量数据序列的灰色关联度，进行优势分析，得出评价结果的灰色关联度分析，从而对一个系统的发展变化态势进行定量的描述和比较。其目的是寻求系统中各因素间的关联性，分析和确定各因素之间的影响程度或若干个子因素（比较序列）对主因素（参考序列）的贡献程度，从而对系统内未知的"部分"信息进行预测和推断。

（3）模糊综合评价法

模糊综合评判方法为多变量、多因素影响的边坡稳定性分析提供了一种行之有效的手段。其优点是能得到边坡稳定性等级分类指标，据此判断出边坡的稳定性情况，缺点是在实际操作过程中评判中权数的分配带有一定的经验性和主观性。采用模糊分级评判或模糊聚类方法对滑坡的稳定性作出分级评判，其具体做法通常是先找出影响滑坡稳定性的各个因素，并赋予它们不同的权值，然后根据最大隶属度原则来判定滑坡的稳定性。实践证明，模糊分级评判方法为多变量、多因素影响的滑坡稳定性分析提供了一种行之有效的手段。这一方法主要应用于大型滑坡的整体稳定性评价。

（4）人工神经网络分析法

神经网络是一门新兴交叉学科，始于 20 世纪 40 年代，人类智能的重要组成部分，已成为脑科学、神经科学、认识科学、心理学、计算机科学、数学和物理学等共同关注的焦点。它模仿人脑神经网络的结构和某些工作机制建立的一种计算模型。神经网络的研究已经进入更加成熟的发展阶段，其中一个重要的标志是越来越多的心理学家，神经生理学家，医学工作者，数据家以及计算机科学家联合起来，开展跨学科的研究，探讨神经网络的机理、功能以及相应的模型，并且尽量与应用相结合。

神经网络技术所具有的非线性、并行性、自组织和容错性等特征，神经网络已成为人工智能领域的前沿技术，被广泛应用于众多的科学领域。而边坡稳定性问题实际上是一个受多变量控制的复杂非线性系统，人工神经网络巧合考虑了边坡稳定性评价中的不确定性和非线性特征，首先利用人工神经网络通过大量的边坡实例样本学习训练，来建立边坡稳定性状态与影响边坡稳定性因素之间的神经网络模型，然后通过已建立的神经网络模型来评价所研究的边坡，从而对边坡稳定性进行评价。其优点不需要建立数学模型，只需将历史数据交给网络，网络将选择自己的模型，而且一般都能很好解决问题，且更加能容忍噪声。此方法虽然能较好地反映边坡稳定性评价中非线性特性，但存在推理过程不清楚及有时不收敛等问题。

5.4.3　飞凤山软岩边坡稳定性评价

1. 飞凤山软岩边坡定性评价

（1）覆盖层－软岩接触面滑坡

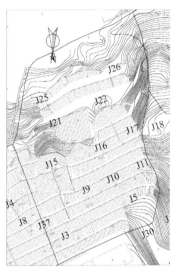

图 5-33　位移监测点布置图

覆盖层－软岩接触面滑坡是最近一次滑动的主体，地形更加平缓，滑体物质堆积在前缘，滑体势能进一步降低，对滑体的蠕动具有阻碍作用，并且这种阻碍属于柔性，不会出现应力集中。经地表监测（图 5-33），目前仅有前缘局部变形，坡体上的裂缝为滑坡所致，目前尚无新增裂缝。现状条件下滑坡堆积体整体基本稳定。

由于滑坡滑动，在滑坡东侧滑坡壁为陡坎。陡坎上部覆盖层为粉质黏土夹碎块石，厚度约 15m，下部为泥质页岩。滑坡的滑动使得陡坎临空高度增加，坡度变得更陡，同时，基覆界面倾向临空面，下部基岩受到构造影响，极破碎，呈散体状结构，根据工程地质类比，东侧陡坎可能沿基覆界面产生滑动，降雨条件下，局部存在失稳的可能。

覆盖层－软岩接触面滑坡变形影响区，虽未整体滑移，但受滑动牵引、挤压发生变形。其上部强变形区因滑坡而形成较大临空面。同时，706m 高程以上西侧受后缘地表水绕渗补给为一湿地，土体长期处于饱和状态，该区发现大量裂缝，并有扩展趋势，该区若不及时治理，极有可能沿临空面产生滑动。676m 高程以下，受滑坡滑动牵引，坡体发育数条裂缝，为强变形区，但该区地形整体较缓，现状处于基本稳定。

（2）飞凤山软岩顺层滑坡

2014 年 8 月 23 日已完成 13 个正常观测点的初始值取值，位移监测点如图 5-33 所示。通过观测数据显示：所有观测点均有一定程度的累计位移，其中边坡上部变形量较大，总体向 NNE 方向移动，其中 J21、J22、J25 点累计位移量超过 7mm。截至 2014 年 11 月 19 日共测得 478 个位移数据，其中 J21 点累计位移量分别为 12mm，J22 点累计位移量 7mm，J25 点累计位移量 16mm。由此可见，飞凤山软岩滑坡上部局部变形较大（累积变形 5～16mm），下部边坡区位移相对较小（累积变形 3～7mm）。

飞凤山软岩滑坡区属于缓倾顺层岩质边坡，岩体层面缓倾坡外，倾角小于边坡坡度，一组结构面反倾坡内及两侧陡倾结构面组合切割岩体，形成块体边界，岩质边坡易沿着层面发生滑动；开挖卸荷使变形发育，应力场重新分布，为滑坡的发生提供了条件；滑带位置为软弱带，遇水易软化，易发展形成滑带。由于原锚杆只穿过覆盖层，尚未穿过滑带，不能起到阻止滑坡变形的作用，滑坡将继续沿滑带发生变形破坏。

2. 飞凤山软岩边坡定量评价

（1）计算方法

根据飞凤山边坡坡体结构特征、变形破坏特征以及变形破坏模式等，采用极限平衡理论进行定量计算。覆盖层－软岩接触面滑坡属于覆盖层－基岩接触面顺向滑坡，滑面总体较为平直，略有起伏，倾角上部较陡（约20°），下部较缓（5°～10°），呈折线形形态，其计算方法均采用折线滑动法（传递系数法）计算滑坡稳定性系数。飞凤山软岩滑坡属于缓倾顺层软岩边坡，沿着层面软弱带发生滑动，层面较平直，可以采用平面直线法或者折线滑动法（传递系数法）计算。

（2）计算参数选择

1）覆盖层－软岩接触面滑坡

为了取得滑坡体岩土物理力学参数值，在钻孔及探井中采取岩土样进行室内试验。由于覆盖层－软岩接触面滑坡在发生滑动前，已完成了格构锚索的施工工作，而关于锚索在滑坡滑动过程中所分担的力及其对滑坡变形破坏的影响程度目前已难以准确查明，故本次研究分析滑坡抗剪强度参数时，未将滑坡恢复原始地貌后进行反演分析。而是在室内试验成果的基础上，以残余剪切试验参数为基础，结合宏观变形行迹判断，工程类比和相关地区经验进行分析、综合取值，见表5-3。

滑带稳定性计算力学参数推荐表　表5-3

天然状态		饱和状态	
c（kPa）	φ（°）	c（kPa）	φ（°）
11～15	10～12.5	9～11	10～11.5

2）飞凤山软岩滑坡

飞凤山软岩滑坡在2013年6月开始发生变形，2013年10月累积位移达1711.5mm，滑面逐步贯通，具备反演分析条件。在现状地形条件下，处于临滑状态，确定稳定性系数在0.95～1.00之间，选择典型剖面进行反演分析，并且考虑既有锚索实际应力，分析成果如表5-4所示。

飞凤山软岩滑坡现状地形下反演分析成果表　表5-4

φ（°） ＼ c（kPa）	9	10	11	12	13	14	15	16	17	18
11	0.71	0.73	0.74	0.75	0.77	0.78	0.79	0.81	0.82	0.83
12	0.77	0.78	0.8	0.81	0.82	0.84	0.85	0.86	0.88	0.89
13	0.83	0.84	0.85	0.87	0.88	0.89	0.91	0.92	0.93	0.95

φ（°）＼c（kPa）	9	10	11	12	13	14	15	16	17	18
14	0.89	0.9	0.91	0.93	0.94	0.95	0.97	0.98	0.99	1.01
15	0.94	0.96	0.97	0.98	1	1.01	1.02	1.04	1.05	1.06
16	1	1.02	1.03	1.04	1.06	1.07	1.08	1.1	1.11	1.12
17	1.06	1.07	1.09	1.1	1.11	1.13	1.14	1.15	1.17	1.18
18	1.12	1.14	1.15	1.16	1.17	1.19	1.2	1.21	1.23	1.24

通过表 5-4 分析，确定该区反演 c、φ（暴雨工况）值：c：14.5kPa，φ：13.5°。

目前，飞凤山软岩滑坡尚未发生大规模滑动，其抗剪强度参数应介于峰值强度与残余强度之间，同时结合反演分析，综合考虑按反演分析结果、残余强度试验成果、峰值强度试验成果，按 2：1：2 权重对饱和状态下的稳定性计算参数取值见表 5-5。

滑带土稳定性计算力学参数推荐表　　　　表 5-5

状态	天然状态		饱和状态	
抗剪强度	c（kPa）	φ（°）	c（kPa）	φ（°）
反演结果	—	—	14.5	13.5
残余强度	16.2	15.6*	9.7	12*
峰值强度	22.8	22.9*	13.8	19*
推荐参数	19	16.5	13	15.8

　* 注：考虑试验时对样品的纯化，导致试验结果的 φ 相对较低，故在进行取值时，在试验成果的基础上乘以 1.25 的系数（《三峡库区三期地质灾害防治工程地质勘察技术要求》）。

3）泥质页岩重度参数取值

本次研究在采取完整岩石样进行室内岩石试验，考虑实际岩体还受结构面切割，尤其研究区节理发育，故岩体重度应较试验值略小。根据试验，结合地方经验和相关规范，泥质页岩岩体的力学参数见表 5-6。

泥质页岩重度推荐值表　　　　表 5-6

土体名称	建议值	
	容重（kN/m³）	
	天然	饱和
强风化泥质页岩	21～23	22～24
中风化泥质页岩	23～24	23～25

4）滑体重度参数取值

滑体主要为粉质黏土夹碎块石，坡体中上部碎石含量相对较低，粒径较小，中前部碎石含量相对较高，粒径较大。在参数推荐时，对其进行整体考虑，根据大容重试验成果及室内试验成果，结合类似工程经验，确定滑坡稳定性计算重度推荐值见表 5-7。

<table>
<tr><td colspan="7">滑体稳定性计算重度推荐值表　　　　　　　　　　表 5-7</td></tr>
<tr><td>土体名称</td><td>容重（kN/m³）</td><td>c（kPa）</td><td>φ（°）</td><td>容重（kN/m³）</td><td>c（kPa）</td><td>φ（°）</td></tr>
<tr><td>粉质黏土夹碎块石</td><td>20</td><td>22</td><td>13.5</td><td>21</td><td>19</td><td>12.5</td></tr>
</table>

5）覆盖层计算参数取值

该区粉质黏土夹碎块石成因及物质组成与其他区相似，故在推荐重度参数时，根据室内试验结果，结合现场大容重试验，推荐如表 5-8 所示。

<table>
<tr><td colspan="7">土体稳定性计算重度推荐值表　　　　　　　　　　表 5-8</td></tr>
<tr><td>土体名称</td><td>容重（kN/m³）</td><td>c（kPa）</td><td>φ（°）</td><td>容重（kN/m³）</td><td>c（kPa）</td><td>φ（°）</td></tr>
<tr><td>覆盖层（粉质黏土夹碎块石）</td><td>20</td><td>27</td><td>16.5</td><td>21</td><td>23</td><td>15.5</td></tr>
</table>

（3）计算模型

根据飞凤山边坡工程地质条件、坡体结构特征、变形破坏特征以及变形破坏模式等，选择具有代表性的断面，整体稳定性与局部稳定性相结合全面评价其稳定性。选择了 12 条典型剖面进行稳定性计算，其中覆盖层 - 软岩接触面滑坡 4 条（29-29′、30-30′、2-2′、3-3′，飞凤山软岩滑坡 6 条（6-6′、7-7′、19-19′、26-26′、27-27′、28-28′）；对边坡分别选择地质、地形变化大的剖面进行计算，如表 5-9 所示。其中 29-29′ 等几条地质剖面与计算模型如图 5-34～图 5-38 所示。

<table>
<tr><td colspan="3">典型剖面基本特征　　　　　　　　　　　　　　　　表 5-9</td></tr>
<tr><td>断面编号</td><td>滑坡、边坡位置</td><td>特征</td></tr>
<tr><td>29-29′</td><td>覆盖层 - 软岩接触面滑坡</td><td>覆盖层 - 软岩接触面滑坡主滑动面，最大程度反映滑坡主滑方向、地层结构等</td></tr>
<tr><td>30-30′</td><td>覆盖层 - 软岩接触面滑坡影响的强变形区</td><td>受覆盖层 - 软岩接触面滑坡牵引、地下水影响，为强变形区，其主滑方向与覆盖层 - 软岩接触面滑坡不同</td></tr>
<tr><td>2-2′</td><td>覆盖层 - 软岩接触面滑坡影响的变形区，前缘开挖形成的边坡</td><td>上部为变形区，下部为场平设计开挖后边坡，断面反映开挖后边坡可能滑动的方向、岩体结构等</td></tr>
<tr><td>3-3′</td><td>覆盖层 - 软岩接触面滑坡影响的变形区</td><td>为滑坡影响变形区，反映变形区主滑方向、地层结构等</td></tr>
<tr><td>26-26′、27-27′、28-28′</td><td>飞凤山软岩滑坡</td><td>断面反映滑坡沿滑带的主滑方向、地层结构等</td></tr>
<tr><td>6-6′、7-7′、19-19′</td><td>飞凤山软岩滑坡</td><td>滑坡上覆土体可能沿基覆界面滑动，断面反映沿基覆界面滑动的主滑方向，同时反映地层结构等，同时也考虑坡体沿层面</td></tr>
</table>

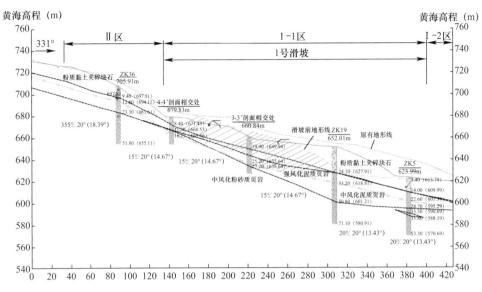

图 5-34　29-29′计算地质剖面图

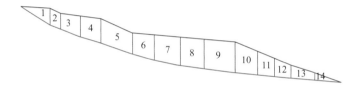

图 5-35　覆盖层－软岩接触面滑坡计算模型（29-29′）

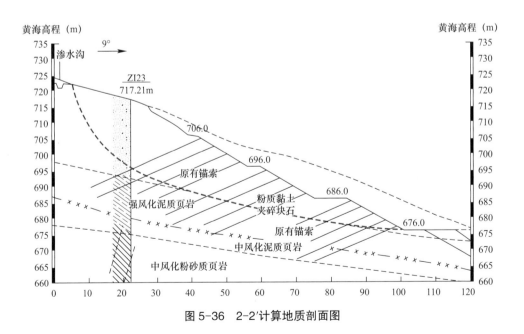

图 5-36　2-2′计算地质剖面图

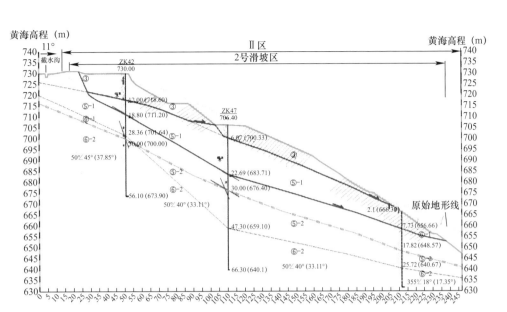

图 5-37　27-27′计算地质剖面图

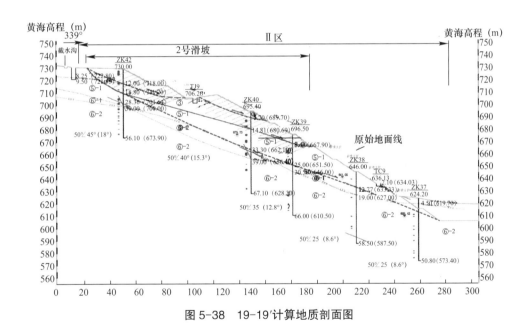

图 5-38　19-19′计算地质剖面图

（4）计算工况、稳定性评价标准

计算采用了理论成熟、应用广泛、计算结果可靠的极限平衡理论和有限元理论，并根据各边坡区不同破坏形式分别采用了平面滑动法、折线滑动法和圆弧滑动法进行稳定性计算。

本工程计算包括滑坡和边坡两种类型。根据工程项目区的气候特征和地震情况综合分析，确定天然和暴雨工况作为设计工况，地震工况为校核工况。其中天然工况仅考虑坡体自重，全部块体按天然重度考虑，计算参数为天然值；暴雨工况时，考虑滑坡体全饱和，滑面抗剪强度降低，设计暴雨重现期为50年；地震工况按工程项目区地震基本烈度为7度，按地震基本加速度0.15g进行校核，见表5-10。

计算工况统计表　　　　表5-10

编号	工况	荷载组合	计算安全系数	
			边坡	滑坡
1	天然工况（设计工况）	自重	1.50	1.30
2	暴雨工况（设计工况）	自重＋暴雨	1.50	1.20
3	地震工况（校核工况）	自重＋地震（0.15g）	1.30	1.15
取值依据			《核电厂工程勘测技术规范》	《滑坡防治工程设计与施工技术规范》

稳定性判定标准为不稳定（$F<1.00$），欠稳定（$1.00\leqslant F<1.05$），基本稳定（$1.05\leqslant F<$安全系数），稳定（安全系数$\leqslant F$）。

（5）稳定性计算结果及评价

各区稳定性计算结果详见表5-11、表5-12。

覆盖层–软岩接触面滑坡稳定性计算结果统计表　　　　表5-11

计算对象	计算剖面	计算工况	稳定性系数	安全系数	稳定性评价
覆盖层–软岩接触面滑坡	29-29′	天然	1.19	1.3	基本稳定
		暴雨	0.95	1.2	欠稳定
		地震	1.01	1.15	欠稳定
强变形区	30-30′	天然	1.10	1.30	基本稳定
		暴雨	1.01	1.20	欠稳定
		地震	1.02	1.15	欠稳定
	2-2′	天然	1.16	1.30	基本稳定
		暴雨	1.04	1.20	欠稳定
		地震	1.05	1.15	基本稳定
	3-3′	天然	1.18	1.30	基本稳定
		暴雨	1.05	1.20	基本稳定
		地震	1.08	1.15	基本稳定

飞凤山软岩顺层滑坡稳定性计算结果统计表　　　　表5-12

计算对象	计算剖面	计算工况	稳定性系数	安全系数	稳定性评价
基覆界面	6-6′	天然	1.17	1.30	基本稳定
		暴雨	1.09	1.20	基本稳定
		地震	1.11	1.15	基本稳定

计算对象	计算剖面	计算工况	稳定性系数	安全系数	稳定性评价
基覆界面	7-7′	天然	1.20	1.30	基本稳定
		暴雨	1.05	1.20	基本稳定
		地震	1.09	1.15	基本稳定
	19-19′	天然	1.18	1.30	基本稳定
		暴雨	1.07	1.20	基本稳定
		地震	1.10	1.15	基本稳定
滑坡滑面	26-26′	天然	1.25	1.30	基本稳定
		暴雨	1.03	1.20	基本稳定
		地震	1.11	1.15	基本稳定
	27-27′	天然	1.18	1.30	基本稳定
		暴雨	1.04	1.20	欠稳定
		地震	1.05	1.15	基本稳定
	28-28′	天然	1.26	1.30	基本稳定
		暴雨	1.03	1.20	基本稳定
		地震	1.10	1.15	基本稳定

根据计算结果可知，覆盖层－软岩接触面滑坡现状基本稳定，在暴雨、地震工况下欠稳定；滑坡影响变形区现状基本稳定，暴雨工况和地震下处于欠稳定～基本稳定状态。

从计算结果可知：飞凤山软岩滑坡整体稳定性在天然工况下处于基本稳定状态，在暴雨和地震工况处于欠稳定～基本稳定状态；岩质边坡在各种工况下均处于基本稳定状态，安全储备不足。

3. 飞凤山软岩边坡稳定性综合分析

（1）覆盖层－软岩接触面滑坡

通过上述对滑坡变形特征的描述，及滑坡形成机制、破坏模式分析及稳定性计算，1＃滑坡为覆盖层－基岩接触面滑坡。由于前期人工开挖坡脚及降雨共同影响下，滑坡发生滑动，滑坡堆积体位于前缘缓坡地带，达到新的平衡。根据勘查期间的地表位移监测，结合定性定量分析，现状条件下，滑坡整体处于基本稳定状态，在暴雨等外部作用影响下，处于欠稳定状态。

随着处置场的建设，该区前缘将进行大规模开挖，最终将形成台阶状的岩质边坡，其边界在平面上呈折线形，即该区前缘的东、南、西三面均形成边坡临空面。其中，南侧、西侧边坡临空面较大，层面缓倾坡外，其与两组陡倾结构面组合形成不稳定块体，层面作为潜在滑移面；同时，考虑边坡的凸角效应，凸角段边坡的稳定性要更差，发生岩质滑坡的可能性较大。经稳定性计算，天然工况下边坡处于稳定状态，暴雨工况下基本稳定，但安全储备不足，将出现变形破坏，甚至整体滑移，直接威胁下部场地安全，需要进行专门边坡治理工程。

（2）飞凤山软岩顺层滑坡

根据该区稳定性分析，飞凤山软岩滑坡现状条件下处于基本稳定状态。目前，坡体内急流槽、梯步等位置可见拉裂变形，该区处于蠕动变形阶段。该区锚杆只穿过覆盖层，尚未穿过潜在滑动面，不能起到阻止滑坡变形的作用，滑坡沿层面滑动的可能性较大。由于前期治理不彻底，目前还处于蠕动变形阶段，会伴随地表水下渗引起滑面抗剪强度（内摩擦角、黏聚力）进一步降低，造成滑坡整体失稳。

后期清除并开挖边坡，层面与结构面可能形成不利组合，边坡开挖导致前临空面增大，卸荷强烈，原有结构面张开或贯通，若不及时支护，受不稳定块体可能沿临空面变形破坏。经稳定性计算，边坡在天然工况下，处于基本稳定状态，暴雨工况下稳定性有所降低，将出现变形破坏，甚至整体滑移，直接威胁下部场地安全，需要进行专门边坡治理工程。

第6章 软岩边坡的治理研究

在大规模基础建设的时代背景下，将不可避免地面临边坡失稳所带来的安全问题。特别是在地震作用下，将进一步加剧边坡失稳的可能性。边坡失稳所造成的灾害令人触目惊心，地震作用下如何保证边坡稳定已成为岩土工程界和地震工程界亟待解决的问题。为此，需要提出适宜的治理方法用以保障边坡抗震安全。常用的边坡治理方法有削坡、减载、固脚、排水、支挡、加固等措施。当然，单一的边坡治理方法往往难以实现对边坡的稳固，而需要多种方法配合使用，以达到边坡综合治理的目的。其中，支挡与加固方法的配合使用在边坡治理工程中应用较为广泛，近年来的发展也尤为迅速。对软岩边坡而言，其在地震作用下会产生显著变形，失稳机制复杂多变，需要适宜的防治措施用以保证其稳定性。而加固的治理方法能够控制边坡坡体的变形，同时支挡的治理方法又能够防止坡体沿软弱带剪出，辅之以有效的截排水措施，最终达到综合治理软岩边坡的目的。目前，在高烈度地区的软岩边坡治理工程中，多采用抗滑桩对坡体进行支挡，防止其沿软弱带剪出，采用格构锚杆（索）对坡体进行加固，防止产生大变形。二者能够与支护坡体形成一个整体，在地震作用下变形协调一致，具有很好的抗震性能。然而，该类组合结构虽在工程建设中大量应用，但是其设计计算理论研究却明显滞后。另外，对于该类组合结构的研究多侧重于静力设计，有关其抗震性能方面的研究却并不多见，特别是桩间距、锚索安设后的拉力、锚固段长度等对加固效果的影响还不十分清楚。因此，地震作用下抗滑桩与格构锚杆（索）的协调作用及其应用是一个非常值得研究的课题，有必要结合最直观的振动台试验和数值分析手段对软岩边坡加固支挡设计的工作机制、抗震机理进行深入系统的研究，为推动我国未来的边坡治理技术发展、防治地震诱发的地质灾害、保证人民群众生命财产安全提供有益的参考。本章以飞凤山中低放固体废物处置场软岩高边坡为例，基于现有研究成果，分析飞凤山软岩高边坡加固支挡方案的工作机制及抗震机理，并采用数值计算方法，评价加固支挡效果，进一步完善软岩边坡加固支挡设计的理论与方法。

6.1 软岩边坡的治理方法

6.1.1 软岩边坡的常用治理方法

软岩边坡的设计方法和软岩边坡的稳定性分析是由各种各样复杂因素所共同决定

的。由于目前岩土工程技术发展还不能完全通过数学方法或力学方法直接求解这种复杂的边坡问题，因而，许多软岩边坡只有通过对边坡进行大量采样，进行样本调查、数据统计和性质分析来认识软岩边坡软弱岩土体的工程特性。当边坡处于濒危或失稳破坏状态时，必须采取工程措施对其进行处理以保证稳定。工程界将边坡处治技术概括为"砍头、截腰、压脚、引排"八个字。具体的措施有开挖、削坡、减载、压脚、阻水和排水、改变土体性质、支挡、加固建筑物等。在实际工程中，要结合具体情况采用针对性的综合防治措施，以做到治理工程简单、可靠和有效。

随着防护与加固技术的日益丰富，我国软岩边坡加固治理技术已经由 20 世纪 50 年的地表排水、清方减载、填土反压、抗滑挡墙及浆砌片（块）石防护等措施发展为现在的多手段、多层次的加固治理方式，同时随着国内外对生态环境的重视，生态保护技术得到了快速的发展。归纳现有的软岩边坡治理技术，可分为以下三类。

1. 支挡加固结构

通过对坡体的进一步加固并进行支挡而达到治理软岩边坡的目的，包括框架（垫墩）锚杆（索）、抗滑桩、抗滑挡墙、预应力锚索等各类支挡加固结构。

（1）框架（垫墩）锚杆（索）

对于经历了较为强烈构造运动的软岩边坡，其节理裂隙发育，岩体呈破碎状态，多采用框架（垫墩）锚杆（索）的加固方式进行治理。该类方式既能固定客土和浅层岩土体，又对深层岩体有加固作用。同时，在框架内亦可植草，进一步防护坡面，达到生态治理的目的。

（2）抗滑桩

采用抗滑桩治理滑坡，国外始于 20 世纪 30 年代，国内于 20 世纪 50 年代开始使用。抗滑桩主要的特点是桩的横截面较大，刚度大，变形小，能够承受较大的滑坡推力。抗滑桩桩体的材料主要为钢筋或钢筋混凝土，其结构形式很多，主要有单排抗滑桩、椅式桩墙、排架桩和预应力锚索抗滑桩等。目前应用较多的为单排抗滑桩和预应力锚索抗滑桩，预应力锚索抗滑桩由于锚索拉力的作用，改变了抗滑桩受力状态，适用于滑坡推力较大的情况。

（3）抗滑挡墙

抗滑挡墙的形式多样，主要有重力式、半重力式、悬臂式和扶壁式。近年来也出现了不少新颖的抗滑挡墙，如预应力垂直锚杆抗滑挡墙、框架填石抗滑挡墙等。抗滑挡墙墙身较矮，故一般宜设置在滑坡体前缘、滑动面埋深较浅的地方。

（4）预应力锚索

预应力锚索是一种通过对锚索施加张拉力以加固岩土体使其达到稳定状态或改善内部应力状况的支挡结构。目前岩土工程中使用的锚索类型较多，按锚固施工方法分为注浆型锚固、胀壳式锚固、扩孔型锚固及综合型锚固；按锚固段结构受力状态分为拉力型、压力型及荷载分散型锚索。目前广泛应用的锚索类型为注浆拉力型和注浆压力分散型两种锚索。预应力锚索加固的特点是能够充分调动岩土体自身的强度，大大减轻结构的自重，节省工程材料，是高效而经济的加固技术。

2. 坡面防护

包括挂网喷浆（混凝土）、实体护坡、网格护坡、植被护坡等各类坡面防护方法。

（1）挂网喷浆（混凝土）

挂网喷混凝土是指防止边坡由表及里遭受风化侵蚀和降雨冲刷而在坡面采取的保护措施。对软岩边坡而言，由于喷浆或喷混凝土外壳呈脆性，其变形特性和被其覆盖的塑性岩石不相协调，常造成喷浆（混凝土）外壳剥落。为提高喷浆（混凝土）外壳的塑性和强度，在喷浆前在边坡上铺设钢丝网，然后喷浆（混凝土），形成挂网喷浆壳，在施工时，应在坡面上留出排水孔，否则可能堵截地下水而影响坡体的稳定。

（2）实体护坡与网格护坡

常见的护坡工程有：干砌片石和混凝土砌块护坡、浆砌片石和混凝土护坡、格状框条护坡、喷浆和混凝土护坡、铺固法护坡等。

（3）植被护坡

开挖边坡形成以后,通过种植植物,利用植物与岩、土体的相互作用(根系锚固作用)对边坡表层进行防护、加固，使之既能满足对边坡表层稳定的要求，又能恢复被破坏的自然生态环境的护坡方式，是一种有效的护坡、固坡手段。

3. 排水方法

地表水与地下水会对边坡稳定性造成影响，造成边坡失稳，因此需要完善的排水设施来治理边坡。对软岩边坡而言，其坡体特殊的物质组成使得其对水更加敏感，如遇水膨胀、遇水软化，将进一步加剧水对边坡稳定性的危害。故而在软岩边坡的治理过程中，应当充分考虑水的影响，并建立完善的地表水与地下水排水系统。软岩边坡常用的排水方法包括地表排水系统、深层仰斜排水孔、泄水洞等。其中地表排水系统主要是用于减少降雨对边坡稳定性的危害，深层仰斜排水孔、泄水洞主要用于排除坡体中的地下水。

6.1.2 抗滑桩与锚杆（索）的组合使用及协同机制

1. 锚固体系作用机理

在边坡加固工程中，锚固体系应用较多，国内外岩土锚固理论研究主要围绕以下两方面展开：

（1）地锚荷载传递机理。特别是注浆锚杆中杆体与注浆体、注浆体与围岩体粘结应力的分布状态及传递机理的研究。

（2）从锚固体加固效果角度出发，研究岩土锚固作用机理。对锚固系统荷载传递机理的研究，主要内容为荷载从锚杆（索）转移到灌浆体力学机理研究及灌浆体与钻孔孔壁间力学机理的研究。

国外学者 Lutz 和 Gergeley，Hanson，Goto 等研究了荷载从锚杆（索）转到灌浆体的力学机制。他们认为，钢锚杆（索）表面存在着微观的粗糙皱曲，浆体围绕着锚杆（索）充满这些皱曲而形成一个灌浆柱，在锚杆（索）和灌浆体之间的结合破坏之前，其结合力发挥作用；当锚杆（索）和浆体发生一定的相对位移之后，两者界面的某些地方就要遭到破坏，这时锚索和灌浆柱之间摩擦阻力就发挥主要作用，而且摩擦阻力是随灌浆体的剪胀而增加，增大锚杆（索）表面的粗糙度就能提高摩擦阻力，对灌浆体而言则提高了其剪切强度。对于光面锚杆（索），锚杆（索）和灌浆体之间的结合主要取决于滑动之前的附着力和滑动之后出现的摩擦力，而对于竹节锚杆（索）或者类似于竹节的锚杆（索），其表面有突节，结合力主要取决于机械作用。在进行拉拔试验时，力由锚杆（索）传递到灌浆体，最后的结果可能是灌浆体的开裂或压碎，锚头滑动并附带部分砂浆体而拔出灌浆体，所以灌浆体的强度及厚度成为承载力的控制因素。这些研究也表明，锚索本身强度很高且其表面粗糙性很好的话，力的传递由锚杆（索）到灌浆体，再由灌浆体到围岩体的过程中，浆体和锚杆（索）界面的性质不是研究的重点，研究重点应放在浆体自身的性质以及浆体与围岩体界面的性质上。

国内学者程良奎等对上海太平洋饭店和北京京城大厦两个深基坑工程的拉力型锚杆锚固段粘结应力的分布形态进行了测定，得到以下规律：①沿锚固段的粘结应力分布是很不均匀的。观测到的粘结应力从锚固段的近端（即邻近自由段的一端）逐渐向远端减少。随着张拉力的增加，粘结应力峰值逐渐向远端转移。由此可知，设计中所采用的摩阻强度实际上是指分布的平均值；②粘结应力主要分布在锚固段前端的8～10m 范围内，即使在最大张拉荷载作用下，锚固段远端的相当一段长度内，几乎测不到粘结应力值，它鲜明地反映出，在外力作用下，并不是与锚固段全长接触的土层的强度都得以调用，对于外力的抵抗区段，主要发生在锚固段前段。换言之，当锚固体长度超过某一值（该值与土体种类有关）后，则长度的增加对锚杆承载力的提高就极其有限了。一般推荐土层锚固段长度不宜超过 10m 是有其力学依据的。

研究锚固系统荷载传递机理的目的是为了确定最大锚固力。但是从工程上讲，得到最大锚固力并非最终目的，最终目的是在确保工程安全的同时，力求经济、快速。这就要求研究如何有效、合理的利用锚固力，即从加固效果角度出发研究锚固作用机理。岩土锚固作用机理的一般性规律可概括为：

（1）悬吊理论：把由于开挖、爆破等造成的松动岩块稳固在稳定岩体上，防止破碎岩块崩塌。

（2）支撑理论：锚杆能限制、约束围岩土体变形，并向围岩土体施加压力，从而使处于二维应力状态的地层外表面岩土体保持三维应力状态。

（3）组合梁理论：对于水平或缓倾斜的层状围岩，用锚杆群能把数层岩层连在一起，增大层间摩阻力，从结构力学观点来看，这就形成了组合梁。

（4）增强理论：对于节理密集破碎的岩体，或对于较为软弱的土体，施加锚杆可使破碎岩体具有完整性，在软弱土体中增加筋骨，因而增强了锚固区围岩土体的强度。

（5）销钉理论：锚杆穿过滑动面时，能够表现出阻滑抗剪作用，类似于销钉。

许多研究人员通过室内模型试验、数值仿真模拟、现场试验等手段对锚固作用机理进行了深入细致的研究。唐湘民通过模型块试验模拟洞室加锚围岩的变形破坏，认为锚杆倾斜交叉布置可以提高锚固效果；长短结合使用锚杆比单独使用长或短锚杆有利；锚固形成承载拱，产生应变强化。邹志晖和汪志林通过相似模拟试验，研究了锚杆在不同岩体中的工作机理，研究结果表明：①对具有不同弹模的岩体，虽然布锚数量相同，但锚固效果不同，同样，对具有相同弹模的岩体，当布锚数量不同时，其锚固效果亦不相同；②锚固效果涉及布锚优化问题。每一种岩体都有一组最优的布锚参数；③在锚杆与围岩胶结良好的情况下，围岩在应力场中发生变形。在围岩的变形过程中，锚杆发挥支承和约束作用，而锚杆支承和约束作用会随岩体弹模不同而有所不同；④不同弹模的带锚岩体所表现出的锚固效果不同，具体表现在不同弹模的带锚岩体对 E，c，φ 及破坏强度影响不同。通过试验拟合计算 ΔE，$\Delta \varphi$，Δc 的经验公式，可求得布锚岩体的均化力学参数，同时可采用有限元法进行洞室围岩支护的稳定性计算。葛修润、刘建武通过室内模拟试验和理论分析，着重探讨了锚杆对节理面抗剪性能的影响以及杆体阻止节理而发生相对错动的"销钉"作用机制，进而提出了改进的估算加锚节理面抗剪强度公式，在给出描述加锚节理面抗剪能力分析模型和理论分析方法的基础上，导出了计算锚杆最佳安装角的公式。

在早期大量的工程实践中，主要是沿用结构工程概念，因此提出不同的锚固体系作用机理，例如悬吊理论、组合梁理论、成拱理论等简单的模型。随着对岩体工程的认识深化，岩土锚固理论也上了一个新台阶。通过大量的物理模型试验、数值仿真模拟、现场观测等手段，研究人员深入探讨了锚杆（索）加固机理。虽然锚固理论研究工作取得了一定进展，但也存在不少问题：

① 理论研究明显滞后于工程应用研究。

② 对锚固体力的传递只有定性描述，在设计中大都采用粘结应力均匀分布的形式。

③ 锚杆（索）加固机理也没有统一的认识，缺乏行之有效、合理的计算方法。

④ 理论分析和数值分析与实际情况出入较大。采用等效模型评价锚杆（索）的加

固效果，岩体力学参数的选取往往很难准确把握，即使采用位移反分析等方法效果也难以令人满意。

此外，在特殊荷载作用下（如地震作用），体系的力学、粘结特性的研究资料较为缺乏。

2. 抗滑桩作用机理

目前在整治滑坡中，抗滑桩因其具有抗滑能力强、施工简便安全、桩位灵活、工程量小、投资相对较少、适用范围广、不易恶化滑坡状态且能有效核实地质条件并及时调整设计方案等优点，已经成为一种主要工程措施被广泛地采用，并取得了良好的工程效果。

抗滑桩是一种大截面、侧向受荷的排桩或桩群，它穿过滑体锚入滑床一定深度，借助与桩周岩土的共同作用，将滑坡推力传递到稳定地层，其抗滑机制体现于桩、滑体与滑床三者间的相互协调工作。

滑坡推力由两部分来平衡：桩前土体的被动抗力和桩下部嵌入基岩部分的锚固作用；采用抗滑桩加固滑坡后，滑坡的变形和受力状态受到了影响，使得滑坡更加的安全。图 6-1 显示了抗滑桩的受力简图。

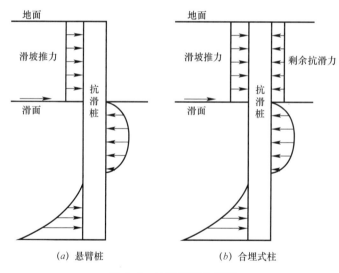

图 6-1 抗滑桩受力简图

图 6-2 展示了常用的抗滑桩基本形式。图 6-2（a）和（b）是使用最多的全埋式桩和悬臂桩；图 6-2（c）为埋入式桩，即在滑体较厚且较密实的情况下，只要滑坡不会形成新滑面从桩顶剪出，桩可以不做到地面；图 6-2（d）是承台式桩，两排桩协调受力和变形，在桩头用承台连接，这样可以使桩间土体与桩共同受力；图 6-2（e）、（f）、（g）实际上都是刚架桩，能有效发挥两桩的共同作用，从而减少桩的埋深和工程量，

节省造价，只是施工略微复杂，尤其是排架桩中部横梁施工不便，故应用不多；图 6-2（h）为锚索桩，即在桩头或桩的上部加若干锚索铺固于滑动面以下的稳定土层中，等于在桩上增加了一个或几个横向支点和抗力，减少了桩的弯矩和剪力，从而减少桩身截面和埋深。

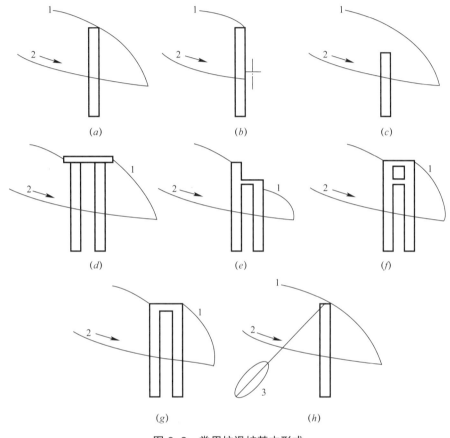

图 6-2 常用抗滑桩基本形式

3. 锚杆与抗滑桩协同作用机制

自 20 世纪 60 年代以来，抗滑桩作为一种重要的边坡治理手段，已在大中型滑坡治理工程中得到了广泛的应用并取得了很好的治理效果。从受力状态分析，抗滑桩的实质为悬臂梁，其抗力主要由滑带以下的地层提供的反作用力而产生，使得抗滑桩内力分布不合理，尤其是桩身弯矩。另外，为提供足够的抗力，往往需要将抗滑桩布置在滑带以下一定深度，且滑带上下桩身长度应大致相当，因此工程造价较大。在工程实践中，为满足受力要求，多采用群桩的布置方式。该布置方式在滑坡推力的作用下，致使桩土共同作用，桩与桩之间相互影响，产生土中应力重叠现象，引起群桩效应，造成群桩整体承载力降低。可见，单独地使用抗滑桩作为边坡治理的手段，效率较低，代价较大。

为了改变这种现象，国内外对抗滑桩的结构形式做了很多的改进与发展。其中，锚杆与抗滑桩联合作用体系就是近年来出现的新型支挡体系。对于正在活动的滑坡来说，这种桩-锚体系具有立即阻滑的作用，因为它可以给滑坡体一个相当大的预应力，和悬臂桩相比，是一种主动受力结构。从近年来的工程应用情况来看，桩-锚体系的经济效益比较显著，一般情况下，同普通抗滑桩相比，可节省钢材和水泥等材料35%~60%，可降低工程造价30%~50%，而且将大量的地下作业变成在地上进行，故而施工条件也得到很大改善。

从锚杆与抗滑桩分别所起的作用来看，锚杆主要为"强腰"，抗滑桩主要为"固脚"，二者协同作用加固支挡边坡。虽然锚杆与抗滑桩体系近年来在工程中大量应用，但是其理论研究却远远滞后于工程应用，对于锚杆与抗滑桩的协同作用机制，目前也多限于定性分析。研究认为，在抗滑桩及坡面增设部分锚杆（索）可为坡体变形提供约束，能够有效地改善桩体及滑体的受力状态，提高桩体承载能力。同时由于其能同时发挥锚杆（索）及抗滑桩的支护作用，其抗震性能更佳，已经在我国的汶川等多次地震中得到实践验证。关于地震作用下锚杆与抗滑桩联合作用的研究，一般认为桩承受的动土压力大小及分布形式受地震加速度峰值大小及桩身位置影响很大。在地震作用较小时，桩后动土压力近似成抛物线分布，桩前动土压力成矩形分布；随着地震作用的增大，靠近滑带处的桩前、桩后动土压力增长较快。而同一锚杆在地震过程中，由于坡体向外滑动，其不同位置发挥最大抗力的时间具有先后顺序，靠近坡面的锚杆段首先达到最大值，依次是后面的自由段、锚固段。在较小的地震作用下，坡面各排锚杆的轴力呈现两头大中间略小的特点；当地震作用较高时，中下部锚杆轴力增长迅速，此时滑体推力主要由处于坡面中下部的锚杆承担。

针对锚杆与抗滑桩协同作用机制的量化分析，近年来也开展了少量研究。杨开业推导了锚杆与抗滑桩协同作用下的二级边坡抗滑桩桩身侧向的有效抗力表达式，提出锚杆对抗滑桩有效抗力的影响随着布设数量的增大而持续增强，具体表达式如下：

$$K = \frac{F_p}{\frac{1}{2}\gamma H^2} = \frac{2}{\gamma \omega H^2} \times \frac{W_{ext} - D_s - D_T}{r_0 e^{(\theta_p - \theta_0)\frac{\tan\varphi}{F_s}} - mh\sin(\theta_p - \varphi)} \quad （6-1）$$

式中，K 为桩身有效抗力；F_p 为桩身极限有效抗力；γ 为边坡土体容重；m 为反映抗滑桩桩身抗力分布形式的经验系数；D_s 为速度间断面上的能量耗散功率；D_T 为锚杆抗力功率；D_p 为抗滑桩提供的内能耗散功率；W_{ext} 为边坡破坏结构的外力功率；H、θ_p、θ_0、φ、r_0、ω 为边坡相关参数，如图 6-3 所示。

通过式（6-1），在给定锚杆数量、倾斜角度、单根锚杆的抗力以及桩身位置和设计安全系数后，可计算桩身极限有效抗力。分析表明，反映抗滑桩抗力分布形式的经验系数在反映布桩位置的比例系数较小时对有效抗力几乎没有影响，且经验系数在较大时抗滑桩加固效果更好。锚杆对有效抗力的影响随着布设数量的增大而持续增强，即布设数量越大，有效抗力及增长速度越大，同时，反映布桩位置的比例系数对有效抗力已有类似影响规律，不同的是，该比例系数对有效抗力的影响作用较之锚杆布设数量更为缓和。

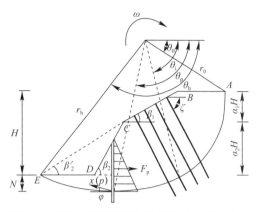

图 6-3　锚杆与抗滑桩协同作用的边坡破坏模式

6.1.3　典型边坡锚杆（索）与抗滑桩的联合支挡设计案例

以飞凤山边坡为例，对其锚杆（索）与抗滑桩联合支挡设计案例进行分析。边坡工程的治理设计需要充分考虑灾害体的破坏特征、变形情况、影响因素及发展趋势，依据现有地形地貌条件在边坡坡脚和可能存在的滑坡剪出口设置支挡措施。同时，对坡体进行加固，并做好排水工作，从而达到综合治理的目的。由前文可知，锚杆（索）与抗滑桩的联合支挡可较好地满足飞凤山边坡的治理要求。因此，选择坡脚设置抗滑桩、坡面采用锚索加固、截排水沟、仰斜式排水孔和集水井等综合治理的方案。典型边坡详细设计方案如图 6-4 所示。

（1）在边坡坡脚 616.0m 平台设置抗滑桩支挡工程，布置间距 6.0m，设计桩长 25.0m，截面 2.0m×3.0m，确保典型边坡整体稳定性。

（2）在边坡已存在的剪出口附近 676.0m 平台设置抗滑桩支挡工程，布置间距 5.0m，设计桩长 30.0m，截面 2.0m×3.0m 和 1.8m×2.5m。

（3）格构锚索布置在 616.0m 平台至 706.0m 平台之间，水平布置间距 2.5m，垂直布置间距 2.0～4.0m，倾角 25°～30°，锚索锚入中等风化泥质页岩 7.0～8.0m，锚索成孔直径 $\phi130$，采用 4～5 束 $\phi_s15.2$ 钢绞线制作。矩形格构水平间距 2.5m，垂直间距 2.0～4.0m，嵌入坡面以下 0.3m，设计截面为 0.6m×0.6m，采用 C30 钢筋混凝土浇筑。706.0～726.0m 平台，矩形格构水平间距 3m，垂直间距 5.0m。

（4）对 606.0～616.0m 之间的边坡采用格构锚杆进行护坡，格构布置间距 4.0m×4.0m，设计截面为 0.4m×0.4m，嵌入坡面以下 0.2m，采用 C30 钢筋混凝土浇筑；锚杆设计长度 4.5m，采用 HRB335 直径 $\phi25$ 的钢筋制作。

（5）对已施工的各级马道的排水沟拆除后重新修建，与坡面排水沟形成统一排水系统；对位于坡顶的截水沟充分利用，断头部分重新改造连接成环状截水沟；在边坡坡面上设置仰斜式排水孔，并在富水带设置集水井。

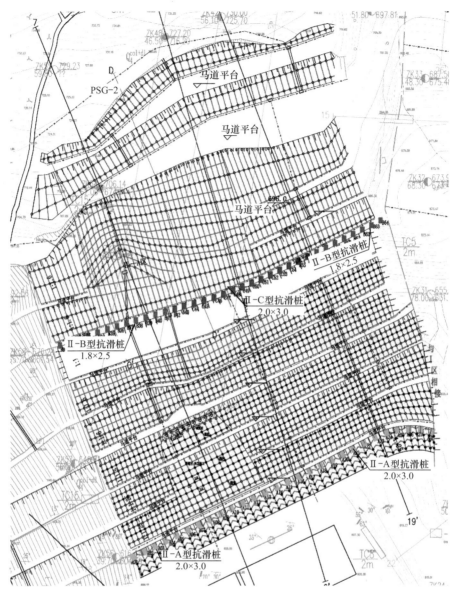

图 6-4　飞凤山典型边坡治理平面设计图

6.2　软岩边坡加固支挡后动力响应数值计算

6.2.1　常用数值分析软件

1. ANSYS 软件

有限元法是 20 世纪 50 年代在连续体力学领域 – 飞机结构的静力和动力特性分析中应用的一种有效的数值分析方法。同时，有限元法的通用计算程序作为有限元研究的一个重要组成部分，也随着电子计算机的飞速发展而迅速发展起来。在 20 世纪 70 年代初期，大型通用有限元分析软件出现了，这些大型通用有限元软件功能强大，计算可靠，工作效率高，因而逐步成为结构分析中强有力的工具。近 20 年来，各国相继开发了很多通用程序系统，应用领域也从结构分析领域扩展到各种物理场的分析，从线性分析扩展到非线性分析，从单一场的分析扩展到若干个场耦合的分析。在目前应用广泛的通用有限元分析程序中，美国 ANSYS 公司研制开发的大型通用有限元程序 ANSYS 是一个适用于微机平台的大型有限元分析系统，功能强大，适用领域非常广泛。

ANSYS 软件是 20 世纪 70 年代由 ANSYS 公司开发的工程分析软件。开发初期是为了应用于电力工业，现在已经广泛应用于航空、航天、电子、汽车、土木工程等各种领域，能够满足各行业有限元分析的需要。

ANSYS 软件主要包括三个模块：前处理模块、分析计算模块和后处理模块。前处理模块提供了一个强大的实体建模及网格划分工具，用户可以方便地构造有限元模型；分析计算模块包括结构分析（可进行线性分析、非线性分析和高度非线性分析）、流体动力学分析、电磁场分析、声场分析、压电分析以及多物理场的耦合分析，可模拟多种物理介质的相互作用，具有灵敏度分析及优化分析能力；后处理模块可将计算结果以彩色等值线显示、矢量显示、粒子流迹显示、立体切片显示、透明及半透明显示（可看到结构内部）等图形方式显示出来，也可将计算结果以图表、曲线形式显示或输出。软件提供了 100 种以上的单元类型，用来模拟工程中的各种结构和材料。

2. MIDAS 软件

MIDAS 软件于 1959 年由韩国浦项集团成立的 CAD/CAE 研发机构开始开发，自软件开发以来，MIDAS IT 不断致力于有限元与仿真方面的研究。MIDAS/GTS（Geotechnical and Tunnel Analysis System）软件是将通用的有限元分析内核与土木结构的专业性要求有机结合而开发的岩土与隧道结构有限元分析软件，能够提供完全的三维动态模拟功能。目前 MIDAS 软件已经成功运用到了全球上千个实际工程中，其程序的可靠性已经得到了工程实践的认证，同时也已经通过了 QA/QC 质量管理体系的认证，能确保计算结果的精度和质量。

MIDAS/GTS 适用于：三维边坡稳定性分析，坝体的稳定性分析和渗流分析，固结分析，隧道工程，地基承载力与变形分析，基坑工程、大坝施工过程模拟，地震、爆破和动力荷载分析等各种岩土工程问题。

MIDAS/GTS 软件是针对岩土隧道领域的结构分析所需的功能直接开发的程序，与其他岩土隧道分析软件（FLAC3D、ABAQUS 等）相比有其自身的特点，它不仅是通用的分析软件，而且是包含了岩土和隧道工程领域最近发展技术的专业程序，具有应力分析、渗流分析、应力 - 渗流耦合分析、施工阶段分析、稳定流分析、非稳定流分析、特征值分析、时程分析、反应谱分析的强大功能。而且 MIDAS/GTS 具有尖端的可视化界面系统,提供了面向任务的用户界面,可以对复杂的几何模型进行可视化的直观建模。网格的自动划分,直观的施工阶段定义与编辑都为计算分析提供了方便。MIDAS/GTS独特的 Multi-Frontal 求解器提供最快的运算速度,这也是其强大的功能之一。在后处理中,它能以表格、图形、图表形式自动输出简洁实用的计算书。另外,GTS 软件在开发阶段通过几千种例题的计算,将其计算结果与理论值同其他 S/W 的计算结果进行了比较、验证,并通过应用于大量的工程项目中,证明了其具有非常好的准确性和高效性。在决定分析结构精确性的有限元运算原理方面,由于采用了最新理论,故可计算出比其他类似程序更为精确的计算结果。MIDAS/GTS 软件以其使用方便、功能强大、运算准确快速而在岩土隧道工程领域迅速发展。

3. FLAC3D 软件

有限单元法和有限差分法是岩土工程中运用最为普遍的两种数值方法。在有限单元法中我们所考虑的是离散构成系统的物体或连续体,而在有限差分法中离散的则是基本的控制方程。岩土工程结构的数值解是建立在满足基本方程(平衡方程、几何方程、本构方程)和边界条件下推导求解的。由于基本方程和边界条件多以微分方程形式出现,因此,将基本方程改用差分方程(代数方程)表示,把求解微分方程的问题转换为求解代数方程的问题,这就是所谓的差分法。

FLAC(Fast Lagrangian Analysis of Continua)是连续介质快速拉格朗日差分分析法的简写,是近年来逐步成熟完善起来的一种新型数值分析方法。同以往的差分分析方法相比,FLAC 在以下几方面作了较大改进和发展:应用了节点位移连续的条件,可以对连续介质进行大变形分析;能够模拟线性、非线性等多种材料模型,针对不同材料特性,使用相应的本构方程较真实地反映实际材料的动态行为;能够进行土质、岩石和其他材料的三维结构受力特性模拟和塑性流动分析,所采用的显式有限差分法的拉格朗日算法和混合 – 离散分区技术使得它在分析岩土工程结构的弹塑性力学行为、模拟材料塑性破坏和塑性流动、模拟实际工况分期开挖、回填以及锚杆、挡土墙、混凝土衬砌等支护手段等方面有其独到的优点,尤其在发生塑性流动或失稳的情况下,三维快速拉格朗日分析方法可以很方便地模拟结构从弹性到塑性屈服、失稳破坏直至发生大变形的全过程。

与现行的数值方法相比,FLAC3D 具有以下优点:

(1)计算过程采用迭代法求解,不需储存较大的刚度矩阵,比有限元方法大大节省了内存,这一优点在三维分析中显得特别重要。

(2)FLAC3D 程序中采用了"混合离散法"(mixed discretization)技术,可比有限元的数值积分更精确,更有效地模拟材料的塑性破坏(plastic collapse)和塑性流动(plastic flow)。

(3)采用显示差分求解,几乎可在与求解线性应力 – 应变本构方程相同的时间内,求解任意的非线性应力 – 应变本构方程。因此，与一般的差分方法相比，大大节省了时间，提高了解决问题的速度。

（4）FLAC3D 中所用的全是动力学方程（fully dynamic equation），即使求解静力学问题也是如此。因而能更好地分析和计算物理非稳定过程，这是一般的有限元法所不能解决的。

FLAC3D 软件先将具体的计算对象用六面体单元划分成有限差分网格，每个离散化后的立方体单元可进一步划分出若干个常应变三角棱锥体子单元，如图 6-5 所示。

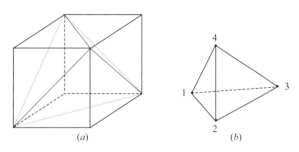

图 6-5　立方体单元划分成 5 个常应变三角棱锥体单元

计算过程首先调用运动方程，由初始应力和边界力计算出新的速度和位移。然后，由速度计算出应变率，进而获得新的应力或结点力。每个循环为一个时步，如图 6-6 中的每个图框是通过那些固定的已知值，对所有单元和结点变量进行计算更新。

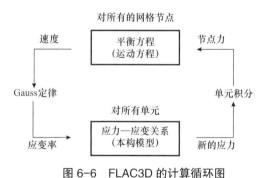

图 6-6　FLAC3D 的计算循环图

6.2.2　软岩边坡加固支挡后动力响应分析

1. 工程背景简介

以飞凤山某安全储备不足的边坡作为典型边坡进行滑面受力、变形和稳定性的深入研究，图 6-7 所示为该典型边坡加固整治的剖面布置图。具体设计治理措施为矩形

（人字形）格构锚杆（索）+抗滑桩+截排水沟+坡面绿化，控制距离为71.68m。现对其治理措施分别进行说明：

（1）地表截排水措施：边坡后缘排水沟利用原有截水沟，局部位置进行修补，马道排水沟在原有排水沟基础上进行整修。

（2）坡面格构锚杆护坡，格构间植草绿化。

（3）在滑动面的潜在剪出口位置布置抗滑桩，分为上马道平台抗滑桩和下马道平台抗滑桩。上马道平台抗滑桩主要抵抗滑体沿软弱滑移面的滑动，桩截面2m×3m，桩长30m，桩间距5m；下马道平台抗滑桩主要控制边坡潜在滑移面变形与滑动，桩截面2m×3m，桩长16m，桩间距6m，自由段长9m，嵌入段长7m。

（4）锚索锁定滑体抗滑：锚索采用5束ϕ15.2钢绞线制作，锚索成孔直径ϕ130，锚固段长7m，锚索锚固于中风化泥质页岩，锚索锚入深度比原有锚索深，且集中地方锚固段错开2～5m，锚索抗拔力400kN。

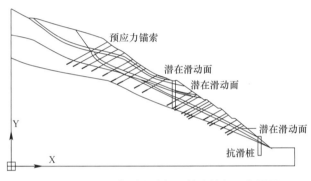

图6-7 飞凤山典型边坡加固整治的剖面布置图

2. 边坡动力响应研究的基本过程

依据飞凤山典型边坡建立三维模型，进行地震作用下动力响应分析，具体过程如下：

（1）首先进行静力有限元计算，并将静力法计算的应力场作为动力分析计算模型的初始应力场。初始应力场的计算采用更改强度参数的弹塑性求解法，即在求解过程始终采用塑性模型，但为防止在计算过程中出现屈服流动，将黏聚力和抗拉强度设为大值，计算至平衡后，再将黏聚力和抗拉强度改为分析所采用的值计算至最终平衡状态。

（2）给定边界条件，输入地震时程曲线，进行动力计算。为充分反映地震作用效应，考虑水平地震加速度和垂直地震加速度的耦合作用，垂直向加速度按水平加速度的2/3考虑。

（3）获得地震作用过程中边坡的动力响应特征和变化规律。研究边坡各关键部位的动力放大效应，以及动应力在地震历时中的变化特征，整体了解地震作用过程中边坡所遭受的最大动力响应。在动力计算获得边坡不同部位加速度（或动力放大系数）、边坡动位移的时程变化以及位移、应力云图的基础上，进行统计分析，获得不同部位的加速度值及位移较大值，宏观了解边坡在地震作用下的最大动力响应特征及变化规律。

（4）根据坡面永久位移，评价地震条件下边坡的稳定性。对比分析加固前后及地震前后安全系数的变化规律，并根据上述动力响应分析成果，分析锚索和抗滑桩的作用以及加固措施的优点和缺点，提出边坡加固措施的改进方法。

3. 模型建立

将 CAD 图形（图 6-8）导入到 ANSYS 软件中，利用 ANSYS 建立边坡模型并以六面体单元剖分网格（图 6-9）。输入波形的频率成分和土体的波速特性会影响土体中波传播的数值精度，通常网格尺寸应小于输入波形最高频率对应波长的 1/10～1/8。经计算得到模型的网格尺寸不能大于 35.2m，具体模拟过程中，选取单元最大尺寸为 10m，以保证数值分析的精度。

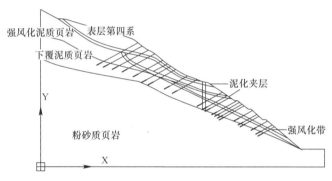

图 6-8　飞凤山典型边坡断面设计加固图

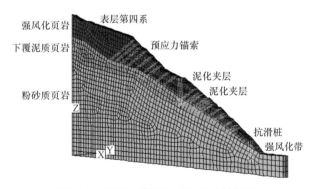

图 6-9　飞凤山典型边坡数值计算模型

边坡模型中土体和岩石均采用 Mohr-Coulomb 本构模型。预应力锚索、抗滑桩和格构梁分别采用锚索单元、桩单元和梁单元。边坡土层和支护结构的材料参数见表 6-1。

材料参数表　　　　　　　　　　　　表 6-1

材料	容重（kN/m³）	弹性模量（GPa）	泊松比	黏聚力（kPa）	摩擦角（°）
表层第四系	19.5	0.04	0.3	55	15
强风化泥质页岩	21.5	0.4	0.3	55	15
下覆泥质页岩	25.2	1.6	0.25	500	39
粉砂质页岩	25.2	2	0.25	800	42
泥化夹层	19.8	0.02	0.37	22	22
强风化带	20.6	0.02	0.37	35	18
锚索	79	195	0.25		
抗滑桩	25.5	40	0.22	7000	40

4. 动力边界条件

模型周围动力边界条件的选取问题是利用数值方法研究地震波在介质中传播效应时的一个重要内容，原因是地震波在有限离散边界上存在反射问题，这直接影响了模型动力分析的结果。一般来说，计算分析模型设置的范围越大，分析结果越准确，但是也会带来巨大的计算负担。许多学者提出了用人工边界来模拟无限远边界条件，主要有无穷元法、边界元法、一致边界条件法、透射边界法等。

FLAC3D 软件提供了静态（黏性）边界和自由场边界两种边界条件来减少模型边界上的地震波的反射。

（1）静态边界

FLAC3D 允许采用静态边界（也称为黏性边界、吸收边界）条件吸收边界入射波，它是由 Lysmer 和 Kuhlemeyer 于 1969 年提出的，具体做法是利用在模型法向和切向设置的自由阻尼器实现吸收入射波。对于入射角大于 30° 的体波，这种静态边界基本吸收完全。对于入射角较小的波，比如面波，虽然仍具有一定程度的吸收能力，但吸收不完全。这些阻尼器提供的法向和切向黏性力分别如式（6-2）和式（6-3）。

$$t_n = -\rho C_p v_n \qquad\qquad (6-2)$$

$$t_s = -\rho C_s v_s \qquad\qquad (6-3)$$

式中，v_n 和 v_s 分别为模型边界上法向和切向的速度分量；ρ 为介质密度；C_p、C_s 分别为 p 波和 s 波的波速。

（2）自由场边界

当分析模型的各侧面边界条件必须考虑为没有地面结构的自由场运动时，FLAC3D 必须引入自由场边界条件。自由场边界条件由 FLAC3D 通过在模型的四周生成二维和一维网格的方式实现，不平衡力通过主网格的侧边界与自由场网格之间的阻尼器施加。这种边界与无限场地具有相同的效果，因而向上传播的面波在侧边界上不会扭曲。FLAC3D 的自由场边界包括 4 个柱体网格与 4 个平面网格，其中，柱体网格相当于自由场边界，平面网格与主体网格互相对应。运算过程中，柱体网格执行一维运算，并假定其在柱体两端无限延伸，平面网格执行二维运算，并假定其在面的法向无限延伸。

5. 阻尼的选择

阻尼的产生主要来源于材料内部的摩擦以及潜在接触表面的滑动。准静力问题需要更多的阻尼使动力方程尽快收敛，动力问题则需要重现在动荷载作用下系统受到的阻尼大小。FLAC3D 为动力计算提供了三种阻尼形式，分别是瑞利阻尼、局部阻尼和滞后阻尼。

（1）瑞利阻尼

在结构和弹性体的动力计算中最早得到应用，目的在于减弱自振模式系统的振幅。计算时假定了动力方程中的阻尼矩阵 C 与刚度矩阵 K 及质量矩阵 M 有关，见式（6-4）：

$$C = \alpha M + \beta K \tag{6-4}$$

式中，α 为和质量有关的阻尼常数；β 为和刚度有关的阻尼常数。

当系统为多自由度系统时，任意角频率 ω_i 下的临界阻尼比 ζ_i 的确定方法见式（6-5）：

$$\xi_i = \frac{1}{2}\left(\frac{\alpha}{\omega_i} + \beta\omega_i\right) \tag{6-5}$$

在 FLAC3D 中可以通过确定 α 和 β，能够设置任意频率振动时的瑞利阻尼。但最大的不足在于瑞利阻尼的计算时间步太小，导致动力计算时间过长，甚至是不能被接受的。

（2）滞后阻尼

FLAC3D 将土动力学中岩土体的滞后特性用阻尼的形式加入到程序中，使用模量衰减系数来描述土体的非线性特性。它是新版 FLAC3D 的一个亮点，但是在实际应用中存在一定的困难，主要原因是滞后阻尼有过多的使用限制，且目前参考资料极少。当模型复杂时，很难得到满意的分析结果。

（3）局部阻尼

在振动循环中，局部阻尼的原理在于通过节点上质量的增加或减小达到收敛，但整体上满足质量守恒原则。FLAC3D 中的局部阻尼方程类似于滞后阻尼，每次循环中的能量损耗不受该循环步应变率的影响，由于局部阻尼系数避开了求解系统自振频率，相对于瑞利阻尼又不会减少时间步，因此更为简单有效。

6. 地震波加载验证

通过在模型底部 x 和 z 方向输入 EL Centro 波（图 6-10），模拟地震作用下边坡的动力响应，其中加速度时程曲线在输入之前利用 SeismoSignal 进行基线矫正（图 6-10a）。为了减少模型边界上波的反射，通过在模型四周生成二维和一维网格的方法来设置自由场边界，这种边界通过阻尼器将主体网格和自由场网格进行耦合，把自由场网格的不平衡力施加到主体网格边界上，这样就既可保持边界不反射波，又可以对向外传递的波适当地吸收。模型中采用局部阻尼。

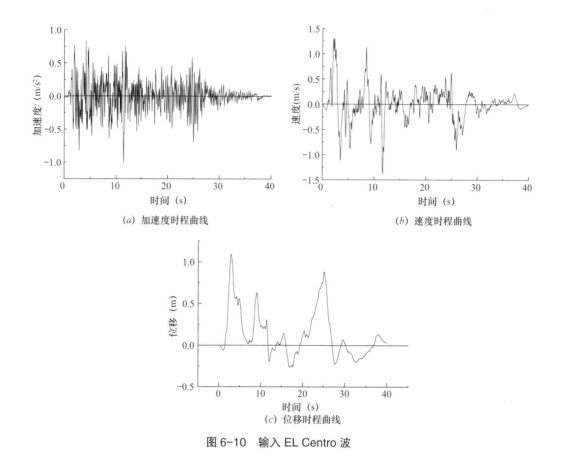

(a) 加速度时程曲线

(b) 速度时程曲线

(c) 位移时程曲线

图 6-10　输入 EL Centro 波

跟踪模型底部附近的加速度时程，对比输入波和模型底部附近的加速度时程曲线，如图 6-11 所示，发现两者吻合良好，说明地震波准确无误地输入到模型底部。

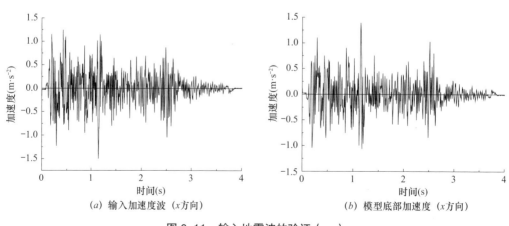

(a) 输入加速度波（x方向）

(b) 模型底部加速度（x方向）

图 6-11　输入地震波的验证（一）

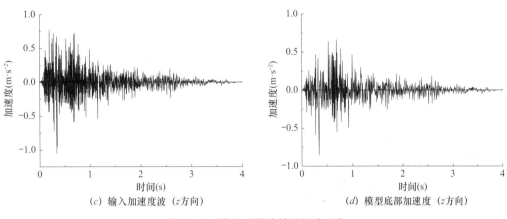

(c) 输入加速度波 (z方向)　　　　(d) 模型底部加速度 (z方向)

图 6-11　输入地震波的验证（二）

7. 0.15g EL 波作用下天然状态加固边坡稳定性分析

（1）加速度响应

加固边坡的加速度监测位置如图6-12所示。选取不同测点加速度时程曲线的峰值，

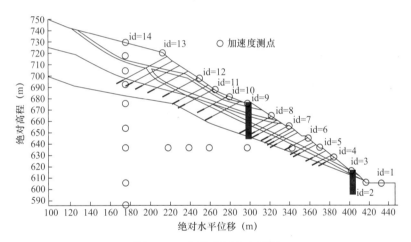

图 6-12　加速度测点布置图

作加速度放大系数沿高程的分布图，如图 6-13 所示。由图 6-13 可知，加速度放大系数沿高程整体呈增大趋势。在 id=1～8 测点的加速度放大系数差异较小，在 1～1.2 范围内；在 id=8～13 测点之间，加速度放大系数增大速度较快。

（2）位移响应

选取地震过程中第 15s、30s、40s 三个时间点的位移云图，如图 6-14 所示。由

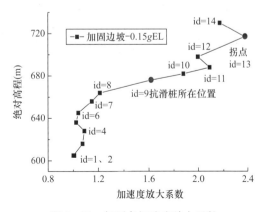

图 6-13　各测点加速度放大系数

图6-14可知，较大水平位移发生位置存在于强风化带和泥化夹层及其之上的区域。位移最大的位置存在于泥化夹层坡顶的出口处、坡体拐点处两个区域，泥化夹层出口附近由于锚索的存在，其位移不凸显。

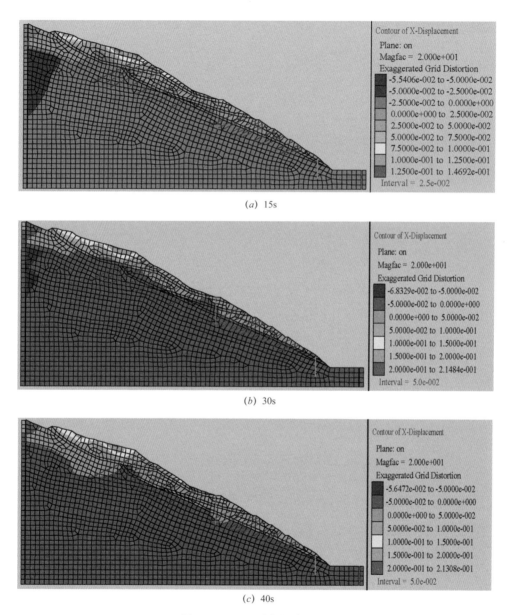

(*a*) 15s

(*b*) 30s

(*c*) 40s

图6-14 不同时段位移云图

对动位移进行处理，以求揭示其内在的变化规律。具体处理过程如下：

1）绝对动位移减去坡体位移得到相对动位移；

2）相对动位移分离得到可恢复位移和永久位移。

地震结束后的永久位移即为残余位移。

位移测点布置如图 6-15 所示。由图 6-16 山体位移和图 6-17 坡面的绝对动位移可知，绝对动位移在 15～28s 和 35s 以后的位移幅值均较小。相对动位移和绝对动位移的趋势一致，波动的幅值减小。

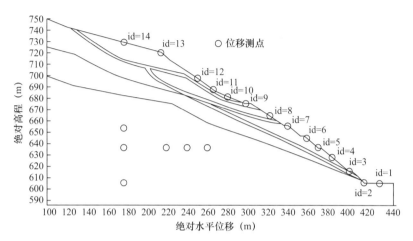

图 6-15　位移测点布置图

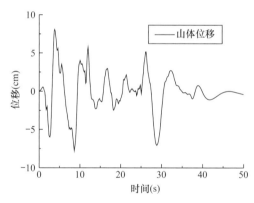

图 6-16　山体位移

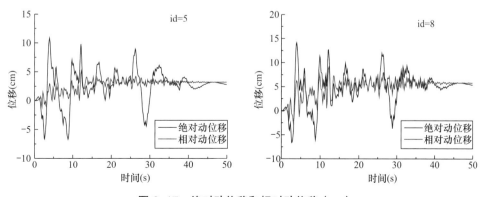

图 6-17　绝对动位移和相对动位移（一）

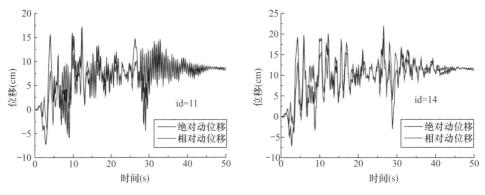

图 6-17　绝对动位移和相对动位移（二）

将相对动位移分离出可恢复位移和永久位移，如图 6-18、图 6-19 所示。可恢复位移在零附近波动，在地震结束后位移基本趋于零。永久位移基本先线性增大，随后趋于稳定，某些测点还存在稍微增大的趋势，最后均基本稳定。永久位移稳定的时间段基本在 18～25s 和 33s 以后，这与绝对动位移较小的区间较为一致。永久位移主要增大的区间为 0～15s，在区间 30～35s 内永久位移略有增大，这两个区间基本包含加速度幅值较大点 t=3s，11s，25s。

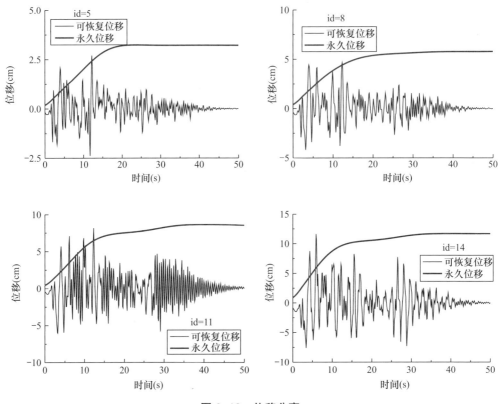

图 6-18　位移分离

图 6-20 所示为残余位移沿坡面分布图，由图中可知，沿坡面往上残余位移整体增大，坡面最大位移约为 13cm。

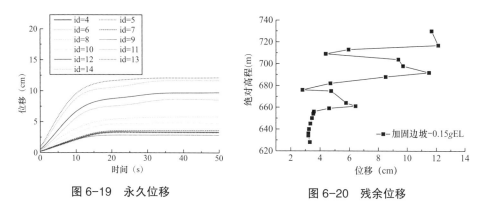

图 6-19 永久位移 　　　　　　　　图 6-20 残余位移

（3）抗滑桩响应

选取上下抗滑桩桩顶以下 30cm 和 40cm，作为桩背水平应力时程曲线，如图 6-21 所示，图中 h 为距桩顶深度值。由图中可知，在振动初期桩背水平应力随时间波动较大，随后，应力基本趋于稳定，当地震结束后（40～50s），桩背上的水平应力基本保持不变。由此，可选取 40～50s 桩背水平应力的平均值，得到震后抗滑桩桩背水平应力稳定值，如图 6-22 所示。由图 6-22 可知，抗滑桩桩背中部水平应力较大，桩顶水平应力较小。下排抗滑桩所受到的最大水平应力大于上排桩。

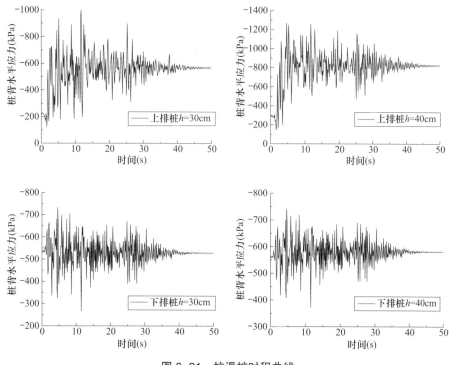

图 6-21 抗滑桩时程曲线

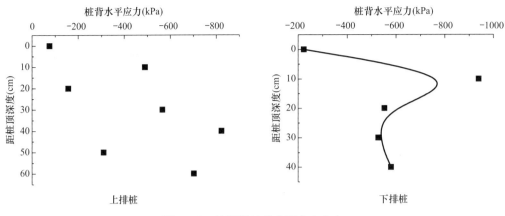

图 6-22　抗滑桩桩背水平应力分布

由监测桩背水平位移（图 6-23）可知，桩背不同测点的水平位移曲线变化规律较为一致，但幅值不同。地震结束后，上排桩还残留 0～5cm 的位移，而下排桩的位移基本为零。

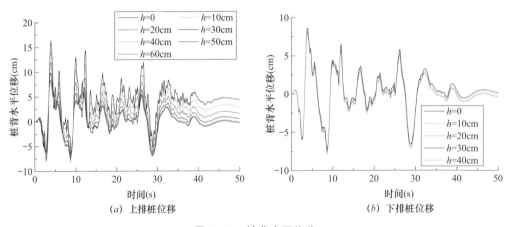

图 6-23　桩背水平位移

（4）锚索轴力响应

为了分析锚索受力规律，监测 22 根锚索自由段端头的轴力，锚固段端头锚索剪切力，如图 6-24 所示。

由锚索轴力响应图（图 6-25）可知，锚索轴力在自由段一致，均较大，故轴力监测点选在锚索自由段端头具有代表性。在锚固段锚索轴力呈台阶状减小。

由图 6-26 典型锚索轴力图可知，地震作用加载前，锚索轴力并不一定均为所加预应力值 350kN，因为出现了应力松弛现象。在地震激振过程中，锚索轴力随之发生变化，之后锚索轴力基本趋于稳定，在振动结束后，锚索轴力基本保持不变。

为了进一步量化分析不同锚索所受轴力，作地震作用加载前锚索轴力值分布图，

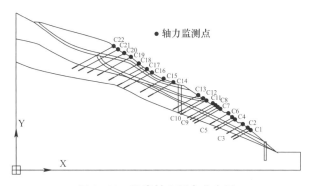

图 6-24　锚索轴力测点分布图

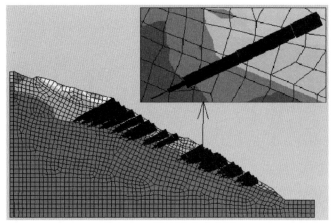

图 6-25　锚索轴力响应图

震后锚索轴力增大值以及锚索轴力稳定值。由图 6-27 可知,震前锚索轴力沿高程增大,坡顶位置的锚索轴力约为 360kN;上排抗滑桩之下 7 根锚索的轴力较为集中,大小在 310～320kN 之间。震后锚索轴力沿高程基本增大。图 6-27(b)所示为震后相比震前的锚索轴力变化值,图中负值表示轴力减小值。由图中可知,坡顶三根锚索轴力减小了,最顶部位置的锚索轴力减小值较大,达到 20kN,其他锚索轴力在地震过程中增大。

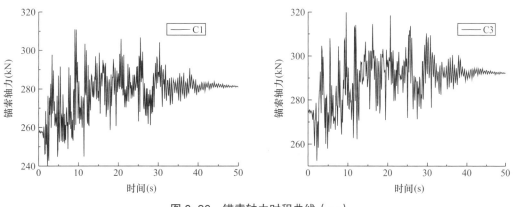

图 6-26　锚索轴力时程曲线(一)

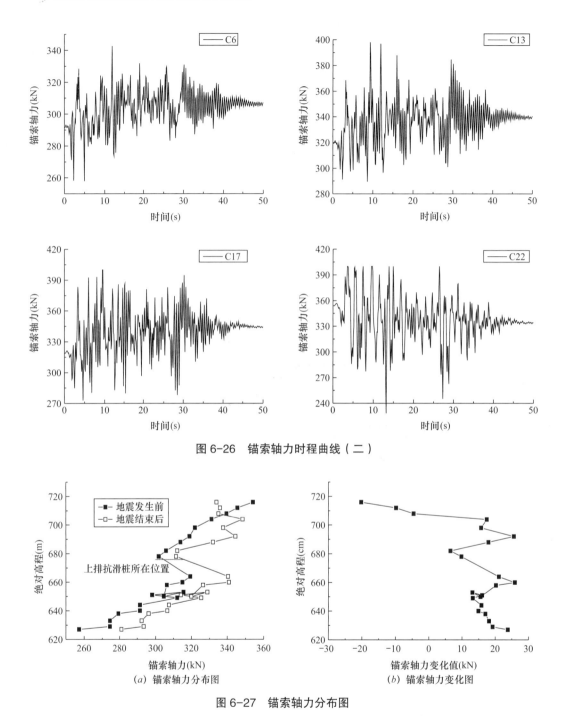

图 6-26 锚索轴力时程曲线（二）

(a) 锚索轴力分布图

(b) 锚索轴力变化图

图 6-27 锚索轴力分布图

（5）稳定性分析

采用强度折减法计算加固边坡的安全系数，图 6-28 所示是强度折减法所得加固边坡的破坏临界位移场。从图 6-28 中可以看出，由于加固结构的施加，边坡滑体发生改变，即边坡会在顶部未加固区域发生滑出破坏，原潜在滑动面不会发生失稳破坏。此时，边坡整体安全系数为 2.45。

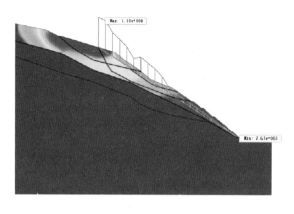

图 6-28　强度折减法所得水平位移场

8. 0.33*g* EL 波作用下天然状态加固边坡稳定性分析

（1）加速度响应

选取不同测点加速度时程曲线的峰值，作加速度放大系数沿高程的分布图（图 6-29）。由图 6-29 中可知，加速度放大系数沿高程整体呈增大趋势。id=1～8 测点的加速度放大系数差异较小，在 1～1.2 范围内；id=8～13 测点之间，加速度放大系数增大速度较快。

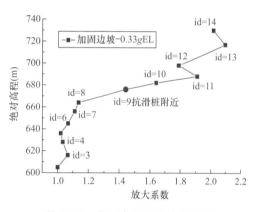

图 6-29　各测点加速度放大系数

（2）位移响应

选取地震过程中 15s、30s 和 40s 三个时间点的动位移云图，分析地震过程中边坡位移的整体分布，如图 6-30 所示。图 6-30 中结果表明，边坡位移主要产生于滑带之上，最大位移产生于泥化夹层顶部出口和坡顶拐点之间，即最顶部锚索之上区域。

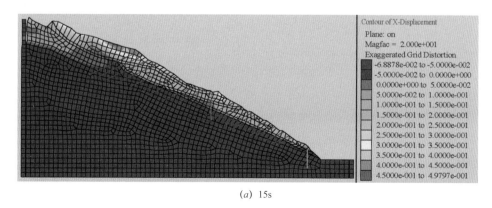

（*a*）15s

图 6-30　边坡绝对位移云图（一）

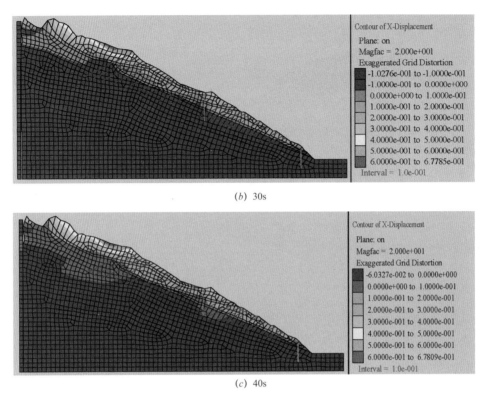

(b) 30s

(c) 40s

图 6-30　边坡绝对位移云图（二）

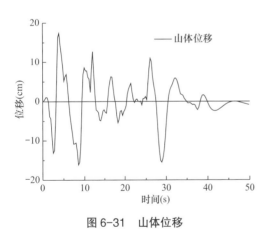

图 6-31　山体位移

为了分析位移的变化规律，对动位移时程曲线进行分离处理，以得到影响边坡稳定性的永久位移，位移分离思路参照前一小节步骤且位移监测点亦与前文一致。其中山体位移如图 6-31 所示，可知其较大值点约发生在 5s、9s 和 30s 时点，在地震结束后，山体位移基本为零。将绝对动位移减去山体位移即得到相对位移，如图 6-32 所示，图中列举了 id=5、8、11、14 四个测点的绝对位移及其相对位移，图中结果表明，由绝对动位移转化为相对动位移，总体趋势没有发生变化，仅为震荡幅值减小。

将相对位移分离得到可恢复位移和永久位移，如图 6-33 所示，永久位移随时间而增大，在 35s 后基本趋于稳定。将坡面的永久位移变化曲线绘于图 6-34，表明永久位移一般先随时间增大，到达 15s 后，位移增大速率减小并逐渐趋于稳定。永久位移增大的区间包含加速度幅值较大点 $t=3s$，$11s$，$25s$。取永久位移的稳定值，也即残余位移，如图 6-35 所示，可知残余位移基本沿高程增大，坡顶残余位移较大，约为 57cm。

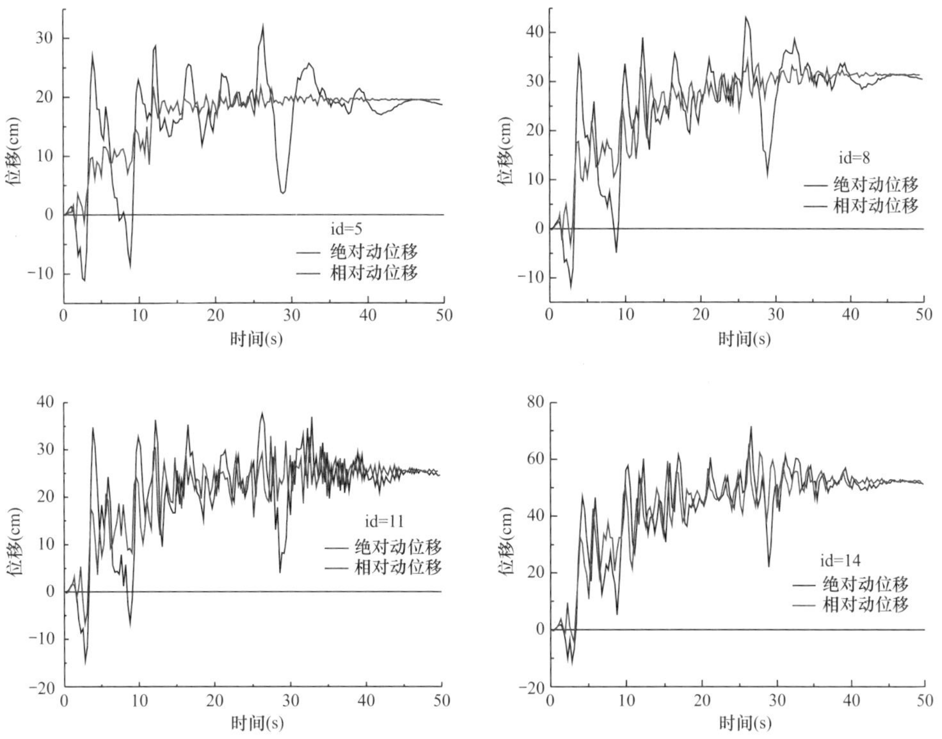

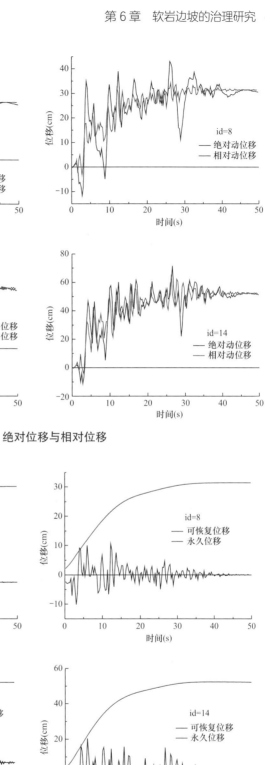

图 6-32　绝对位移与相对位移

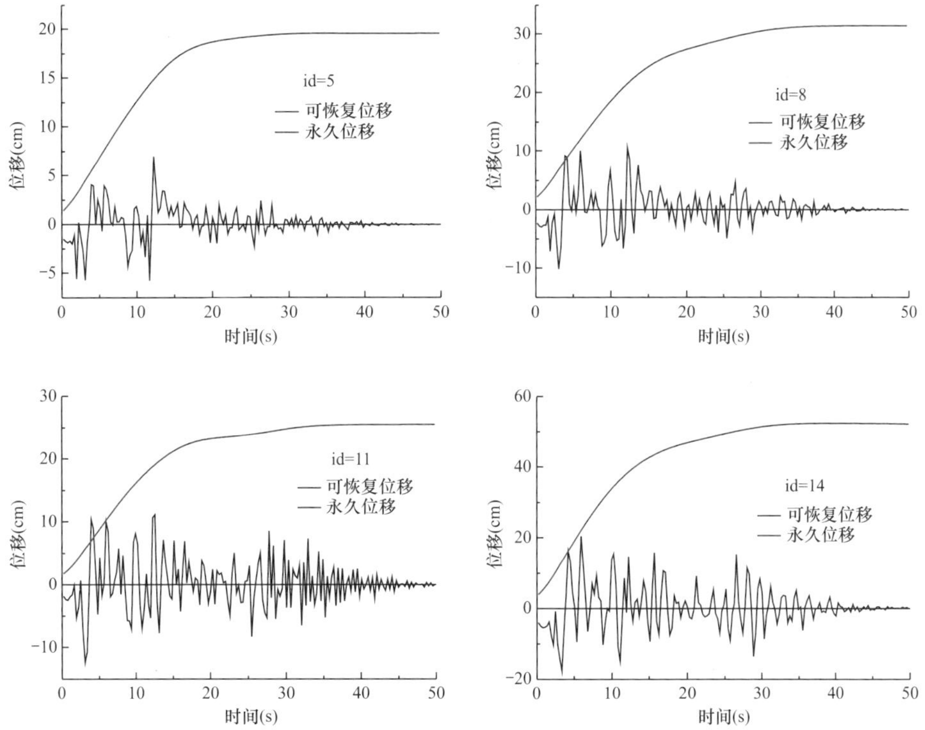

图 6-33　相对位移分离

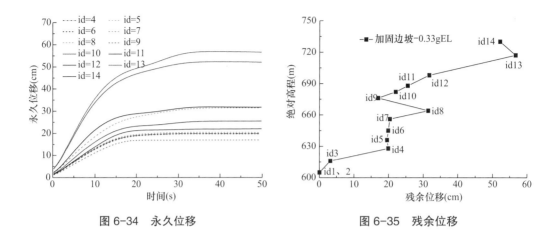

图 6-34　永久位移　　　　　　　　　图 6-35　残余位移

（3）抗滑桩响应

由图 6-36 抗滑桩水平应力时程曲线可知，在振动初期（约为 15s），桩背水平应力随时间波动较大，随后基本趋于稳定，当地震结束后（40～50s），桩背水平应力基本保持不变。由此可选取 40～50s 桩背水平应力的平均值，得到抗滑桩震后稳定应力值，如图 6-37 所示。

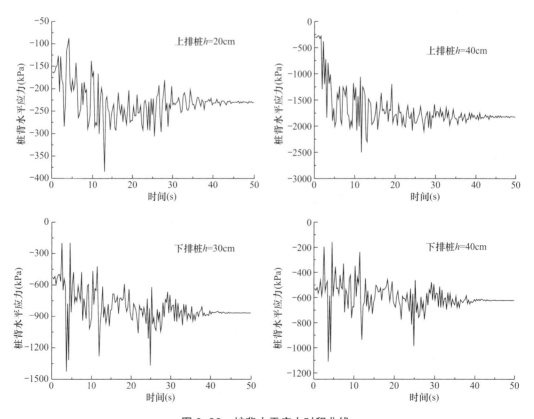

图 6-36　桩背水平应力时程曲线

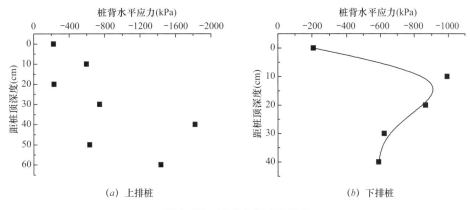

（*a*）上排桩　　　　　　　　　（*b*）下排桩

图 6-37　桩背水平应力分布

（4）锚索轴力

由典型锚索轴力图（图 6-38）可知，其中锚索监测点布置与前节一致。地震作用前，锚索轴力并不一定都为所加预应力值 350kN，这可能是因为出现了应力松弛现象。在地震激振过程中，锚索轴力随之发生变化，之后，锚索轴力基本趋于稳定，在振动结束后，锚索轴力基本保持不变。

为了进一步量化分析不同锚索轴力，地震作用前锚索轴力分布如图 6-39 所示。由图 6-39 中可知，震前锚索轴力沿高程增大，坡顶位置的锚索轴力约为 350kN；除坡顶位置以外，其余位置的锚索轴力均小于施加的锚索预应力 350kN；上排抗滑桩之下 7 根锚索的轴力较为集中，基本为 310kN。震后锚索轴力沿高程基本减小；抗滑桩之下

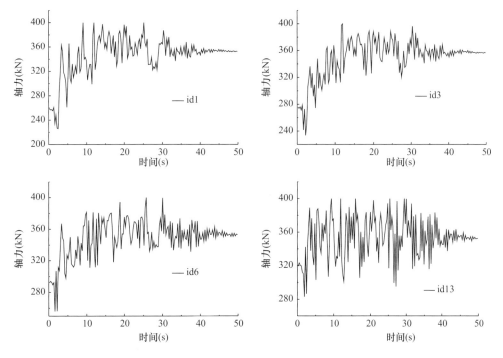

图 6-38　典型锚索轴力时程曲线（一）

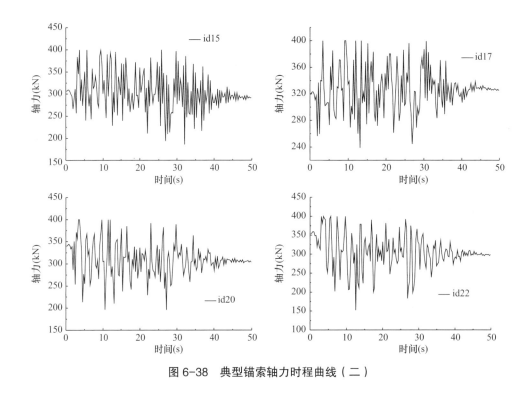

图 6-38 典型锚索轴力时程曲线（二）

锚索轴力较大，约为 350kN；抗滑桩附近的锚索轴力较小，在 310kN 附近。图 6-40 所示为震后相比震前锚索轴力变化值，其中负值表示轴力减小。由图 6-40 中可知，上排抗滑桩之上锚索基本存在 0～60kN 轴力减小值，且沿高程锚索松弛的轴力增大；而上排抗滑桩之下的锚索轴力基本存在 0～100kN 的增加，且沿高程增大，地震过程中增大的轴力值减小。

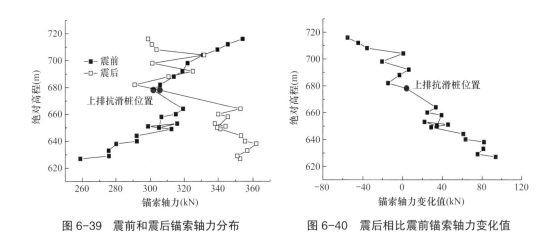

图 6-39 震前和震后锚索轴力分布   图 6-40 震后相比震前锚索轴力变化值

（5）稳定性分析

采用强度折减法计算加固边坡的安全系数。图 6-41 所示是强度折减法所得加固边坡的破坏临界位移场。从图中可以看出，由于加固结构的施加，边坡滑体发生改变，边坡会在顶部未加固区域发生滑出破坏，原潜在滑动面不会发生失稳破坏，得到边坡的安全系数为 2.21。

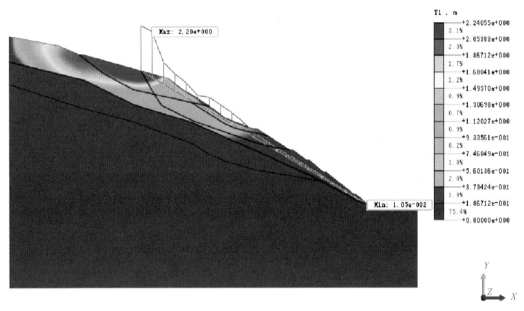

图 6-41　强度折减法所得水平位移场

9. 0.15g EL 波作用下饱和状态加固边坡稳定性分析

（1）加速度响应

选取不同测点加速度峰值，加速度放大系数峰值沿高程的分布如图 6-42 所示，加速度放大系数沿高程整体呈增大趋势。id=1～8 测点的加速度放大系数差异较小，在 1～1.5 范围内；测点 id=9 的加速度放大系数发生突变，约为 2.7，这可能是抗滑桩的加固作用，使得抗滑桩之下的加速度放大系数均较小。

（2）位移响应

选取地震过程中 15s、30s 和 40s 三个时

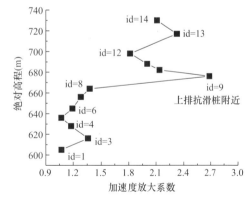

图 6-42　加速度放大系数沿坡面分布

间点的动位移云图，以此分析地震过程中边坡位移的整体分布，如图 6-43 所示。可知位移较大区域集中在泥化夹层和强风化带所形成的软弱带之上，且最大位移集中在坡顶最上端锚索之上。

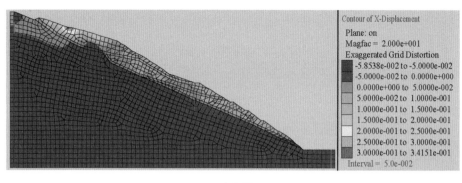

(a) 15s

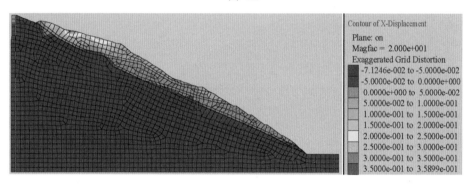

(b) 30s

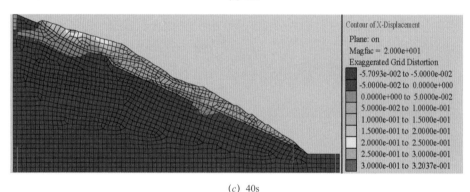

(c) 40s

图 6-43　位移云图

　　对位移变化过程进行分析，按照前述绝对动位移－相对动位移－永久位移的过程进行分步分解。首先由山体位移和绝对动位移得出相对动位移，如图 6-44、图 6-45 所示；然后，将相对动位移分解为可恢复位移和永久位移，如图 6-46 所示。

　　永久位移反映了滑坡体位移的积累，为了分析其变化过程，作图 6-47 所示坡面测点永久位移时程曲线。由图中可知，永久位移在地震振动的前 5s 迅速增大，在 5～10s 内增大速率减小，随后在 10～15s 又开始迅速增大，15s 以后永久位移基本趋于稳定。位移增大的区间基本包含输入加速度较大幅值点 t=3s，11s。坡顶测点 id=14 稳定后的位移较大，约为 19cm。

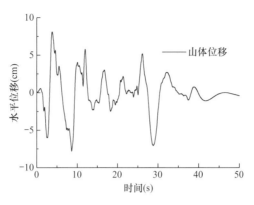

图 6-44　山体位移

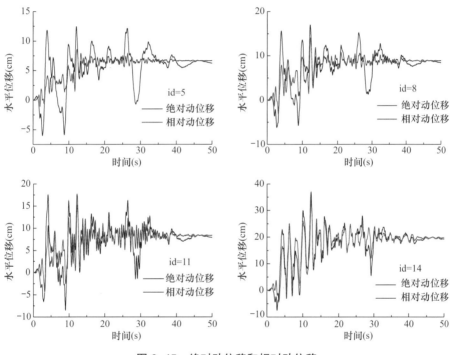

图 6-45　绝对动位移和相对动位移

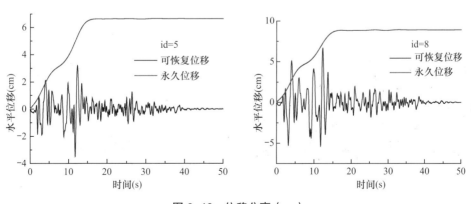

图 6-46　位移分离（一）

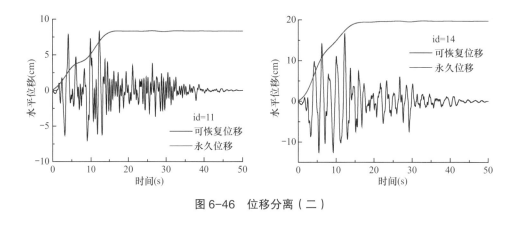

图 6-46　位移分离（二）

　　由图 6-48 所示残余位移沿高程分布可知，残余位移沿高程整体呈增大趋势。坡面抗滑桩以下一定区域残余位移较为一致，约为 7cm。

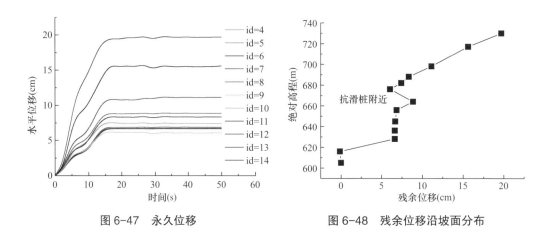

图 6-47　永久位移　　　　　　　　　图 6-48　残余位移沿坡面分布

　　由计算得到"加固边坡在饱和情况下 0.15gEL"的安全系数约为 1.32，边坡处于稳定状态，其剪切应变增量图如图 6-49 所示。

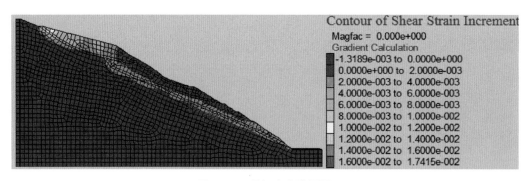

图 6-49　剪切应变增量图

（3）抗滑桩响应

选取上排抗滑桩桩顶以下 20cm 和 40cm，下排抗滑桩桩顶以下 30cm 和 40cm，作其桩背水平应力时程曲线，如图 6-50 所示，图中 h 为距桩顶深度值。由图中可知，在振动初期，桩背水平应力随时间波动较大，随后，应力基本趋于稳定，当地震结束后（40～50s），桩背上的水平应力基本保持不变。由此，可选取 40～50s 桩背水平应力的平均值，得到震后抗滑桩桩背水平应力稳定值，如图 6-51 所示。由图 6-51 可知，总体来说，抗滑桩中部的水平应力较大，顶部水平应力较小。

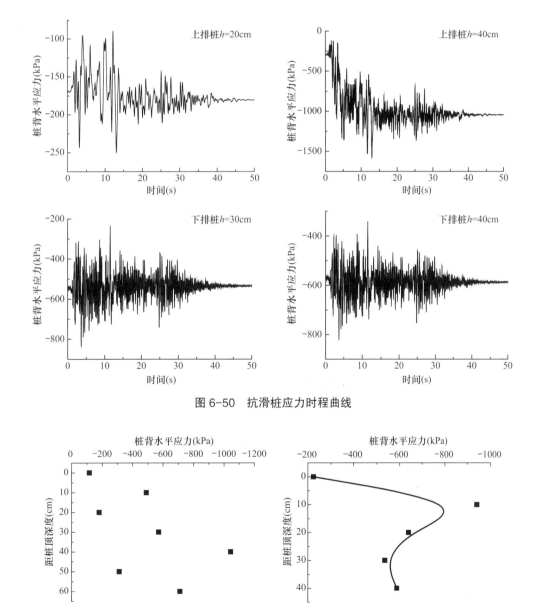

图 6-50　抗滑桩应力时程曲线

（a）上排桩　　　　（b）下排桩

图 6-51　抗滑桩背水平应力分布

由图 6-52（*a*）上排桩背水平位移响应图可知，桩背位移由桩顶往下逐渐减小，桩体中下部位移较小，这与前述抗滑桩桩背中下部水平应力较大基本相对应。此外，桩背位移由桩顶往下逐渐减小可能是因为桩顶部附近的阻抗力较小，在地震过程中，由于土体推力，抗滑桩往临空面方向旋转。下排抗滑桩身位移相差较小（图 6-52*b*），在地震结束后位移基本为零，这表明地震过程中下排抗滑桩主要发生整体水平位移，旋转角度较小，且在地震结束后下排桩基本没有残余位移。

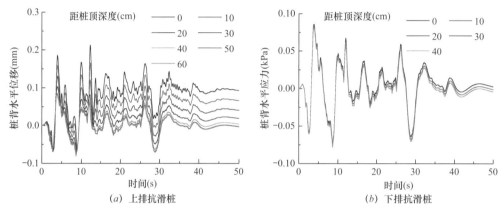

(*a*) 上排抗滑桩　　　　　　　　　　　　(*b*) 下排抗滑桩

图 6-52　桩背水平位移

（4）锚索轴力响应

由图 6-53 锚索轴力响应图可知，锚索轴力在自由段较大，且自由段端头的轴力较大，故锚索轴力监测点选在锚索自由段端头具有代表性。在锚固段锚索轴力逐渐减小。

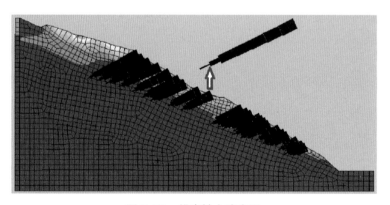

图 6-53　锚索轴力响应图

选取边坡上锚索 C1、C3、C6、C13、C15、C17、C20 和 C22 轴力测点，作其锚索轴力时程曲线。由图 6-54 可知，地震作用加载前，锚索轴力并不一定均为所加预应力值 350kN，因为出现了应力松弛现象。在地震激振过程中，锚索轴力随之发生变化，之后，锚索轴力基本趋于稳定，在振动结束后，锚索轴力基本保持不变。

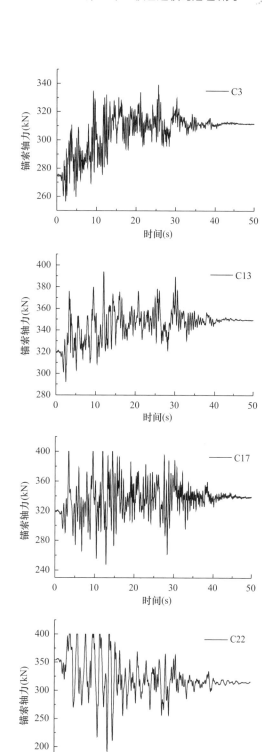

图 6-54　锚索轴力时程曲线

为了进一步量化分析不同锚索所受轴力，作地震荷载加载前锚索轴力值分布图，震后锚索轴力增大值以及锚索轴力稳定值，如图6-55所示。由图6-55可知，震前锚索轴力沿高程增大，坡顶位置的锚索轴力约为350kN。震后锚索轴力沿高程先增大，直至高程达到660m，之后基本趋于稳定。图6-55（b）为震后相比震前的锚索轴力变化值，图中负值表示轴力减小值。再由图中可知，坡顶四根锚索轴力减小了，最顶部位置的锚索轴力减小值较大，达到40kN，其他锚索轴力在地震过程中均增大了，靠近边坡底部的锚索轴力增大量较大。

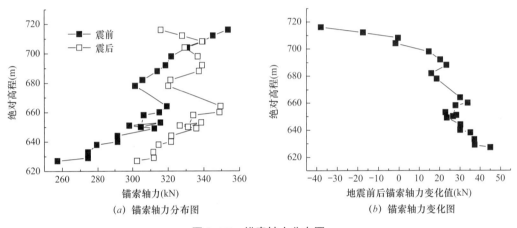

(a) 锚索轴力分布图　　　　(b) 锚索轴力变化图

图6-55　锚索轴力分布图

10. 0.33g EL 波作用下饱和状态加固边坡稳定性分析

（1）加速度响应

选取不同测点加速度时程曲线的峰值，作加速度放大系数沿高程的分布图，如图6-56所示。由图6-56可知，加速度放大系数沿高程整体呈增大趋势。测点 id=8 相比测点 id=9 其加速度放大系数减小量较大，这可能是上排抗滑桩的作用，抑制了其下部坡体的加速度响应。

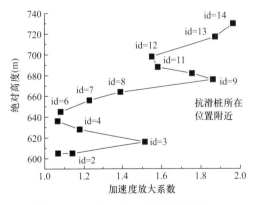

图6-56　加速度放大系数沿坡面分布

（2）位移响应

选取地震过程中 15s、30s 和 40s 三个时间点的动位移云图，以此分析地震过程中边坡位移的整体分布，如图6-57所示。由图6-57可知，位移较大区域集中在泥化夹层和强风化带所形成的软弱带之上区域，坡顶部附近位移较大，出现拉裂趋势。

对位移变化过程进行分析，按照绝对

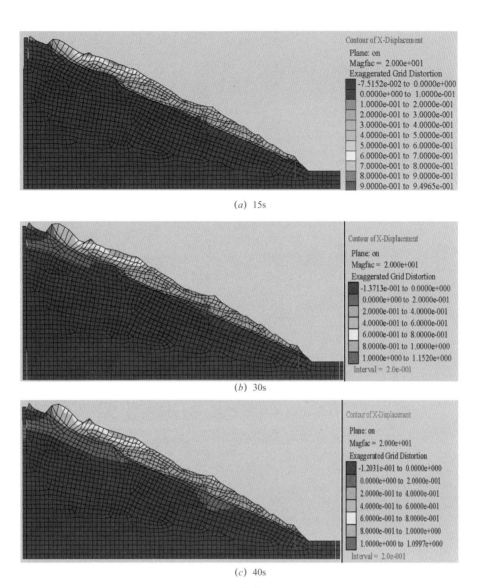

(a) 15s

(b) 30s

(c) 40s

图 6-57 位移云图

动位移—相对动位移—永久位移的过程分步分解。首先由山体位移和绝对动位移得出相对动位移，如图 6-58、图 6-59 所示；然后，将相对动位移分解为可恢复位移和永久位移，如图 6-60 所示。

永久位移反映了滑坡体位移的积累，为了分析其变化过程，作图 6-61 所示坡面测点永久位移时程曲线。由图 6-61 可知，永久位移在地震振动的前 5s 迅速增大，在 5～

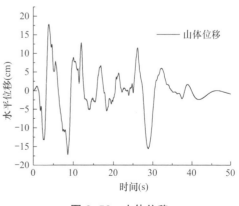

图 6-58 山体位移

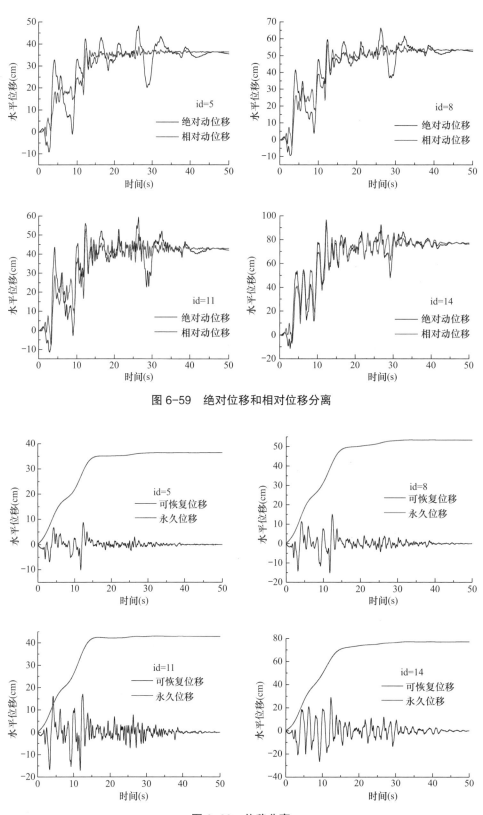

图 6-59　绝对位移和相对位移分离

图 6-60　位移分离

10s 内增大速率减小，随后在 10～15s 又开始迅速增大，15s 以后永久位移基本趋于稳定。位移增大的区间基本包含输入加速度较大幅值点 t=3s，11s。坡顶部测点 id=13 稳定后的位移较大，约为 88cm。

由图 6-62 残余位移沿高程分布图可知，残余位移沿高程整体呈增大趋势，坡顶部位移较大，约为 80cm。坡面抗滑桩以下一定区域残余位移较为一致，约为 38cm。

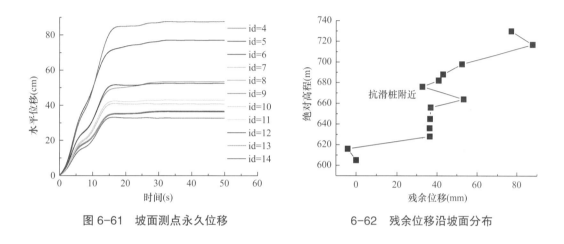

图 6-61　坡面测点永久位移　　　　　6-62　残余位移沿坡面分布

计算得"加固边坡在饱和情况下 0.33gEL"的安全系数约为 1.13，边坡处于稳定状态。其剪切应变增量图如图 6-63 所示。

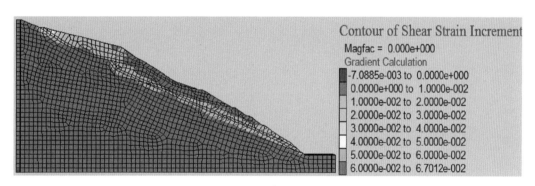

图 6-63　剪切应变增量图

（3）抗滑桩响应

由图 6-64 选取的典型桩背水平应力时程曲线可知，桩背水平应力值先随时间增大，之后趋于稳定，在地震结束后，桩背水平应力基本稳定于某一值。

选取地震结束时抗滑桩桩背水平应力，也即残余水平应力，分析其沿桩身的分布情况，如图 6-65 所示。由图 6-65 可知，上排桩和下排桩背最大残余水平应力均出现在桩中部位置，桩顶部水平应力较小。

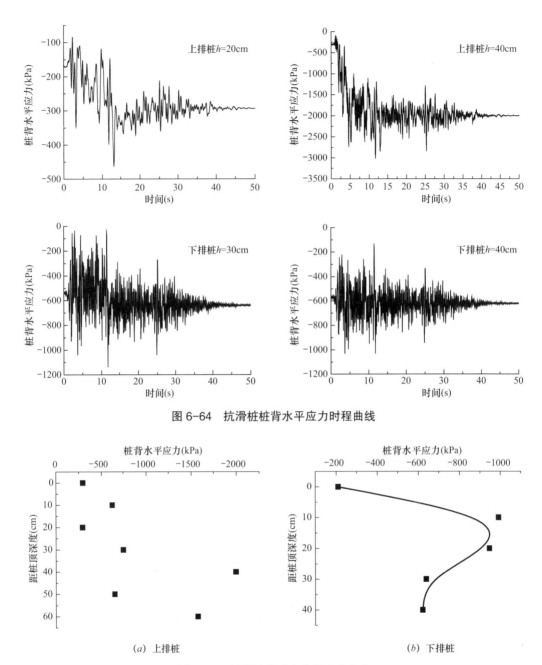

图 6-64　抗滑桩桩背水平应力时程曲线

（a）上排桩　　　　　　　　　（b）下排桩

图 6-65　抗滑桩背残余水平应力分布

　　监测桩背水平位移响应，作不同测点的桩背水平位移时程曲线，如图 6-66 所示。由上排桩桩背位移响应图可知，桩背水平位移由桩顶往下依次减小，这可能是因为桩顶部附近的阻抗力较小，在地震过程中，由于土体推力，抗滑桩往临空面方向旋转。

　　由下排抗滑桩背水平位移响应图（图 6-66）可知，下排抗滑桩身不同位置的位移较为一致，这说明在地震过程中桩体发生整体位移；在地震结束后，桩体位移基本为零。

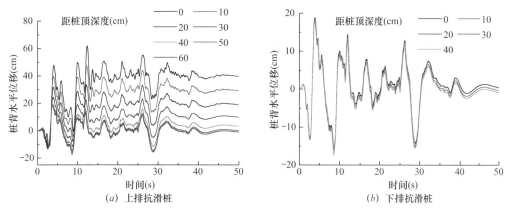

（a）上排抗滑桩　　　　　　　　（b）下排抗滑桩

图 6-66　桩背水平位移

（4）锚索轴力响应

由图 6-67 选取的典型锚索轴力图可知，锚索轴力在 5～35s 内的响应值较大，在 30s 后轴力略有减小并基本趋于稳定。

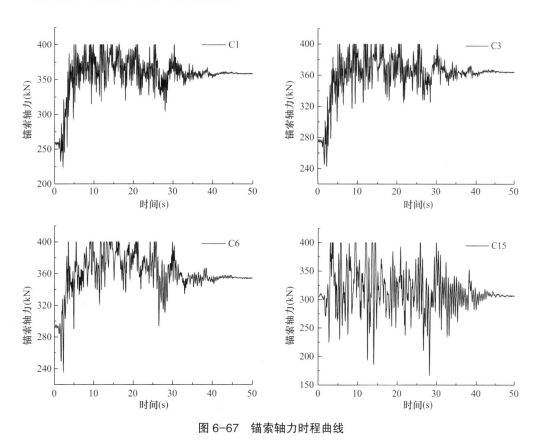

图 6-67　锚索轴力时程曲线

由图 6-68 地震前后锚索轴力沿高程的分布图可知，震前锚索轴力基本沿高程增大，坡顶部锚索达到了 350kN；震后坡顶部附近锚索轴力较小，坡底部附近锚索轴力较大，

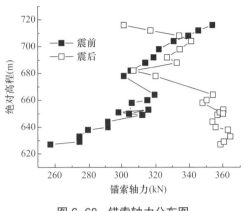

图 6-68 锚索轴力分布图

在 345～370kN 之间。

6.2.3 加固前后的动力响应比较分析

1. 加速度放大系数特性

比较加固前后边坡坡面的加速度放大系数，如图 6-69 所示。由图 6-69 可知，加固前后坡面的加速度分布特征基本一致。高程为 690m 之下，两者的加速度放大系数较为一致；高程为 690m 之上，加固后的坡面加速度放大系数较小。

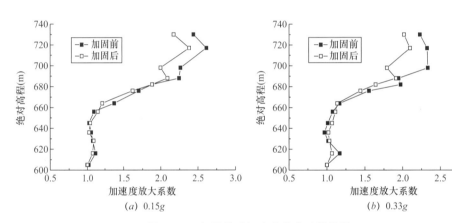

图 6-69 加固前后加速度放大系数比较

2. 位移响应特性

比较地震结束后加固前后坡面相对位移等值线图，如图 6-70 所示。由图 6-70 可知，加固前坡体顶部和中部均存在位移较大区域，加固后，由于锚索的存在，中部位移得到了较大的减小，只存在顶部位移较大区域。

为了比较加固前后边坡位移响应云图，选取 0.33gEL 地震作用下边坡位移响应云

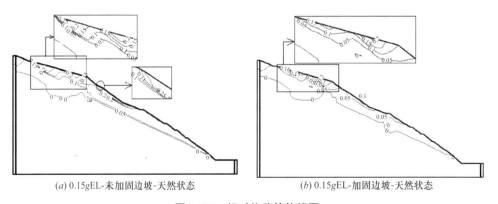

(a) 0.15gEL-未加固边坡-天然状态　　　(b) 0.15gEL-加固边坡-天然状态

图 6-70 相对位移等值线图

图进行对比分析,如图 6-71 所示。由图中可知,未加固边坡在 A 和 B 区域的位移较大,进行支护后,抑制了坡面位移由坡顶部向其下发展的趋势。

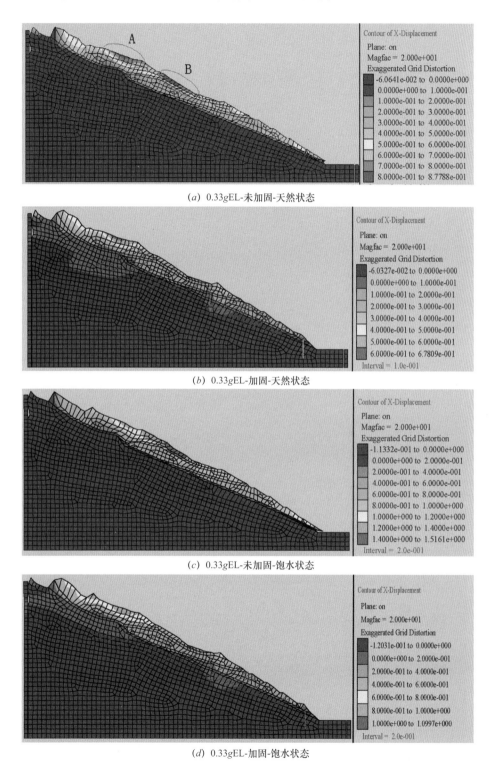

(a) 0.33gEL-未加固-天然状态

(b) 0.33gEL-加固-天然状态

(c) 0.33gEL-未加固-饱水状态

(d) 0.33gEL-加固-饱水状态

图 6-71　加固前后边坡位移相应云图

由图 6-72 所示加固前后坡面位移比较可知，坡面位移均沿高程整体呈增大趋势，加固后坡面位移得到了较大减小。

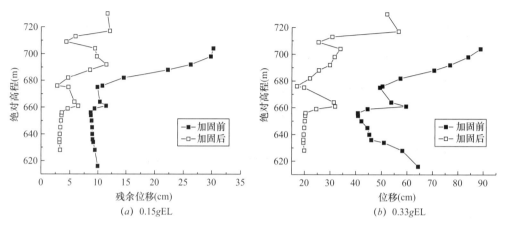

图 6-72　加固前后位移比较

3. 桩背抗滑桩特性

由抗滑桩桩背水平应力分布图（图 6-73）和抗滑桩桩背水平应力峰值列表（表 6-2）

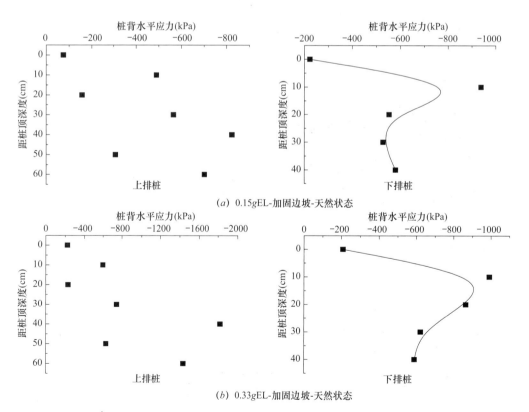

图 6-73　抗滑桩桩背水平应力分布（一）

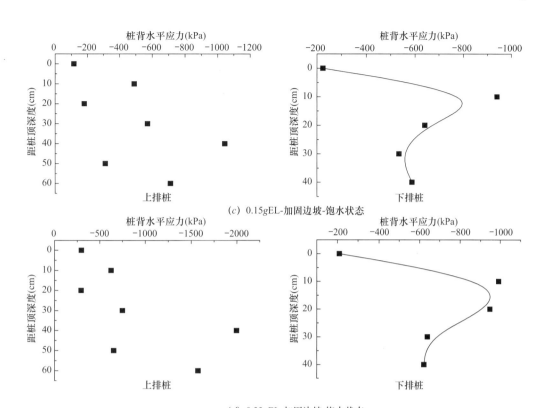

(c) 0.15gEL-加固边坡-饱水状态

(d) 0.33gEL-加固边坡-饱水状态

图 6-73　抗滑桩桩背水平应力分布（二）

抗滑桩桩背水平应力峰值　　　　　　　　　　　表 6-2

桩背水平应力（kPa）	0.15g		0.33g	
	天然状态	饱水状态	天然状态	饱水状态
上排抗滑桩	823	1044	1821	1996
下排抗滑桩	939	940	991	992

可知：①抗滑桩桩体中下部水平应力较大，桩顶部水平应力较小；②饱水后上排桩桩背水平应力峰值大于饱水前的，但这对于下排桩现象不明显；③ 0.33gEL 作用下上排抗滑桩桩背水平应力远大于 0.15gEL 作用下的应力响应值，甚至前者峰值为后者的两倍，然而增大输入波加速度幅值对下排桩受力影响并不明显。

4. 锚索轴力响应特性

由图 6-74 锚索轴力沿高程分布图可知：① 0.15g EL 作用下天然状态和饱水状态下锚索轴力沿高程分布较为一致，均在 620～660m 沿高程而增大；② 0.33g EL 作用下锚索轴力沿高程呈减小趋势；③饱水状态的锚索轴力基本大于天然状态下的锚索轴力；④四种工况下在高程为 660m 位置的锚索轴力均较大；⑤锚索轴力均未超过设计值370kN。

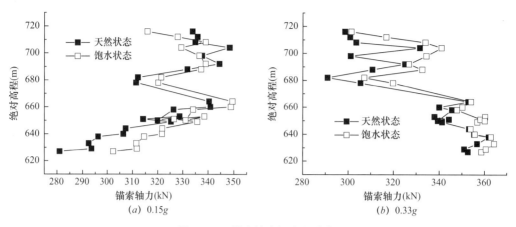

图 6-74　锚索轴力沿高程分布

第7章 软岩边坡振动台模型试验研究

近年来，四川地区相继发生了汶川、芦山地震，地震造成大量的山体滑坡，给人民的生命财产造成了重大损失。保障边坡抗震安全已经成为我国社会、经济发展的迫切需求。由于锚杆（预应力锚索）和抗滑桩能够与支护坡体形成一个整体，在地震作用下变形能够协调一致，这种支挡结构具有很好的抗震性能，已经在汶川地震中得到了检验。过去对此支挡结构的抗震试验研究集中在单一的抗滑桩或锚杆上，两者共同作用的大型动力试验尚未见报道，主要是通过理论推导及数值模拟来分析动力特性，由于地震的复杂性，使得计算结果同实际具有较大差异性，锚杆和抗滑桩联合支护的受力情况、抗震性能以及边坡的破坏过程尚缺乏大型试验论证，相关研究难以满足实践的需要。本章对飞凤山中低放固体废弃物处置场高陡边坡在大型振动台试验下的地震稳定性及加固处置措施等进行了研究。

7.1 概述

7.1.1 振动台模型试验

物理模型试验方法是研究边坡地震稳定性的重要手段之一。由于土工建筑物本身的复杂性及荷载的多变性，动力计算中对材料特性、计算模型等方面尚待探求和完善，许多计算方法不能很好地反映地震的动力反应的真实过程。此外，由于强震区实际震害资料和地震记录的缺乏，许多计算方法和计算程序无法得到很好的验证。而抗震模型试验是在一定的控制条件下为研究结构的性状和影响因素而进行的试验，能够较真实直观地反映岩土边坡的薄弱部位及渐进破坏机理和稳定性程度，便于直接判断边坡的地震稳定性，具有良好的可重复性，易于控制，同时也是检验各种数值模拟结果的重要依据之一，受到许多国内外学者的青睐。

边坡动力模型试验的方法主要有三种：离心模型试验、爆炸模型试验及振动台模型试验。离心模型试验是将土工模型置于高速旋转的离心机中，让模型承受大于重力加速度的离心加速度的作用，补偿因模型缩尺带来的土工构筑物自重的损失，从而保持模型的应力状态与原型相同或近似。振动台试验方法是根据相似模型试验原理，通过室内进行振动试验，能最直接、最真实地反映岩土体结构在地震过程中的受力性能和破坏特征，地震模拟振动台试验可通过过程模拟再现来研究结构物在振动作用下的反应和地震破坏机理以及抗震、减震或避震措施。

振动台试验能准确输入实际的地震波、较为精确地采集试验数据，在满足相似律条件下能较真实、直观地反映支护边坡的动力响应和破坏机制，尽管存在难以解决重力相似问题，但因试验技术比较成熟，具有尺寸大、可重复性、可操作性等优势。只要采用合适的相似律，就能够得到较好的试验结果，是研究地震作用下边坡动力问题的重要手段之一。

振动台模型试验的发展始于 20 世纪 60 年代中期，首先是在多地震的美国和日本建造起来的。据不完全资料统计，美国已建成五台，而日本建有近 40 台，其中包括世界上最大的 15m×20m 双向振动台和中型三向振动台。其他有地震的国家，如墨西哥、加拿大、法国、伊朗、南斯拉夫、意大利、罗马尼亚等国也建成了不同规模的地震模拟振动台。在国内，自唐山大地震后各单位也相继建造了一批地震模拟系统。振动台发展性能指标如下：

（1）规模：目前随着要求提高，振动台的规模越来越大，甚至进行原型模型试验，例如日本科学技术厅和国立防灾科学技术研究所建于 1998 年的世界上最大的地震模拟振动台，台面尺寸 15m×20m，最大载荷 1200t。

（2）激振方向：1971 年前，均为单向运动或二向转换运动；之后，美国和日本最先建成了双向振动台。1978 年以后，开始研制三向六自由度振动台。随着抗震工作研究的深入，地震模拟系统也越来越完善。

（3）驱动方式：目前地震模拟系统的动力源多以电液伺服为主，大中型均采用此种方式，小型设备采用电动驱动。

（4）控制方式：开始阶段均为位移控制，之后逐渐采用加速度讯号直接控制，由三参量输入和反馈组成控制系统，可直接使用强地震纪录，扩宽使用频带，使工作稳定。

7.1.2　大型振动台主要特性及参数简介

飞凤山加固整治设计方案振动台模型试验在中国核动力研究设计院的大型高性能地震模拟试验台上进行。该振动台拥有 6 个自由度（沿 3 轴平动和绕 3 轴转动），台面尺寸 6m×6m，最大负载 600kN，水平向最大位移为 ±150mm，垂直向最大位移为 ±100mm；满载时水平向最大加速度为 1.0g，垂直向为 0.8g；空载时水平向最大加速度为 3g，垂直向为 2.6g，频率范围为 0.1～80Hz。试验采用 128 通道 BBM 数据采集系统，最大引用偏差≤0.5%；信号适调仪接电荷转换器以转换电压信号，最大引用偏差≤1%，数据采集、监测信号和在线分析同步进行。振动台及数据系统如图 7-1 所示。

(a)　　　　　　　　　　　　　　　　(b)

图 7-1　振动台及数据系统

7.2　加固整治后飞凤山边坡振动台模型试验

7.2.1　工程概况

在山区工程建设中，含软弱夹层的斜坡、硐室、坝基和场地的工程稳定性十分重要。相较于周围岩石，软弱夹层弹性模量较小、强度较低，在突发地震作用时可能发生失稳，软弱夹层往往起着控制变形破坏的关键作用。

根据飞凤山（图 7-2）典型高边坡的地形地貌、地质剖面、岩层界面、泥化夹层、支护设计方案等，分别构建有地下水和无地下水模型，然后利用振动台试验装置给这两个模型施加地震激励（1 个汶川地震记录、1 个 ElCentro 地震记录），且加速度峰值分别是 0.15g 和 0.33g，评价模型边坡坡面的位移状况、加速度沿坡面与坡高的放大特性、地震对边坡岩体松动的影响范围、支护设计中格构锚索的变形与轴力变化、抗滑桩的受力特性等。本振动台试验进行一个台次，共计两个试验模型，一个模拟有地下水情况（考虑泥化夹层饱和），一个模拟无地下水情况（泥化夹层处于天然含水状态）。

图 7-2　飞凤山边坡全貌

7.2.2 模型试验相似关系设计

限于试验设备和场地的大小，大型结构物只能以缩尺模型进行试验。而模型试验的可靠性很大程度上取决于模型能否真实地再现原型结构体系的实际工作状态。为了使模型试验结果尽可能真实地反映原型结构体系的性状，在模型设计中必须考虑模型与原型的相似性，包括几何形状、材料特性、边界条件、外部影响（荷载）和运动初始条件等的相似。只有建立合理的相似关系，模型试验成果才能更好地反映工程实际情况。相似理论不仅确定了将模型试验数据推算到原型上的换算法则，更重要的是规定了原型和模型间相似所必须满足的模拟条件。对于大多数振动台试验，原型与模型之间相似关系是基于量纲分析法和控制方程法建立起来的。

选取几何尺寸（L）、质量密度（ρ）以及输入地震动加速度（a）三个参数作为控制量，综合考虑试验模型尺寸限制和实际边坡大小，确定本次试验的几何尺寸相似常数为100、质量密度为1、输入加速度为1。经 π 定理推导得到本模型试验采用的相似关系见表7-1。

试验模型相似关系　　　　　　　　表7-1

序号	物理量	量纲（质量系统）	相似常数-顺层坡（原型/模型）	备注
1	几何尺寸（L）	$[L]$	$CL=100$	控制量
2	质量密度（ρ）	$[M][L]^{-3}$	$C\rho=1$	控制量
3	输入地震动加速度（a）	$[L][T]^{-2}$	$Ca=1$	控制量
4	弹性模型（E）	$[M][L]^{-1}[T]^{-2}$	$CE=100$	
5	应力（σ）	$[M][L]^{-1}[T]^{-2}$	$C\sigma=CL=100$	
6	应变（ε）	1	$C\varepsilon=1$	
7	作用力（F）	$[M][L][T]^{-2}$	$CF=CL3=1000000$	
8	速度（v）	$[L][T]^{-1}$	$Cv=CL1/2=10$	
9	时间（t）	$[T]$	$Ct=CL1/2=10$	
10	位移（u）	$[L]$	$Cu=CL=100$	
11	角位移（θ）	1	$C\theta=1$	
12	频率（ω）	$[T]^{-1}$	$C\omega=CL-1/2=0.1$	
13	阻尼比（λ）	1	$C\lambda=1$	
14	内摩擦角（φ）	1	$C\varphi=1$	

7.2.3 模型箱

在岩土工程振动台模型试验中，模型箱类型有：层状剪切变形模型箱、碟式容器、普通刚性箱加内衬和柔性容器等。为减小模型箱产生边界效应，通常可采取如下措施：（1）对于常规刚性模型箱，在模型振动方向两端壁加贴吸波材料，吸波材料可用厚橡胶皮制作，实现避免振动波在模型箱边界的反射；（2）研制特殊的叠层式模型箱，其水平方向的剪阻力非常小，可以有效地消除振动波在模型箱边界的反射。一般来说，剪切变形模型箱能自由发生沿振动方向的水平剪切变形，对岩体的剪切变形约束作用很小，岩体和模型箱的阻尼也不会对模型动力反应产生不良影响，模拟效果较好。

鉴于模型规模及刚度的要求，本试验拟采用钢板 + 型钢 + 有机玻璃制作的一端开口刚性模型箱，内空尺寸拟为 3.5m×1.5m×2.5m（长×宽×高）。试验中通过在振动方向的岩体后壁内衬 10mm 厚泡沫垫层，模拟吸波材料，以减小振动波在边界的反射。同时，如需消除箱侧壁的摩擦约束，箱壁应光滑，由于本试验所用的有机玻璃本身比较光滑，所以消除了箱侧壁摩擦约束对试验的影响。试验用模型箱如图 7-3 所示。

图 7-3 试验用刚性模型箱

7.2.4 试验模型制作

1. 边坡模拟材料

边坡受风化、构造等影响岩体破碎，岩块间粘结强度不高。本试验采用碎石 + 膨润土模拟边坡岩体，其中碎石模拟边坡岩块，膨润土模拟岩块间的胶结物，如图 7-4 所示。土石混合比由室内试验根据岩体经相似比折算后的强度确定，其中，采用黏土模拟上覆第四系覆盖层，利用碎石土模拟强风化层和格构间的人工覆盖层。

2. 潜在滑动面模拟方法

根据室内试验结果，本次试验确定了细砂 + 黄油 + 薄膜的方法来模拟边坡潜在滑动面，如图 7-5 所示。通过控制不同的配比来调节各个潜在滑动面的抗剪强度参数，达到分别模拟潜在滑动面的目的。

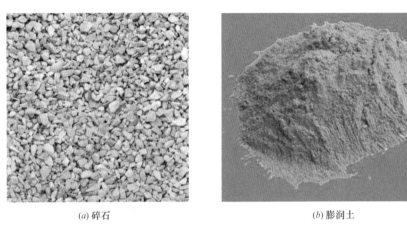

(a) 碎石   (b) 膨润土

图 7-4　边坡模拟材料

(a) 工业用黄油   (b) 细砂

(c) 薄膜

图 7-5　潜在滑动面模拟材料

3. 地下水影响的模拟方法

试验中，通过充水饱和泥化夹层的方法来模拟地下水对试验边坡的影响。无地下水工况，则不对试验模型中泥化夹层做饱水处理。泥化夹层的饱和采用预埋于泥化夹层中的 PVC 管留孔渗水的方法，如图 7-6 所示。

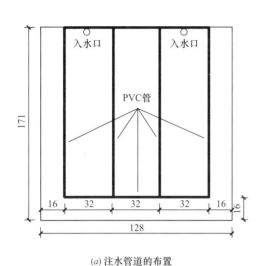

(a) 注水管道的布置

(b) 试验中向泥化夹层中注水

图 7-6　地下水模拟

振动台试验设备对防水具有十分严格的要求，在对试验模型进行饱水处理之前，需要对试验模型箱用玻璃胶进行防渗处理，在箱内铺设一层厚的透明防水胶布，并在振动台面与模型箱之间铺设防水胶布。在试验过程中，准备大量吸水海绵，以便在试验中模型箱漏水时能快速吸收渗出的水。

4. 泥化夹层模拟方法

泥化夹层的模拟根据现场实测的泥化夹层物理力学参数，采用成都黏土和水，在室内开展一系列试验，确定重塑水泥比。在试验现场根据室内试验确定的水泥比，现场重塑制作泥化层。现场勘察资料表明，泥化夹层的厚度在 10～15cm，根据相似比折算后试验中模拟的泥化层的厚度约为 1.0cm。

5. 预应力锚索模拟方法

为方便应变片的粘贴，本试验中锚索采用尺寸约为 5mm×1mm（宽 × 厚）的钢片模拟，锚固角、锚索自由段以及锚固段长度根据实际工程锚固设计资料确定。应变片粘贴位置以锚索外露点为起点，粘贴的深度不超过锚固段长度，如图 7-7 所示。

在边坡砌筑过程中利用 PVC 管预留锚固孔，边坡模型砌筑完成后在预留孔内放入预制好的锚固段，之后拔出 PVC 管。在锚固段填入砂子，并按一定的夯击次数将锚固段周围砂子夯实，夯击次数由现场抗拔试验确定。试验模型中，锚索抗拔力根据原型边坡锚索抗拔力设计值经相似比折算得到。在锚索端头连接螺杆和轴力计，通过旋转螺杆上的螺帽对锚索施加预应力，预应力施加过程根据轴力计的读数进行控制，预应力施加目标值由原型边坡锚索预应力设计值经相似比折算得到。

(a) 锚索模拟材料及应变片粘贴   (b) 预应力锚索安装预留孔洞

图 7-7　预应力锚索模拟

6. 抗滑桩的模拟

试验边坡由坡脚单排抗滑桩＋预应力锚索格构组合结构加固，抗滑桩采用预制混凝土桩进行模拟，如图 7-8 所示。试验中抗滑桩按刚性桩考虑，即不考虑桩体的弯曲变形，因本试验采用的相似比较大，试验中极小的弯曲变形经相似比折算后反映在原型中将是极大的弯曲变形，这可能导致试验桩体和原型桩体变形破坏出现非一致性的现象。

图 7-8　预制抗滑桩模拟

图 7-9　格构梁模拟材料（有机玻璃）

7. 格构梁模拟

试验中拟测试格构梁与坡体之间的土压力，为减少试验模型的制作时间，同时保证格构梁在坡面临空面方向不发生变形，同时保证与实际工程中的格构梁具有相近的抗弯刚度，本试验拟采用有机玻璃来模拟格构梁，如图 7-9 所示。

8. 模型力学参数

模型试验主要力学参数见表 7-2。

振动台试验中试验模型物理力学参数　　表 7-2

材料	密度 ρ（g/cm³）	弹模 E（MPa）	内摩擦角 φ（°）	黏聚力 c（kPa）	泊松比 μ
基岩部分	2.7	10.1	42	7.4	—
软弱夹层	1.8	0.012	12/9	0.75	—
表层基覆土	2.5	9.8	40	6.0	—

注：表中"12/9"表示"饱和状态参数/天然状态参数"。

7.2.5　加载工况

为了能更准确地反映场区地震动的特点，本次试验天然波选用 2008 年汶川地震中实测的清平台站地震记录。此外，试验中还选用了当前地震工程中广泛使用的 El Centro 地震记录，见表 7-3。

振动台试验加载工况　　表 7-3

工况	地震激励波	峰值（g）	工况	地震激励波	峰值（g）
1	白噪声	0.05	13	白噪声	0.05
2	El Centro		14	El Centro	
3	WenChuan	x、z 0.1	15	WenChuan	x、z 0.33
4	人工波		16	人工波	
5	白噪声	0.05	17	白噪声	0.05
6	El Centro		18	El Centro	
7	WenChuan	x、z 0.15	19	WenChuan	x、z 0.4
8	人工波		20	人工波	
9	白噪声	0.05	21	白噪声	0.05
10	El Centro		22	El Centro	
11	WenChuan	x、z 0.2	23	WenChuan	x、z 0.5
12	人工波		24	人工波	

归一化后的两种地震波如图 7-10 所示。

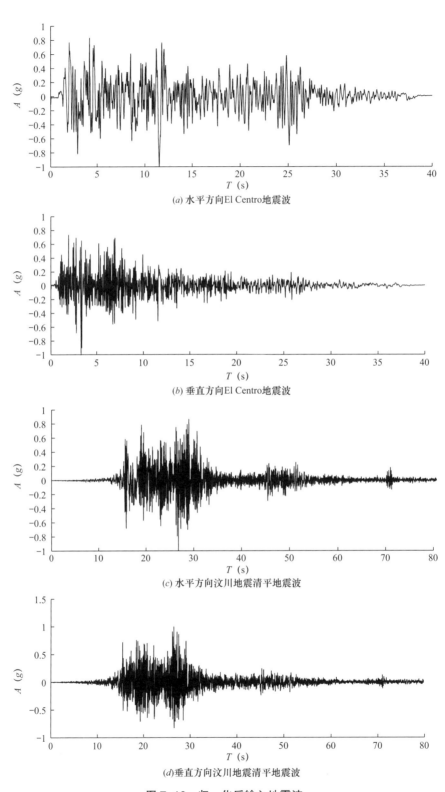

(a) 水平方向El Centro地震波

(b) 垂直方向El Centro地震波

(c) 水平方向汶川地震清平地震波

(d)垂直方向汶川地震清平地震波

图7-10　归一化后输入地震波

7.2.6　传感器布置

振动台试验主要监测的物理量包括加速度、锚索轴力、锚头锚固力，主要测量设备包括加速度传感器、应变片、土压力盒、拉力传感器、激光位移计等。试验中传感器的布置如图 7-11、图 7-12 所示，其中，图中 A 表示单向加速度计，阿拉伯数字表示的传感器为三向加速度计，JG 表示激光位移计。另外，应变片和轴力计均布置在预应力锚索的自由端，土压力计采用桩前 3 个、桩后 5 个等间距的方式进行布设。传感器如图 7-13～图 7-16 所示。

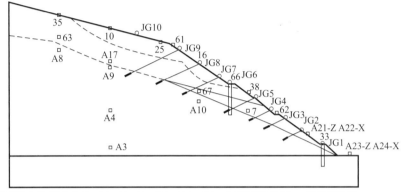

应政片楼号从上到下依次为S2、S4、S6、S8、S10、512、514，对应基测为40-53。（核动院数采）
拉力传感然编号从上到下依次为T2、T4、T6、T8、T10、T12、T4，对应通道为1-7。（东华数采）
坡脚抗滑桩土压力编号为桩前D17、D18、D19、D20、D21，桩后D22、D23、D24，对应通道为8-15。（东华数采）
加速度对应通道A21-17、A22-18、A23-19、A24-20、A3X-21、A3Z-22、A4X-23、A4Z-24、A8X-25、A8Z-26、
A9X-27、A9Z-28.A10X-29、A10Z-30。（东华数采）

图 7-11　试验中天然状态边坡传感器布置图

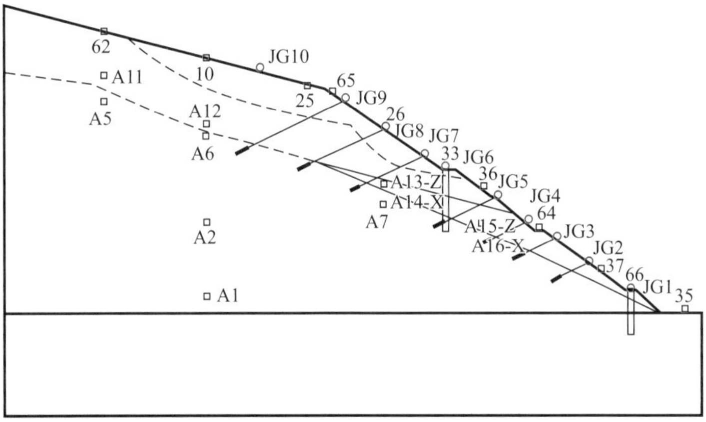

应变片输号从上到下依次为S1、53、55、87、S9、S11、S13，对应通道力36-49。（核动院数采）
拉力传感器编号从上到下依次为T1、T3、T5、7.T9.T1l、T13，对应通道为17-23。（东华出采）
接中和算即抗确到土压力编号为桩前D1、D2、D3、D4、D5、D9、D10、Dl1、D12、DiB，往店D6、
D7、D8、D14、D15、D16，对应通道为1-16。W（东华数采）
加速费对应造道A14-24、A16-25、AIX-26、A2X-27、A5X-28、A6X-29、A7X-30、A11X-31、A12X-32。
（东华数采）

图 7-12　试验中饱和状态边坡传感器布置图

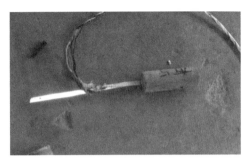

图 7-13　锚索自由段应变测量

图 7-14　桩上土压力测试

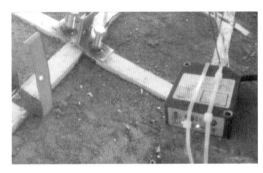

图 7-15　激光位移计

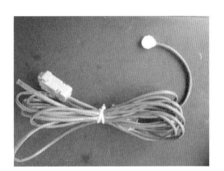

图 7-16　普通土压力盒

7.3　加固整治后飞凤山边坡振动台模型试验结果分析

7.3.1　边坡锚索轴力响应

1. 试验锚索介绍

振动台模型试验以飞凤山典型断面为对象，支护措施为矩形格构锚索（杆）+ 抗滑桩 + 截排水沟 + 坡面绿化，采用人字形格构，格构布置间距 4.0m×4.0m，主梁截面尺寸 0.4m×0.4m，人字梁截面尺寸 0.3m×0.4m，格构梁埋入坡面 0.2m，底梁截面 0.4m×0.6m，埋入地面 0.3m；锚杆倾角 25°，长 4.5m，采用 1 根 ⏀25 钢筋制作，钻孔孔径 75mm，设计抗拔力 120kN。锚索采用 5 束 ϕ15.2 钢绞线制作，锚索成孔直径 ϕ130，锚固段长 7m，锚索锚固于中风化泥质页岩，锚索抗拔力 400kN。

模型试验中锚索的布置如图 7-17 所示，从上到下依次用该锚索所代表的原型边坡的高程来表示，通过锚索轴力传感器来监测地震作用下锚索轴力的响应规律，测试精度为 0.1N。

测量锚索轴力的传感器为江苏溧阳市科发测试仪器厂生产的 YBY-300 型拉力传感器，该企业与国内著名院校和科研单位密切合作，集产品研发、应用和生产为一体，产品品种多样、规格齐全，可根据不同用户的需求研发具有特殊应用的特色新产品，本次测量锚索轴力的传感器是根据我方的设计外观图进行制作的，量程 300N，传感器及其参数如图 7-18 和表 7-4 所示。

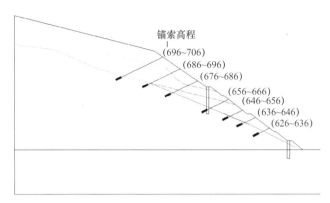

图 7-17　振动台模型试验锚索测点布置及其控制高程示意图

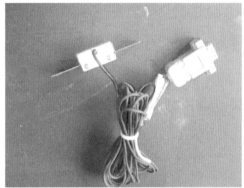

图 7-18　锚索轴力传感器示意图

拉力传感器测试精度参数表　　　　　　　　　　　　　　　　表 7-4

编号	应力应变方式（uε/N）	桥式传感器方式（mv/N）桥压 2V
4927	2.06	0.00206
4928	2.06	0.00206
4929	2.15	0.00215
4930	2.15	0.00215
4931	2.12	0.00212
4932	2.11	0.00211
4933	2.12	0.00212
4934	2.14	0.00214
4935	2.14	0.00214
4936	2.11	0.00211
4937	2.08	0.00208

续表

编号	应力应变方式（uε/N）	桥式传感器方式（mv/N）桥压 2V
4938	2.14	0.00214
4939	2.12	0.00212
4940	2.07	0.00207
4941	2.07	0.00207
4942	2.1	0.0021
4943	2.14	0.00214
4944	2.1	0.0021
4945	2.07	0.00207
4946	2.07	0.00207
4947	2.13	0.00213
4948	2.11	0.00211
4949	2.12	0.00212
4950	2.11	0.00211

通过在锚索自由端钻 ϕ3mm 小孔与轴力计一端进行连接，另一端采取相同的办法伸出格构梁外，然后与制作的特殊装置进行连接，固定在框架梁的表面，通过框架梁锚头两端螺栓的升降来施加预应力。在施加预应力的过程中，采用 DH5923 动态数据采集仪实时监测锚索轴力的变化，待轴力达到预期的设计值时停止加载，等待 30min 后卸载，然后继续加载→卸载→再加载，循环 5 次，给予锚固段和格构梁间的土体充分时间进行调整并在振动台模型试验开始之前再加载至设计值，以尽量减少由于土体与框架梁之间的蠕变变形导致的锚索预应力的损失，从而使测量结果最真实地反映锚索在地震作用下的响应，如图 7-19～图 7-22 所示。

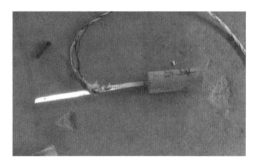

图 7-19　锚索自由端钻孔示意图

图 7-20　预应力施加装置

依据相似比进行折算后，在进行振动台试验时每孔锚索的设计锚固力约为 30N，若采用水泥砂浆作为粘结材料所提供的锚固体太大，使坡体在地震作用下基本无变形，足够稳定，不能很好地模拟地震作用下飞凤山场地的稳定性，容易使试验失真。本次振动台模型试验之前通过一系列的小实验来进行锚索材料的选择，通过对不同材料（主要包括软质 PVC 胶片，5mm×0.3mm，15mm×5mm，10mm×3mm 钢板）在施加 30N 左右力时的应变变形量，最终选择 5mm×0.3mm（宽×厚）的 Q235 钢板来模拟锚索，并且柔性较好，能够更加实际地模拟现场锚索的工作原理。模型试验时的基岩材料充当粘结物，人工捣实 30～50 次即可提供 50N 左右的锚固力，这与试验所需的 30N 的锚固力位于同一量级，较为接近，如图 7-23、图 7-24 所示。

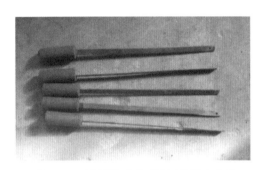

图 7-21　锚固段试验时锚固体及自由端

图 7-22　实测锚固段拉拔试验

图 7-23　锚索模拟材料选择试验

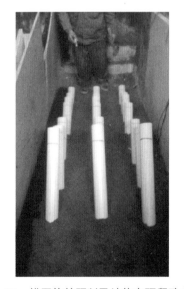

图 7-24　锚固体的预制及坡体内预留孔安装

2. 模型试验锚索轴力测试结果

根据场地的设计地震波峰值加速度取值，本次振动台试验主要分析在 0.15g 和 0.33g 地震作用下锚索轴力的响应特性。泥化夹层天然状态和饱和状态下，在 0.15g 和 0.33g 地震作用下锚索轴力时程曲线如图 7-25～图 7-28 所示。

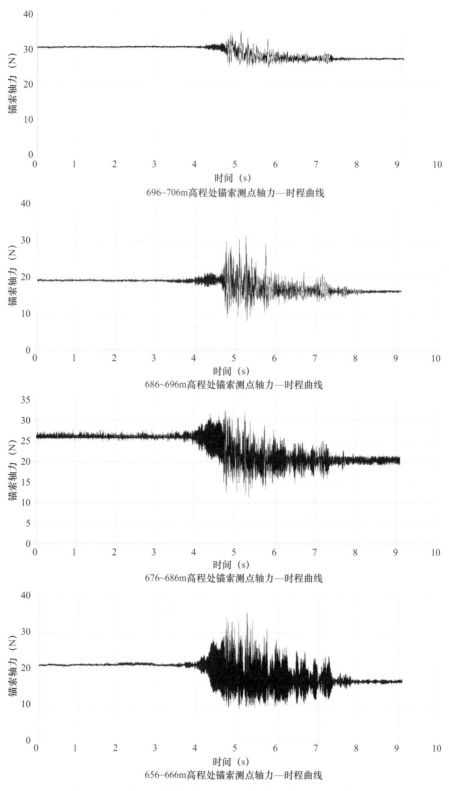

图 7-25　泥化夹层天然状态 0.15g 下锚索轴力时程曲线（一）

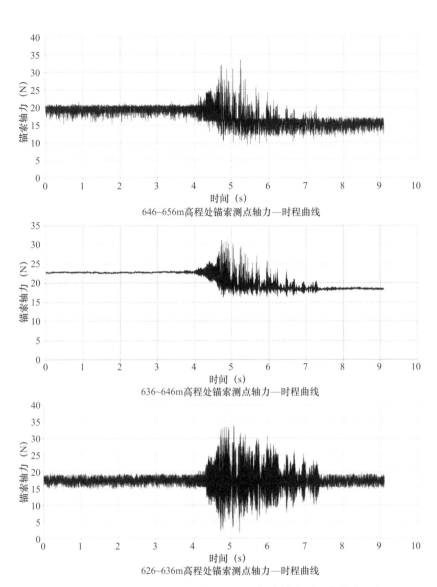

646~656m高程处锚索测点轴力—时程曲线

636~646m高程处锚索测点轴力—时程曲线

626~636m高程处锚索测点轴力—时程曲线

图 7-25　泥化夹层天然状态 0.15g 下锚索轴力时程曲线（二）

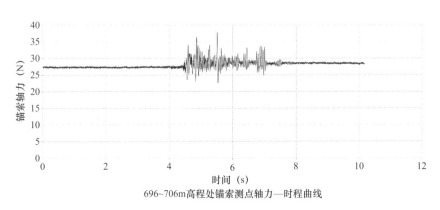

696~706m高程处锚索测点轴力—时程曲线

图 7-26　泥化夹层天然状态 0.33g 下锚索轴力时程曲线（一）

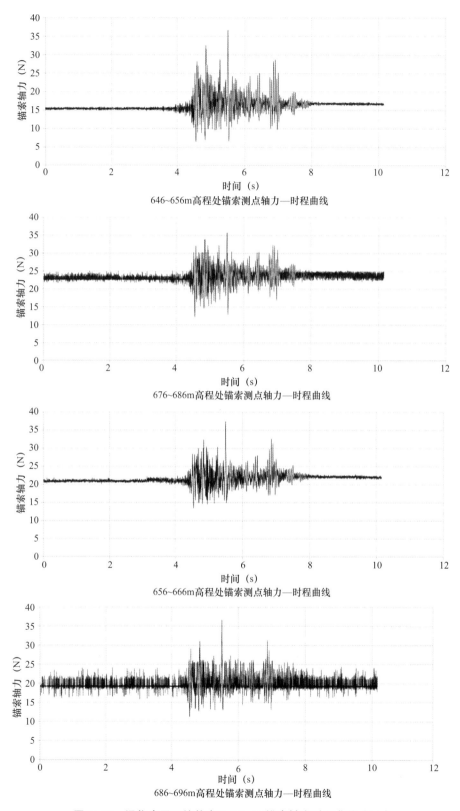

646~656m高程处锚索测点轴力—时程曲线

676~686m高程处锚索测点轴力—时程曲线

656~666m高程处锚索测点轴力—时程曲线

686~696m高程处锚索测点轴力—时程曲线

图 7-26　泥化夹层天然状态 0.33*g* 下锚索轴力时程曲线（二）

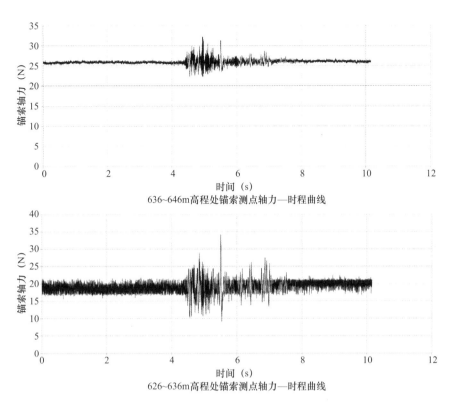

636~646m高程处锚索测点轴力—时程曲线

626~636m高程处锚索测点轴力—时程曲线

图 7-26　泥化夹层天然状态 0.33*g* 下锚索轴力时程曲线（三）

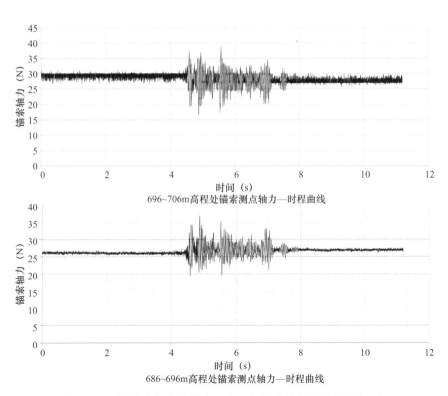

696~706m高程处锚索测点轴力—时程曲线

686~696m高程处锚索测点轴力—时程曲线

图 7-27　泥化夹层饱和状态 0.15*g* 下锚索轴力时程曲线（一）

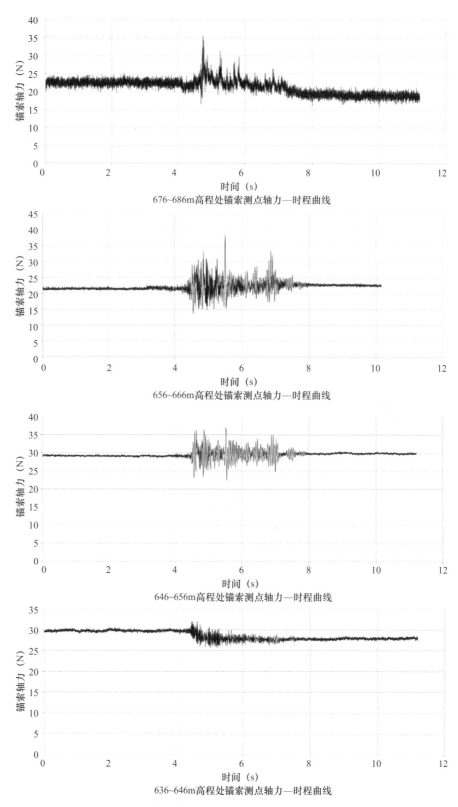

676~686m高程处锚索测点轴力—时程曲线

656~666m高程处锚索测点轴力—时程曲线

646~656m高程处锚索测点轴力—时程曲线

636~646m高程处锚索测点轴力—时程曲线

图 7-27　泥化夹层饱和状态 0.15g 下锚索轴力时程曲线（二）

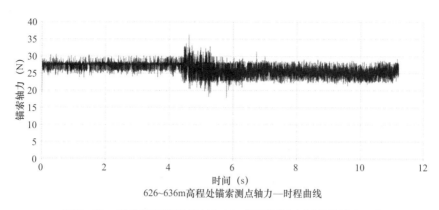

626~636m高程处锚索测点轴力—时程曲线

图 7-27　泥化夹层饱和状态 0.15g 下锚索轴力时程曲线（三）

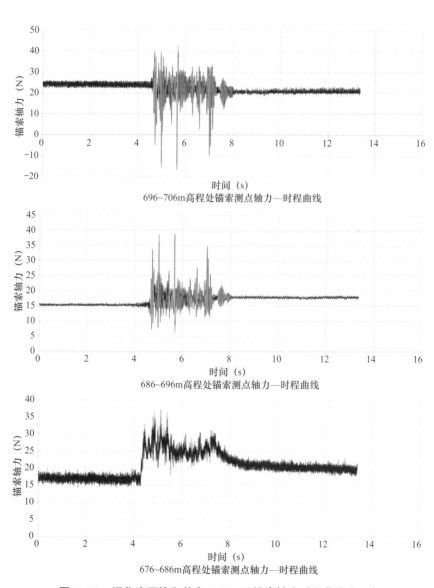

696~706m高程处锚索测点轴力—时程曲线

686~696m高程处锚索测点轴力—时程曲线

676~686m高程处锚索测点轴力—时程曲线

图 7-28　泥化夹层饱和状态 0.33g 下锚索轴力时程曲线（一）

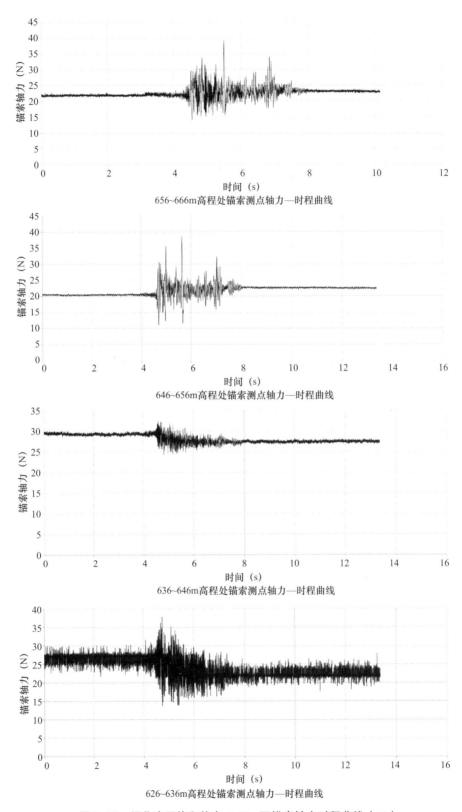

656~666m高程处锚索测点轴力—时程曲线

646~656m高程处锚索测点轴力—时程曲线

636~646m高程处锚索测点轴力—时程曲线

626~636m高程处锚索测点轴力—时程曲线

图 7-28 泥化夹层饱和状态 0.33g 下锚索轴力时程曲线（二）

3. 轴力测试结果分析

泥化夹层天然状态时，在 PGA 为 0.15g 和 0.33g、压缩比 1:10 的地震波激振下，锚索轴力响应峰值及锚索轴力地震响应沿高程的增量分别见表 7-5 和图 7-29。当输入地震波峰值为 0.15g 时，上排抗滑桩下部（高程为 656～666m 级边坡）及坡顶（高程为 696～706m 级边坡）部位锚索轴力的响应峰值较大，增加值约为设计最大锚固力值的 10%，表明上部抗滑桩的存在有效地抑制了坡体的位移响应，使边坡以抗滑桩为界分为两部分，显著地改变了预应力锚索的地震响应。随着输入地震波峰值加速度的增加，在 0.33g 地震波作用下，加固边坡的锚索轴力地震响应峰值呈增加的趋势，尤其是边坡中上部的锚索轴力地震响应峰值明显增加，但上排抗滑桩下部（高程为 656～666m 级边坡）及坡顶（高程为 696～706m 级边坡）部位锚索轴力的响应峰值仍然是最大的，最大值约为设计最大锚固力的 18.9%，未超过设计最大锚固力。但安全冗余系数已经较小，表明支护设计方案在 0.15g 抗震设防要求下天然状态时加固边坡的整体稳定性较好，抗震性能良好，经济节约。

天然状态下锚索轴力响应特性　　　　　表 7-5

高程（m）	0.15g			0.33g			0.40g		
	试验值（N）	换算后（kN）	设计值（kN）	试验值（N）	换算后（kN）	设计值（kN）	试验值（N）	换算后（kN）	设计值（kN）
626～636	33.9	305.1	370	34.2	307.8	370	37.5	337.5	370
636～646	31.1	279.9	370	32.2	289.8	370	33.8	304.2	370
646～656	33.5	301.5	370	36.7	330.3	370	35.8	322.2	370
656～666	35.4	318.6	370	37.5	337.5	370	44.2	397.8	370
676									
676～686	32.4	291.6	370	35.8	322.2	370	40.7	366.3	370
686～696	31.6	284.4	370	36.7	330.3	370	47.2	424.8	370
696～706	35.2	316.8	370	37.8	340.2	370	38.9	350.1	370

注：高程 676m 处为抗滑桩平台，不设置预应力锚索。

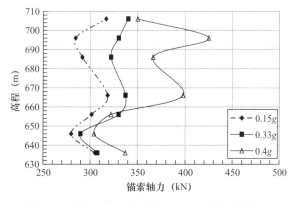

图 7-29　泥化夹层天然状态下锚索轴力响应增量

　　泥化夹层饱和状态时，在 PGA 为 0.15g 和 0.33g 时、压缩比为 1∶10 的地震波激振下，锚索轴力响应峰值及锚索轴力地震响应沿高程的增量分别见表 7-6 和图 7-30。当输入地震波峰值为 0.15g 时，上排抗滑桩下部（高程为 656～666m 级边坡）及坡顶（高程为 696～706m 级边坡）部位锚索轴力的响应峰值较大，且 696～706m 高程处的轴力响应峰值增加量大于 656～666m 高程处的轴力响应峰值，增加值约为设计最大锚固力值的 21%，表明上部抗滑桩的存在有效地抑制了坡体的位移响应，使边坡以抗滑桩为界分为两部分，显著改变了预应力锚索的地震响应。随着输入地震波峰值加速度的增加，在 0.33g 地震波作用下，加固边坡的锚索轴力地震响应峰值呈增加的趋势，尤其是边坡顶部的锚索轴力地震响应峰值明显增加，但上排抗滑桩下部（高程为 656～666m 级边坡）及坡顶（高程为 696～706m 级边坡）部位锚索轴力的响应峰值仍然是最大的，由于坡顶锚索轴力响应峰值显著增加，其地震响应峰值与预应力之

高程（m）	0.15g			0.33g			0.40g		
	试验值（N）	换算后（kN）	设计值（kN）	试验值（N）	换算后（kN）	设计值（kN）	试验值（N）	换算后（kN）	设计值（kN）
626～636	36.3	326.7	370	37.8	340.2	370	39.6	356.4	370
636～646	32	288	370	32.6	293.4	370	33	297	370
646～656	37	333	370	38.6	347.4	370	48.1	432.9	370
656～666	38.4	345.6	370	39.2	352.8	370	—	—	370
676	—	—	—	—	—	—	—	—	—
676～686	35.4	318.6	370	37.3	335.7	370	36.2	325.8	370
686～696	36.9	332.1	370	38.9	350.1	370	40.6	365.4	370
696～706	38.6	347.4	370	42.7	384.3	370	48.7	438.3	370

饱和状态下锚索轴力响应特性　　　　　　　　表 7-6

注：高程 676m 处为抗滑桩平台，不设置预应力锚索。

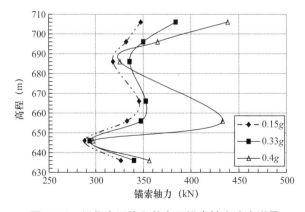

图 7-30　泥化夹层饱和状态下锚索轴力响应增量

和已超过设计最大锚固力，超过设计最大锚固力的 3.86%，满足工程允许不超过设计最大值 5% 的要求，表明支护设计方案在 0.15g 抗震设防要求下泥化夹层状态时加固边坡的整体稳定性较好，抗震性能良好，经济节约，在 0.33g 地震和暴雨同时发生的极端情况下按支护设计方案边坡局部可能会发生破坏，但整体稳定性能保证。

4. 泥化夹层饱水前后比较

本次振动台模型试验时对锚索施加 30N 的预应力，由前述数据可知：

（1）天然状态下锚索轴力的地震响应峰值均小于饱和状态下的响应峰值，且在 0.15g 的抗震设防要求下，锚索轴力的响应峰值均未超过设计最大锚固力。

（2）饱和状态下的边坡在 0.33g 地震波作用下，第二个泥化夹层附近及坡顶的锚索轴力响应峰值较大，坡顶锚索的轴力响应峰值超过设计最大锚固力但超过量不大于 5%，满足工程安全容许值。

综上所述，现有支护设计方案在 0.15g 抗震设防要求下无论泥化夹层处于天然状态还是饱和状态，加固边坡的整体稳定性较好，抗震性能良好，经济节约；在 0.33g 地震和暴雨同时发生的极端情况下按现有支护设计方案边坡整体稳定性仍然能够保证。

5. 小结

在边坡整治加固设计方案振动台模型试验中，输入加速度峰值为 0.15g 地震作用下及地震和暴雨工况同时作用时，沿边坡高程分布的锚索轴力监测点监测数据未超过锚索设计最大锚固力。支护设计方案在 0.15g 抗震设防要求下，不论泥化夹层处于天然状态还是饱和状态，加固边坡的整体稳定性较好，抗震性能良好，经济节约，在 0.33g 地震和暴雨同时发生的极端情况下，加固后边坡整体稳定性仍然能够保证。

7.3.2 边坡抗滑桩受力特征

1. 试验抗滑桩介绍

飞凤山边坡支护方案中，典型抗滑桩支护结构桩截面 2m×3m，桩长 30m，桩间距 5m，主要抵抗滑体沿软弱滑移面的滑动，桩底嵌入软弱滑移面不少于 15m，嵌入滑移面不少于 4m，抗滑桩长边方向与滑动方向平行。

采用预制混凝土桩，通过抗滑桩抗弯模量 EI 相似比进行折算，桩长分别为 30cm 和 16cm，桩截面尺寸为 3cm×4.5cm。桩背土压力的监测采用薄片土压力计和普通土压力盒进行量测，振动台模型试验时坡体中抗滑桩长 30cm，其中受荷段长 15cm，土压力计沿桩身受荷段均匀布置 4 个，位置分别为距桩顶 3cm、9cm、12cm 和 15cm，坡脚 616m 平台振动台模型试验时抗滑桩长 16cm。其中，受荷段长 8cm，土压力计沿桩身受荷段均匀布置 4 个，位置分别为距桩顶 1cm、3cm、5cm 和 7cm，试验中抗滑桩、土压力盒的布置如图 7-31 所示。

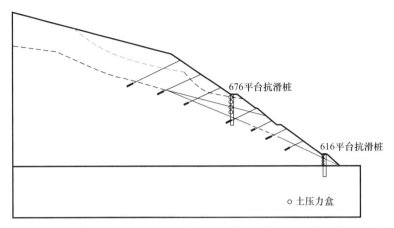

图 7-31　振动台模型试验时抗滑桩设置位置及桩身土压力计布置示意图

2. 土压力测试结果

根据场地的设计地震动峰值加速度取值，本次振动台试验数据主要分析 0.15g 和 0.33g 地震情况下的桩侧土压力响应特性。在泥化夹层天然状态和饱和状态下 0.15g 和 0.33g 土压力时程曲线如图 7-32～图 7-39 所示。

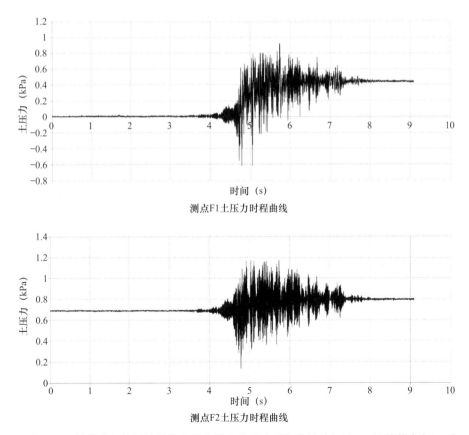

图 7-32　坡体中部抗滑桩泥化夹层各测点土压力时程曲线（0.15g，天然状态）（一）

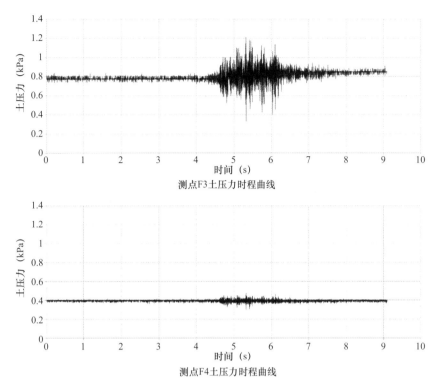

测点F3土压力时程曲线

测点F4土压力时程曲线

图 7-32　坡体中部抗滑桩泥化夹层各测点土压力时程曲线（0.15*g*，天然状态）（二）

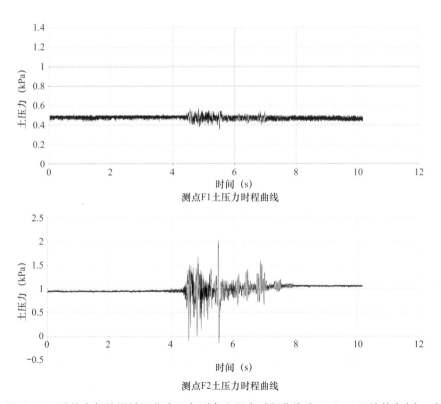

测点F1土压力时程曲线

测点F2土压力时程曲线

图 7-33　坡体中部抗滑桩泥化夹层各测点土压力时程曲线（0.33*g*，天然状态）（一）

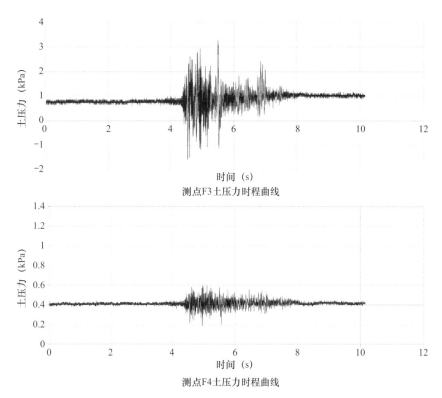

图 7-33　坡体中部抗滑桩泥化夹层各测点土压力时程曲线（0.33*g*，天然状态）（二）

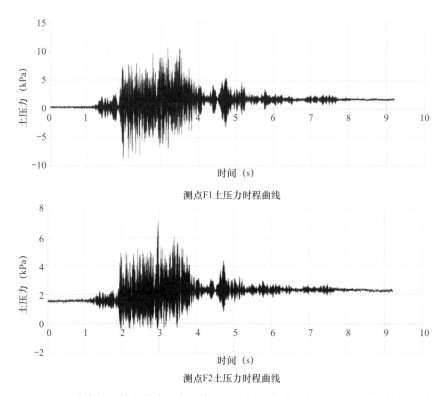

图 7-34　坡脚抗滑桩泥化夹层各测点土压力时程曲线（0.15*g*，天然状态）（一）

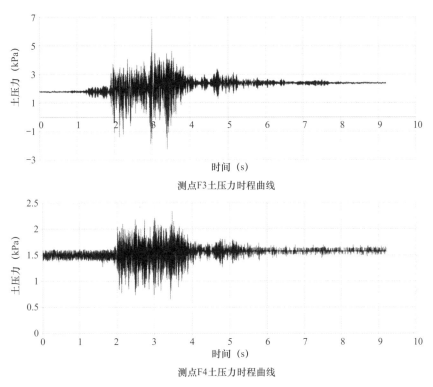

测点F3土压力时程曲线

测点F4土压力时程曲线

图 7-34　坡脚抗滑桩泥化夹层各测点土压力时程曲线（0.15g，天然状态）（二）

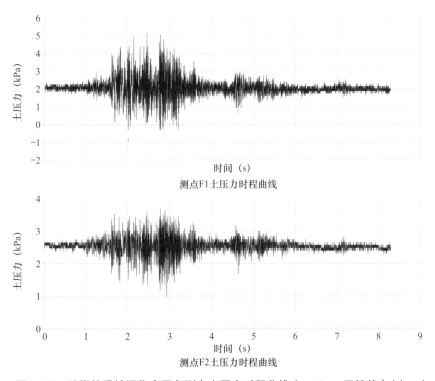

测点F1土压力时程曲线

测点F2土压力时程曲线

图 7-35　坡脚抗滑桩泥化夹层各测点土压力时程曲线（0.33g，天然状态）（一）

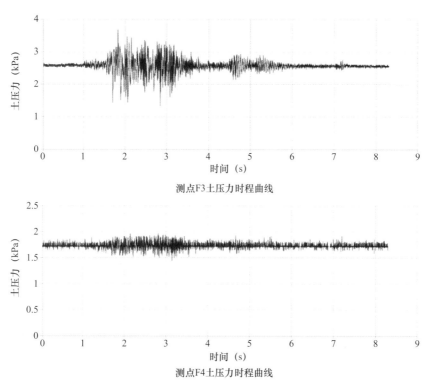

测点F3土压力时程曲线

测点F4土压力时程曲线

图 7-35　坡脚抗滑桩泥化夹层各测点土压力时程曲线（0.33g，天然状态）（二）

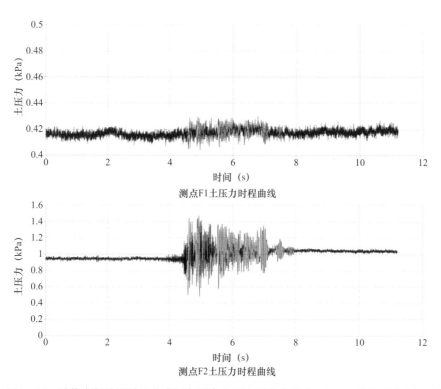

测点F1土压力时程曲线

测点F2土压力时程曲线

图 7-36　坡体中部抗滑桩泥化夹层各测点土压力时程曲线（0.15g，饱和状态）（一）

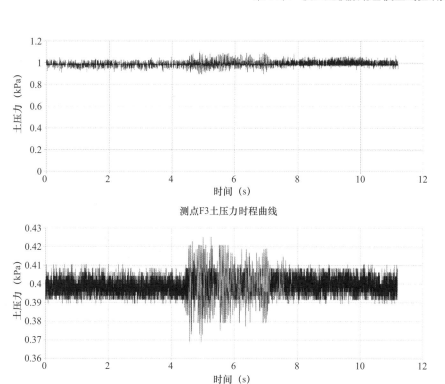

图 7-36 坡体中部抗滑桩泥化夹层各测点土压力时程曲线（0.15g，饱和状态）（二）

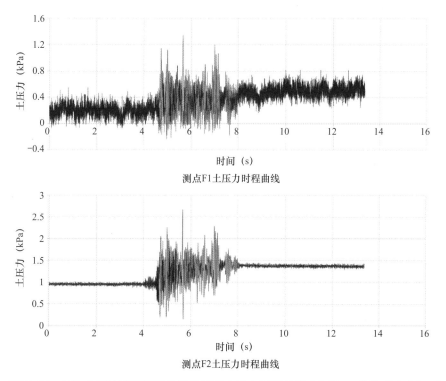

图 7-37 坡体中部抗滑桩泥化夹层各测点土压力时程曲线（0.33g，饱和状态）（一）

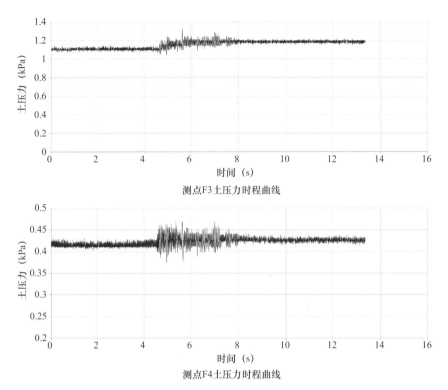

测点F3土压力时程曲线

测点F4土压力时程曲线

图7-37　坡体中部抗滑桩泥化夹层各测点土压力时程曲线（0.33g，饱和状态）（二）

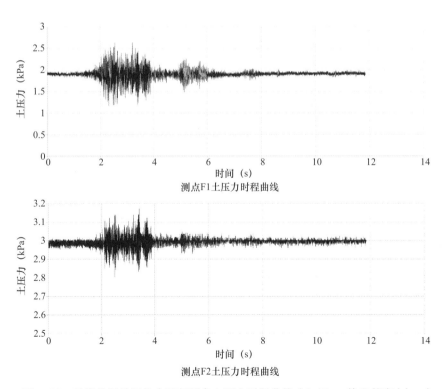

测点F1土压力时程曲线

测点F2土压力时程曲线

图7-38　坡脚抗滑桩泥化夹层各测点土压力时程曲线（0.15g，饱和状态）（一）

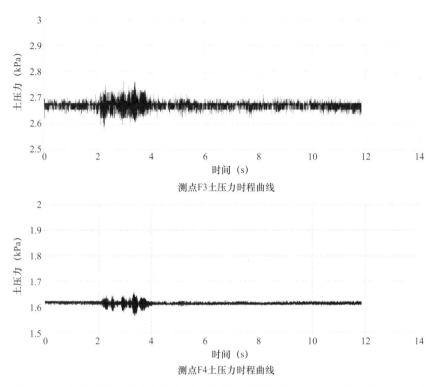

图 7-38　坡脚抗滑桩泥化夹层各测点土压力时程曲线（0.15g，饱和状态）（二）

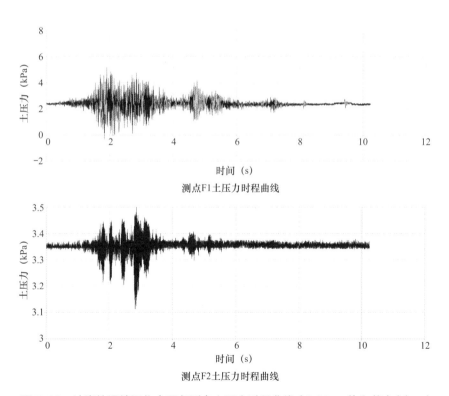

图 7-39　坡脚抗滑桩泥化夹层各测点土压力时程曲线（0.33g，饱和状态）（一）

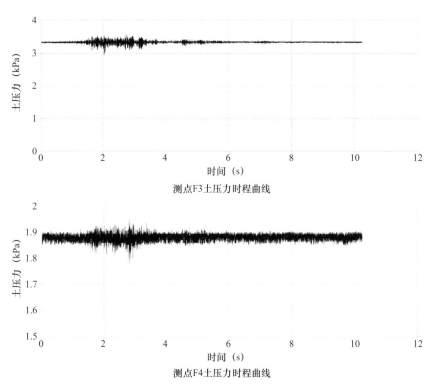

测点F3土压力时程曲线

测点F4土压力时程曲线

图 7-39　坡脚抗滑桩泥化夹层各测点土压力时程曲线（0.33g，饱和状态）（二）

3. 土压力测试结果分析

在 PGA 为 0.15g 和 0.33g 的地震波激振下，边坡模型试验中桩身受荷段土压力响应峰值见表 7-7。当输入地震波峰值为 0.15g 时，抗滑桩受荷段地震土压力的响应峰值在距桩顶 1/2 附近最大，受荷段底部最小，随着输入地震波峰值加速度的增加，在 0.33g 地震作用下，桩身受荷段的地震土压力响应峰值趋势与 0.15g 时相同，但最大土压力响应峰值增加比例约为 0.15g 地震波作用时的 1.25 倍。

泥化夹层含水量的变化会对抗滑桩受荷段地震土压力响应峰值产生不利影响，峰值加速度为 0.15g 地震作用下泥化夹层饱和状态下桩身受荷段地震土压力响应峰值约为泥化夹层天然状态下的 1.02～1.27 倍，峰值加速度为 0.33g 地震作用下泥化夹层饱和状态下桩身受荷段地震土压力响应峰值约为泥化夹层天然状态下的 1.1～1.3 倍，如图 7-40、图 7-41 所示。

坡脚（616m）处抗滑桩受荷段土压力地震响应特性　　表 7-7

边坡状况	饱和状态		天然状态	
峰值加速度	0.15g	0.33g	0.15g	0.33g
试验值（kPa）	1.94	2.43	1.68	1.87
	2.99	3.33	2.34	2.66

边坡状况	饱和状态		天然状态	
试验值（kPa）	2.68	3.35	2.35	2.58
	1.62	1.88	1.59	1.70
换算后下滑力（kN）	924	1096	796	880
规范计算值（kN）	907	1180	730	1000

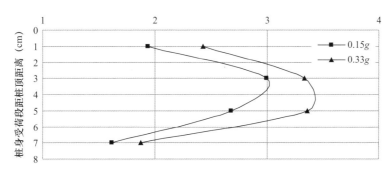

图 7-40　泥化夹层饱和状态下坡脚（616m）抗滑桩受荷段土压力地震响应

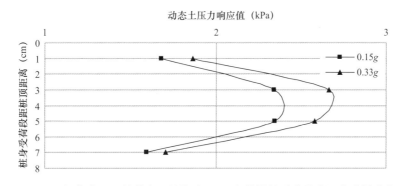

图 7-41　泥化夹层天然状态下坡脚（616m）抗滑桩受荷段土压力地震响应

　　在 PGA 为 0.15g 和 0.33g、压缩比为 1∶10 的地震波激振下，边坡模型试验中坡体中部抗滑桩桩身受荷段土压力响应峰值见表 7-8。当输入地震波峰值为 0.15g 时，抗滑桩受荷段地震土压力的响应峰值在距桩顶 1/2 附近最大，受荷段底部最小，随着输入地震波峰值加速度的增加，在 0.33g 地震作用下，桩身受荷段的地震土压力响应峰值趋势与 0.15g 时相同，但最大土压力响应峰值增加比例约为 0.15g 地震波作用时的 1.35 倍。泥化夹层含水量的变化会对抗滑桩受荷段地震土压力响应峰值产生不利影响，峰值加速度为 0.15g 地震作用下泥化夹层饱和状态下桩身受荷段地震土压力响应峰值约为泥化夹层天然状态下的 1.02～1.32 倍，峰值加速度为 0.33g 地震作用下泥化夹层饱和状态下桩身受荷段地震土压力响应峰值约为泥化夹层天然状态下的 1.06～1.24 倍，如图 7-42、图 7-43 所示。

坡体中部（676m）处抗滑桩受荷段土压力地震响应特性　　表 7-8

边坡状况	饱和状态		天然状态	
峰值加速度	0.15g	0.33g	0.15g	0.33g
试验值 (kPa)	0.43	0.52	0.42	0.48
	1.05	1.33	0.79	1.07
	1.00	1.18	0.85	1.05
	0.40	0.43	0.40	0.40
换算后下滑力（kN）	540	645	465	562
规范计算值（kN）	456	660	426	630

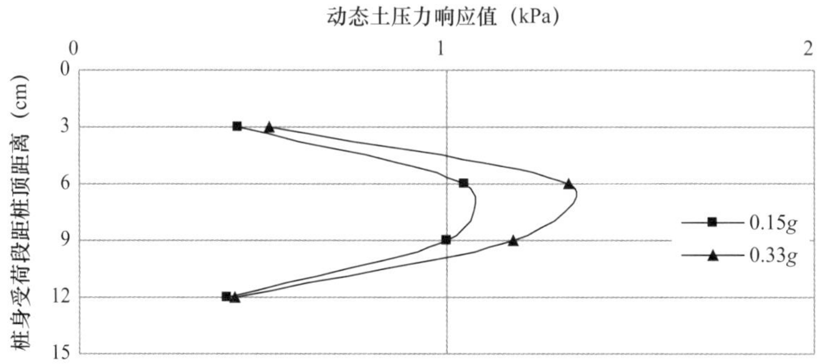

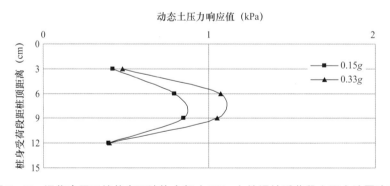

图 7-42　泥化夹层饱和状态下坡体中部（676m）抗滑桩受荷段土压力地震响应

图 7-43　泥化夹层天然状态下坡体中部（676m）抗滑桩受荷段土压力地震响应

7.3.3　边坡坡面位移响应

1. 试验位移测试结果

在 0.15g 和 0.33g 汶川地震清平波作用下，泥化夹层天然状态下坡面的位移监测结果如图 7-44、图 7-45 所示。

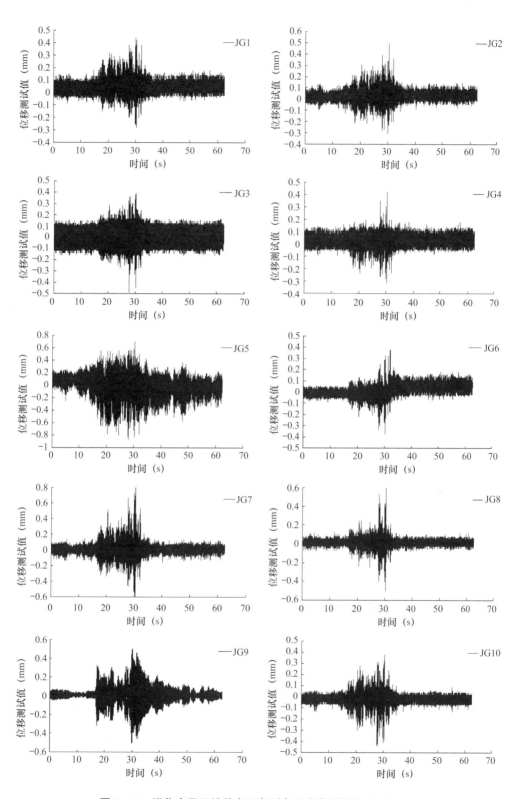

图 7-44　泥化夹层天然状态下各测点位移监测结果（0.15g）

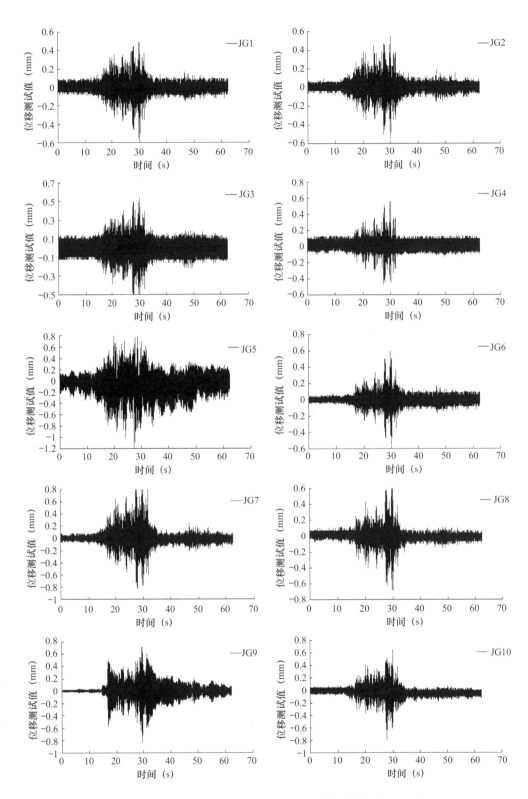

图 7-45　泥化夹层天然状态下各测点位移监测结果（0.33g）

在 0.15g 和 0.33g 汶川地震清平波作用下，泥化夹层饱和状态下坡面的位移监测结果如图 7-46、图 7-47 所示。

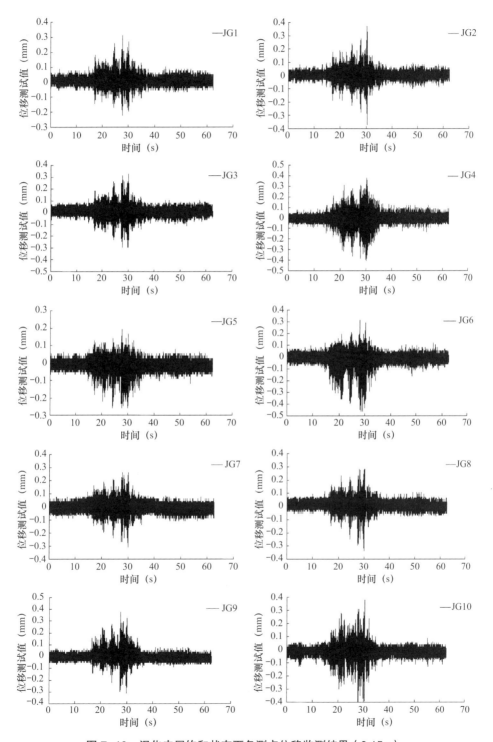

图 7-46　泥化夹层饱和状态下各测点位移监测结果（0.15g）

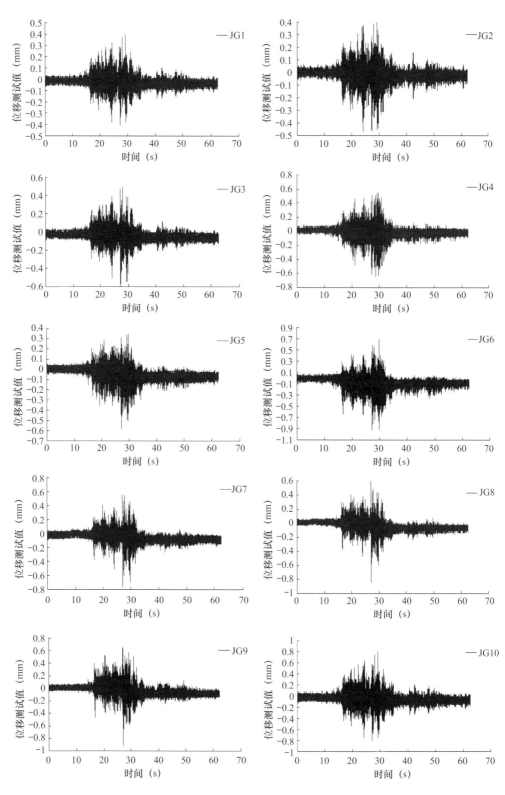

图 7-47　泥化夹层饱和状态下各测点位移监测结果（0.33g）

2. 位移测试结果分析

坡面位移的监测采用高精度激光位移计，测试精度为 0.001mm。试验中激光位移计的布置图及相应测点在 0.15g 和 033g EL Centro 地震波作用下的位移测量值范围如图 7-48 所示。

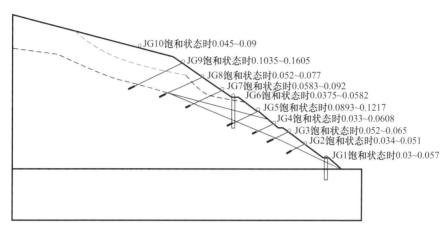

图 7-48　振动台模型试验测点布置及结果示意图

以 EL Centro 波为例，各个位移测点的位移测试值见表 7-9、表 7-10。其中，表 7-9、表 7-10 中的高程范围指激光位移计所测试位置上下相邻两个马道之间的高程，即某一测试高程范围内的坡面位移值均可以利用该点的测试值表示。

<table>
<tr><td colspan="5">天然状态下坡面位移响应特性（单位：cm）</td><td>表 7-9</td></tr>
</table>

高程范围（m）	0.15g		0.33g	
	试验值	换算后	试验值	换算后
616	0.022	2.2	0.033	3.3
626~636	0.0233	2.33	0.0402	4.02
636~646	0.0375	3.75	0.0466	4.66
646~656	0.0298	2.98	0.046	4.6
656~666	0.041	4.1	0.064	6.4
676	0.0259	2.59	0.0544	5.44
676~686	0.0492	4.92	0.0829	8.29
686~696	0.033	3.3	0.071	7.1
696~706	0.034	3.4	0.084	8.4
716~726	0.0298	2.98	0.078	7.8

饱和状态下坡面位移响应特性（单位：cm）   表 7-10

高程范围（m）	0.15g		0.33g	
	试验值	换算后	试验值	换算后
616	0.03	3	0.057	5.7
626～636	0.034	3.4	0.051	5.1
636～646	0.052	5.2	0.065	6.5
646～656	0.033	3.3	0.0608	6.08
656～666	0.0893	8.93	0.1217	12.17
676	0.0375	3.75	0.0582	5.82
676～686	0.0583	5.83	0.092	9.2
686～696	0.052	5.2	0.077	7.7
696～706	0.1035	10.35	0.1605	16.05
716～726	0.045	4.5	0.0919	9.19

根据表 7-9、表 7-10 数据，可以得到 EL Centro 波作用坡面位移随高程的变化规律，如图 7-49、图 7-50 所示。

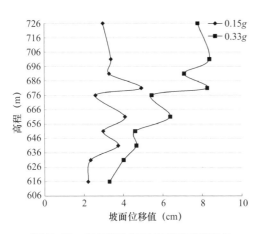

图 7-49　天然状态下坡面位移响应特性

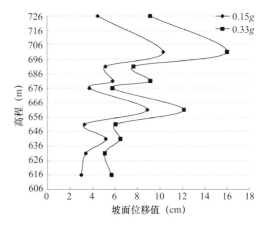

图 7-50　饱和状态下坡面位移响应特性

由此可以得到：（1）饱和状态下的位移值大于天然状态下的位移值；（2）坡面的位移总体上随着高程的增大而增大；（3）泥化夹层天然状态下，边坡坡面位移随高程增加增长幅度较小，边坡中部抗滑桩处位移出现减小；泥化夹层饱和状态下，坡面位移较泥化夹层饱和前出现较大幅度增加。另外，边坡中部抗滑桩对坡面中部位移的限制具有较明显的作用，在坡顶局部地形发生变化处坡面位移较大；（4）定义抗滑桩位移指数为桩顶位移与抗滑桩悬臂段长度之比，可以得到：饱和状况下坡脚抗滑桩的位移指数 0.15g 时为 0.38%，0.33g 时为 0.71%；天然状态下 0.15g 时为 0.28%，0.33g 时为 0.41%；

饱和状况下坡体中部抗滑桩的位移指数 0.15g 时为 0.47%，0.33g 时为 0.73%；天然状态下 0.15g 时为 0.32%，0.33g 时为 0.68%。

汶川地震波作用下坡面的位移响应见表 7-11、表 7-12。

天然状态下坡面位移响应特性（单位：cm）　　　　表 7-11

高程范围（m）	0.15g		0.33g	
	试验值	换算后	试验值	换算后
616	0.0281	2.81	0.0572	5.72
626～636	0.0307	3.07	0.0537	5.37
636～646	0.0488	4.88	0.0657	6.57
646～656	0.0313	3.13	0.0465	4.65
656～666	0.0867	8.67	0.0990	9.90
676	0.0374	3.74	0.0549	5.49
676～686	0.0591	5.91	0.0826	8.26
686～696	0.0497	4.97	0.0692	6.92
696～706	0.0502	5.02	0.0823	8.23
716～726	0.0441	4.41	0.0788	7.88

饱和状态下坡面位移响应特性（单位：cm）　　　　表 7-12

高程范围（m）	0.15g		0.33g	
	试验值	换算后	试验值	换算后
616	0.0402	4.02	0.0422	4.22
626～636	0.0369	3.69	0.0466	4.66
636～646	0.0297	2.97	0.0608	6.08
646～656	0.0403	4.03	0.0640	6.40
656～666	0.0260	2.60	0.0582	5.82
676	0.0461	4.61	0.0920	9.20
676～686	0.0307	3.07	0.0770	7.70
686～696	0.0337	3.37	0.0840	8.40
696～706	0.0320	3.20	0.0919	9.19
716～726	0.0441	4.41	0.0804	8.04

根据表 7-11、表 7-12 数据，可以得到汶川地震清平波作用坡面位移随高程的变化规律，如图 7-51、图 7-52 所示。

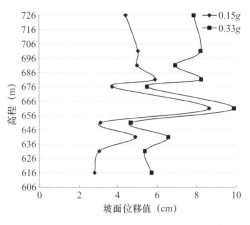

图 7-51　天然状态下坡面位移响应特性

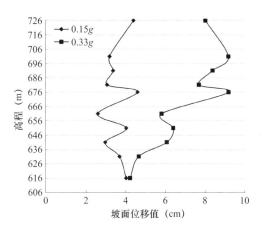

图 7-52　饱和状态下坡面位移响应特性

对比分析 EL Centro 地震波和汶川地震清平波作用下坡面的位移响应发现，两种地震波作用下坡面具有类似的位移响应，但是汶川地震清平波作用下边坡坡面的位移响应强度弱于 EL Centro 地震波。

7.3.4　边坡加速度响应

1. 加速度测点布置图

试验中在边坡不同高程处（606～750m）均布置了加速度传感器，传感器均布置在边坡模型表面以检测坡面附近的加速度数值，传感器编号及控制高程如图 7-53 所示。所谓控制高程，即该高程范围内的加速度值及放大系数均可用该测点实测数值表示。

值得注意的是，因试验模型高度有限，试验中对原状边坡马道进行了简化，故未能模拟原状边坡中的每一级马道。在下文的分析中，部分高程的马道处加速度数值采用线性插值方法得到，如高程为 636m、656m、686m 的马道。

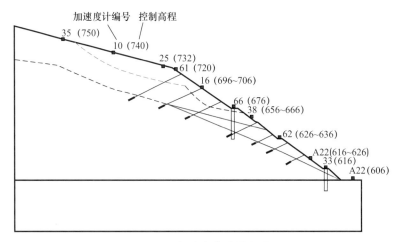

图 7-53　加速度传感器布置图

2. 泥化夹层天然状态

试验中施加的地震波包括 EL Centro 地震波和汶川地震波，激励幅值分别为 0.15g 和 0.33g，加速度监测方向为水平方向和垂直方向，两种地震波作用下各个测点的加速度数值及加速度放大系数见表 7-13、表 7-14。

EL Centro 地震波作用下各个测点的加速度值及放大系数　　　表 7-13

高程（m）	0.15g—水平方向		0.15g—垂直方向		0.33g—水平方向		0.33g—垂直方向	
	加速度值	放大系数	加速度值	放大系数	加速度值	放大系数	加速度值	放大系数
606	0.1582	1.0000	0.1596	1.0000	0.3316	1.0000	0.3316	1.0000
616	0.1588	1.0040	0.1600	1.0025	0.3333	1.0053	0.3336	1.0060
626	0.1602	1.0124	0.1612	1.0100	0.3365	1.0148	0.3367	1.0153
636	0.1621	1.0248	0.1658	1.0386	0.3398	1.0247	0.3368	1.0156
646	0.1641	1.0372	0.1704	1.0672	0.3431	1.0346	0.3369	1.0159
656	0.1661	1.0496	0.1719	1.0769	0.3447	1.0395	0.3378	1.0186
666	0.1680	1.0620	0.1735	1.0866	0.3463	1.0444	0.3394	1.0235
676	0.1602	1.0124	0.1644	1.0296	0.3353	1.0111	0.3321	1.0015
686	0.1700	1.0744	0.1694	1.0609	0.3361	1.0136	0.3342	1.0076
706	0.1798	1.1365	0.1744	1.0922	0.3369	1.0160	0.3362	1.0137
720	0.1900	1.2010	0.1781	1.1158	0.3451	1.0407	0.3435	1.0358
732	0.2143	1.3548	0.1958	1.2266	0.3803	1.1469	0.4005	1.2078
740	0.2218	1.4020	0.2206	1.3818	0.4086	1.2321	0.4019	1.2118
750	0.2285	1.4442	0.2226	1.3941	0.4454	1.3431	0.4447	1.3410

汶川地震波作用下各个测点的加速度值及放大系数　　　表 7-14

高程（m）	0.15g—水平方向		0.15g—垂直方向		0.33g—水平方向		0.33g—垂直方向	
	加速度值	放大系数	加速度值	放大系数	加速度值	放大系数	加速度值	放大系数
606	0.1968	1.0000	0.1873	1.0000	0.3671	1.0000	0.3705	1.0000
616	0.1985	1.0086	0.1903	1.0160	0.3676	1.0013	0.3775	1.0189
626	0.1999	1.0161	0.2029	1.0834	0.3680	1.0026	0.3795	1.0244
636	0.2042	1.0378	0.2054	1.0969	0.3694	1.0064	0.3840	1.0365
646	0.2085	1.0595	0.2079	1.1104	0.3713	1.0115	0.3885	1.0485
656	0.2170	1.1027	0.2005	1.0705	0.4024	1.0962	0.3800	1.0258
666	0.2255	1.1459	0.1930	1.0306	0.4334	1.1808	0.3716	1.0031
676	0.2836	1.4415	0.2261	1.2071	0.4805	1.3090	0.3754	1.0132
686	0.2878	1.4626	0.2288	1.2216	0.5097	1.3885	0.3821	1.0314
706	0.2919	1.4837	0.2315	1.2360	0.5388	1.4679	0.3888	1.0496
720	0.3467	1.7620	0.2652	1.4160	0.6635	1.8077	0.6760	1.8247

续表

高程（m）	0.15g—水平方向		0.15g—垂直方向		0.33g—水平方向		0.33g—垂直方向	
	加速度值	放大系数	加速度值	放大系数	加速度值	放大系数	加速度值	放大系数
732	0.4377	2.2246	0.3625	1.9355	0.8212	2.2372	0.7985	2.1552
740	0.4540	2.3073	0.3869	2.0662	0.8504	2.3167	0.8453	2.2817
750	0.4823	2.4515	0.4219	2.2530	0.8984	2.4474	0.9009	2.4316

　　根据表 7-13、表 7-14 数据，得到不同地震波作用下加速度放大系数随高程的变化规律，如图 7-54～图 7-57 所示。

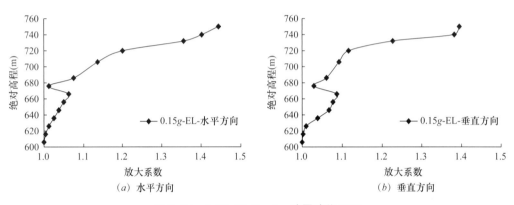

(a) 水平方向　　　　　　　　　　　　　(b) 垂直方向

图 7-54　0.15gEL Centro 地震波作用下

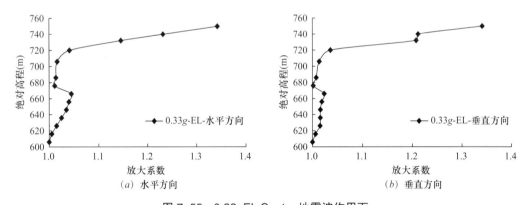

(a) 水平方向　　　　　　　　　　　　　(b) 垂直方向

图 7-55　0.33gEL Centro 地震波作用下

　　从图 7-54～图 7-57 中可以看出，随着高程的增大，坡面的加速度放大系数逐渐增大。坡体中部（高程 676m）抗滑桩的存在大大降低了抗滑桩所在位置以下坡面的加速度响应；坡体中部抗滑桩所在位置以下坡面加速度放大系数增长缓慢，抗滑桩所在位置以上坡面加速度放大系数急速增大。坡面水平方向的加速度放大系数变化规律与垂直方向的加速度放大系数变化规律类似。

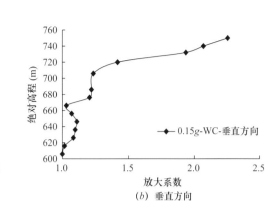

图 7-56　0.15g 汶川地震波作用下

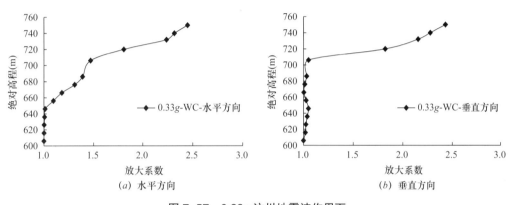

图 7-57　0.33g 汶川地震波作用下

另外，汶川地震波作用下坡面的加速度放大系数大于 EL Centro 地震波作用下的坡面加速度放大系数。根据试验中白噪声的扫描结果，得到试验模型边坡的自振频率约为 19.2Hz，汶川地震波的卓越频率更接近边坡的自振频率，因此，边坡对汶川地震波的地震响应强于 EL Centro 地震波。

3. 泥化夹层饱和状态

试验前对边坡中泥化夹层进行饱水处理，待泥化夹层饱水后进行振动台试验。试验中施加的地震波包括 EL Centro 地震波和汶川地震波，激励幅值分别为 0.15g 和 0.33g，加速度监测方向为水平方向和垂直方向，两种地震波作用下各个测点的加速度数值及加速度放大系数见表 7-15、表 7-16。

EL Centro 地震波作用下各个测点的加速度值及放大系数　　　　　表 7-15

高程（m）	0.15g—水平方向		0.15g—垂直方向		0.33g—水平方向		0.33g—垂直方向	
	加速度值	放大系数	加速度值	放大系数	加速度值	放大系数	加速度值	放大系数
606	0.1508	1.0000	0.1526	1.0000	0.3312	1.0000	0.3335	1.0000
616	0.1519	1.0072	0.1547	1.0136	0.3344	1.0097	0.3356	1.0063

续表

高程（m）	0.15g—水平方向		0.15g—垂直方向		0.33g—水平方向		0.33g—垂直方向	
	加速度值	放大系数	加速度值	放大系数	加速度值	放大系数	加速度值	放大系数
626	0.1522	1.0094	0.1565	1.0254	0.3362	1.0152	0.3409	1.0222
636	0.1528	1.0134	0.1571	1.0294	0.3366	1.0161	0.3419	1.0251
646	0.1534	1.0174	0.1577	1.0334	0.3362	1.0150	0.3428	1.0279
656	0.1543	1.0231	0.1603	1.0503	0.3375	1.0189	0.3441	1.0315
666	0.1552	1.0288	0.1629	1.0672	0.3478	1.0501	0.3463	1.0382
676	0.1561	1.0348	0.1644	1.0775	0.3600	1.0871	0.3481	1.0436
686	0.1564	1.0373	0.1686	1.1050	0.3636	1.0977	0.3491	1.0467
706	0.1568	1.0397	0.1728	1.1326	0.3671	1.1084	0.3507	1.0516
720	0.1605	1.0643	0.1754	1.1494	0.3721	1.1235	0.3541	1.0617
732	0.1673	1.1096	0.1923	1.2604	0.3771	1.1386	0.3742	1.1219
740	0.1742	1.1550	0.1939	1.2706	0.3810	1.1503	0.3822	1.1459
750	0.1844	1.2229	0.1982	1.2987	0.3910	1.1806	0.3958	1.1868

汶川地震波作用下各个测点的加速度值及放大系数　　　　表 7-16

高程（m）	0.15g—水平方向		0.15g—垂直方向		0.33g—水平方向		0.33g—垂直方向	
	加速度值	放大系数	加速度值	放大系数	加速度值	放大系数	加速度值	放大系数
606	0.1511	1.0000	0.1512	1.0000	0.3383	1.0000	0.3322	1.0000
616	0.1521	1.0066	0.1557	1.0299	0.3438	1.0162	0.3384	1.0184
626	0.1546	1.0234	0.1676	1.1085	0.3447	1.0188	0.3395	1.0219
636	0.1605	1.0623	0.1719	1.1368	0.3495	1.0331	0.3416	1.0283
646	0.1664	1.1012	0.1762	1.1651	0.3543	1.0474	0.3438	1.0346
656	0.1786	1.1822	0.1837	1.2148	0.3746	1.1073	0.3608	1.0861
666	0.1909	1.2633	0.1912	1.2646	0.3949	1.1671	0.3779	1.1375
676	0.1973	1.3056	0.1925	1.2731	0.4416	1.3054	0.4515	1.3589
686	0.2159	1.4290	0.1977	1.3078	0.5161	1.5255	0.4528	1.3627
706	0.2346	1.5523	0.2030	1.3425	0.5906	1.7456	0.4540	1.3665
720	0.2958	1.9576	0.2156	1.4258	0.6760	1.9983	0.5074	1.5271
732	0.3570	2.3629	0.2208	1.4601	0.7615	2.2510	0.5474	1.6476
740	0.4029	2.6667	0.2410	1.5938	0.8016	2.3693	0.5608	1.6880
750	0.4251	2.8134	0.2922	1.9325	0.9104	2.6910	0.6338	1.9075

　　根据表 7-15、表 7-16 数据，泥化夹层饱水后 EL Centro 地震波和汶川地震波作用下坡面加速度放大随高程的变化规律如图 7-58～图 7-61 所示。

如图 7-58~图 7-61 所示，泥化夹层饱水后，坡面的加速度响应整体上弱于泥化夹层饱水前，这是因为饱和后的泥化夹层对地震波的耗散作用增强，地震波在自下而上传播过程中能量被耗损，因此，地震响应减弱。坡体中部的抗滑桩同样减弱了坡面的地震加速度响应，坡面下部加速度响应较弱，放大系数较小且随高程增长缓慢，坡面上部加速度放大系数较大且增长较快。EL Centro 地震波作用下坡面的加速度响应强度弱于汶川地震波。

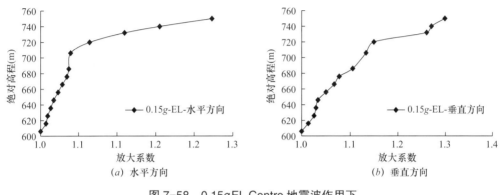

图 7-58 0.15g EL Centro 地震波作用下

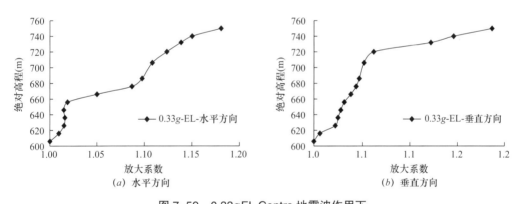

图 7-59 0.33g EL Centro 地震波作用下

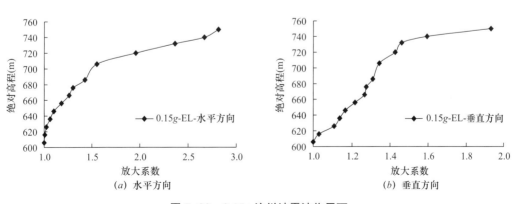

图 7-60 0.15g 汶川地震波作用下

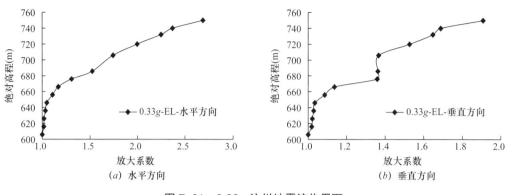

(a) 水平方向　　　　　　　　　　(b) 垂直方向

图 7-61　0.33g 汶川地震波作用下

4. 加速度时程频谱特性分析

（1）天然状态下

在 0.33g 汶川地震波作用下，坡面附近自下而上加速度计的加速度时程各测点检测结果如图 7-62 所示。

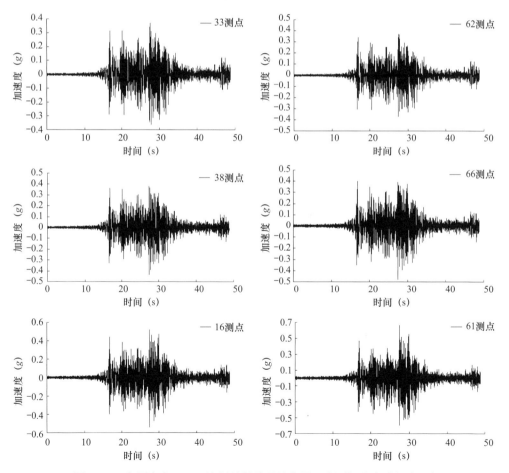

图 7-62　各测点在 0.33g 汶川地震清平波作用下实测加速度时程（一）

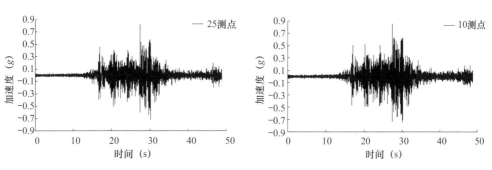

图 7-62　各测点在 0.33g 汶川地震清平波作用下实测加速度时程（二）

（2）饱和状态下

在 0.33g 汶川地震波作用下，坡面附近自下而上加速度计的各测点加速度时程检测结果如图 7-63 所示。

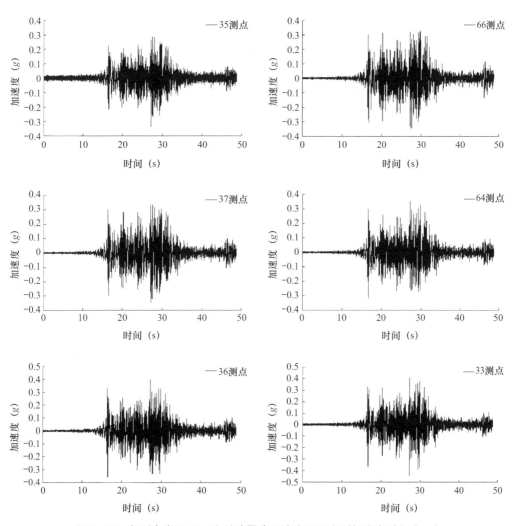

图 7-63　各测点在 0.33g 汶川地震清平波作用下实测加速度时程（一）

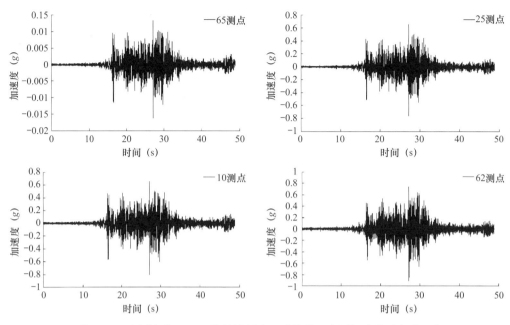

图 7-63　各测点在 0.33g 汶川地震清平波作用下实测加速度时程（二）

5. 傅里叶谱分析

对 0.33g 汶川地震波作用下天然状态边坡和饱和状态边坡坡面各个测点实测的加速度时程进行傅里叶变换，以研究地震波在坡体自下而上传播过程中的频率成分变化，如图 7-64、图 7-65 所示。

（1）天然状态

天然状态下各个高程处的傅里叶谱的峰值以及峰值对应的卓越频率见表 7-17。

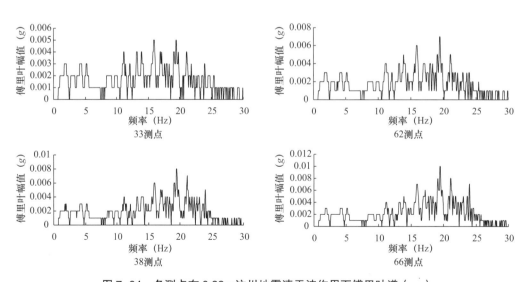

图 7-64　各测点在 0.33g 汶川地震清平波作用下傅里叶谱（一）

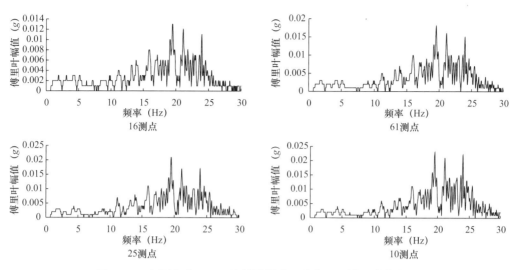

图 7-64 各测点在 0.33g 汶川地震清平波作用下傅里叶谱（二）

傅里叶峰值及对应的卓越频率 表 7-17

测点编号	高程（m）	傅里叶峰值（g）	卓越频率（Hz）
33	616	0.005	19.443
62	646	0.007	19.443
38	666	0.008	19.443
66	676	0.010	19.443
16	706	0.013	19.443
61	720	0.018	19.506
25	732	0.021	19.506
10	740	0.023	19.506

从表 7-17 中可以看出，随着高程的增加，地震波的傅里叶谱峰值逐渐增大。坡顶的傅里叶谱峰值是坡脚处的 5.6 倍，说明边坡对某一频率的地震波成分具有极强的放大作用。卓越频率随着高程的增加出现轻微的增长。

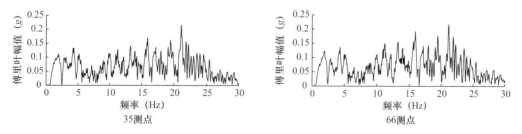

图 7-65 各测点在 0.33g 汶川地震清平波作用下傅里叶谱（一）

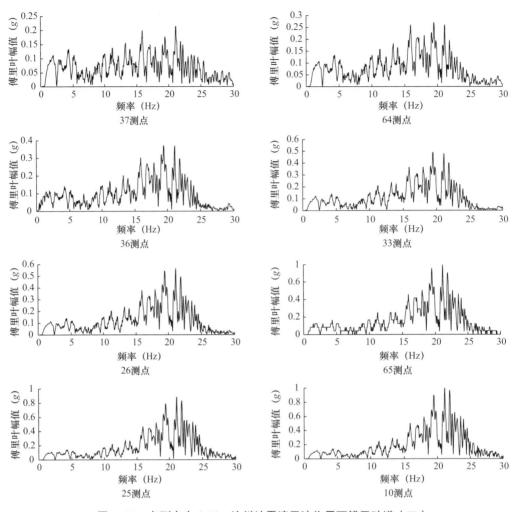

图7-65 各测点在0.33g汶川地震清平波作用下傅里叶谱（二）

（2）饱和状态

边坡饱和状态下，各个高程处的傅里叶谱的峰值以及峰值对应的卓越频率见表7-18。

傅里叶峰值及对应的卓越频率 表7-18

测点编号	高程（m）	傅里叶峰值（g）	卓越频率（Hz）
35	606	0.214	21.142
66	616	0.216	21.142
37	626	0.214	21.142
64	646	0.269	21.142
36	666	0.370	21.142
33	676	0.489	21.142
26	706	0.560	21.142

测点编号	高程（m）	傅里叶峰值（g）	卓越频率（Hz）
65	720	0.790	21.142
25	732	0.881	21.142
10	740	1.010	21.142

从表 7-18 可以看出，随着高程的增加，地震波的傅里叶谱峰值逐渐增大，坡顶的傅里叶谱峰值是坡脚处的 5.39 倍，说明边坡对某一频率的地震波成分具有极强的放大作用。与边坡天然状态下不同，边坡饱和时地震波卓越频率随着高程的增加不发生变化。

7.4　结论

依据试验的数据分析结果，得到以下结论：

（1）坡体中部（高程 676m）处抗滑桩的存在大大降低了抗滑桩所在位置以下坡面的加速度响应，在采用拟静力法计算边坡的稳定性时，可以适当降低边坡所受的水平地震作用。泥化夹层饱水后，坡面的加速度响应整体上弱于泥化夹层饱水前，在只考虑地震对边坡稳定性的影响时，以泥化夹层处于天然状态为危险工况进行计算和验算。

（2）泥化夹层天然状态下，边坡坡面位移随高程增加增长幅度较小，边坡中部抗滑桩处位移减小；泥化夹层饱和状态下，坡面位移较泥化夹层饱和前出现较大幅度增加。在坡顶局部地形发生变化处坡面位移较大，在对边坡进行加固支护时，不能忽视对局部地形变化较大位置的加固支护，以免因边坡局部的失稳破坏影响边坡整体的平衡稳定状态。

（3）0.15g 和 0.33g 地震波作用下，边坡坡面的最大位移为 16.05cm，出现在高程 696～706m 位置处，根据边坡稳定性位移判据可知，边坡在 0.33g 地震波作用下整体是稳定的，可能的破坏形式是 696～706m 位置处的局部溜塌破坏，应加强对该区域的支护和位移监测。

（4）天然状态下抗滑桩受荷段土压力的地震响应峰值小于饱和状态下的土压力响应峰值，且在峰值加速度为 0.15g 的抗震设防要求下，作用在抗滑桩受荷段的推力均未超过设计抗滑桩所能提供的抗力。

（5）在坡体中部（高程 676m）增设一排抗滑桩，显著地改变了预应力锚索的地震响应，使其地震响应规律以抗滑桩为界分为两部分。支护设计方案在 0.15g 抗震设防要求下无论泥化夹层处于天然状态还是饱和状态，加固边坡的整体稳定性较好，抗震性能良好，经济节约；在峰值加速度为 0.33g 地震和暴雨同时发生的极端情况下，坡顶锚索的轴力响应峰值超过设计最大锚固力，但超过量不大于 5%，支护方案边坡整体稳定性仍然能够保证。由于边坡中部抗滑桩对预应力锚索地震响应规律的影响，在支护结构设计时需着重考虑坡体中部抗滑桩的设计方案及其支护效果。

（6）地震作用下抗滑桩受荷段土压力的响应峰值表现为中间大两头小的趋势，抗滑桩受荷段中部的土压力地震响应峰值最大，可能是其薄弱部位，在抗滑桩抗震设计时需做局部加强处理。

第8章 软岩边坡监测

8.1 概述

边坡监测是边坡稳定性分析的重要组成部分。边坡的失稳破坏,是从降渐过程慢慢发展到突变过程,一般在破坏前都有某种前兆。由于边坡地质条件复杂性和影响边坡稳定性因素的不确定性,单从现象上直观观测边坡或一般的地质测绘手段很难真实评价和预测边坡的稳定性。而且,边坡的稳定状况会随着自然条件和时间推移发生变化,不能仅根据短时间内一定自然条件下的观测资料对边坡进行稳定性评价和未来边坡状态的预测。因此,在边坡的施工期和运行期需要采用远程监测的方法对边坡进行实时监测,为边坡变形与稳定性和加固处理效果的评价提供基础资料,切实掌握边坡岩体的变形规律,了解滑坡的动态、范围及规模,以便对边坡岩体的未来稳定状况、变形破坏和发展趋势作出预测,从而提出防治措施,避免人员和设备等的损失,这就是边坡工程安全监测的基本原理。

通过对边坡的监测,达到以下目的:

(1)得到边坡岩体变形的速度、位移大小及位移方向等直观资料,为进行相关位移动态变化分析及数值模拟提供计算参数。

(2)通过对监测资料的分析,深入认识边坡的变形机制、变形破坏的特征,提出相应的防治措施。

(3)评价边坡的稳定性,跟踪和控制施工进程,合理采用和调整施工工艺和步骤,做到信息化施工和取得最佳经济效益。

(4)综合利用长期观测资料,分析边坡变形破坏机制和规律,检验在防治工程设计中采用的理论模型和岩土体指标值的准确性,对已有的监测预报理论及模型进行验证、改进,提高监测预报技术方法。

我国地形地质条件复杂,西南地区由于受到高原地质活动的影响,形成了高山峡谷的地貌特征,带来了前所未有的高边坡稳定性问题。在大规模工程建设中,岩质边坡作为工程建筑物的基本环境,施工建设会在很大程度上影响原边坡的自然平衡状态,管理不当会造成边坡失稳与变形,形成滑坡等地质灾害。对此,岩质边坡的稳定性不仅影响工程本身的安全,也影响边坡整体的环境,岩质边坡稳定性问题在岩土工程领域的研究,已经成为我国在该领域科学和工程技术的热点及难点。

8.2 监测技术方法

边坡工程监测项目按照不同工程阶段，结合地质条件与支护结构设计、施工方法、工程的重要性及经济性等因素共同决定。目前，主要的边坡监测的内容大致可以分为地表变形监测、深部变形监测、支护结构监测、环境因素监测等。各种监测手段的目的、方法及监测设备见表 8-1。

边坡稳定性评价常用的监测手段　　　　　　　　　　　　　　表 8-1

监测内容	地表变形监测	深部变形监测	支护结构监测	环境因素监测
目的	监测边坡的表面位移变形情况	监测边坡的深部位移变形情况	监测边坡的支护（支挡）结构受力变化及防护安全性	监测边坡地表水和地下水变化、土体含水率、降雨量等
监测方法	大地测量法、近景摄影测量法、测缝法、GPS 测量法、InSAR 技术等	钻孔测斜法、竖井测斜法	混凝土应力监测、土压力监测和孔隙水压力监测等	传感器监测法
主要仪器	水准仪、经纬仪、钢卷尺、游标卡尺等	测斜仪、多点位移计、沉降仪等	应力计、土压力盒、锚索计、微变仪等	土壤水分仪、电测水位计、渗压计等

1. 地表位移监测

目前地表位移监测的方法主要包括：大地测量法、近景摄影测量法、干涉雷达测量法（INSAR）、GPS 测量法等。最常采用的是大地测量法，基本原理是从滑坡体外的稳定体上设立一系列基准点，通过滑体内各条块的各个部位上设立固定监测点，以基准点为不动点，监测点为运动点，通过观测监测点坐标同初始坐标的差异来确定监测点的运动状态。采用的仪器有全站仪、经纬仪和水准仪等。大地测量法技术成熟，精度较高，监控范围广，数据资料可靠，便于实时监测，但受到周围环境和气象条件的影响，工作量大，周期较长。其他方法如 GPS 测量法、数字近景摄影测量技术和 InSAR 合成孔径雷达干涉测量技术等自动监测边坡表面的水平位移和竖向位移，由于费用和技术成熟性问题，目前主要用于监测大型水利水电工程边坡和特别重要的边坡。

边坡表面裂缝监测是针对坡面的裂缝宽度进行测量，包括断层、裂隙、错动带等。观测常用仪器有测缝计、收敛计和钢丝位移计。也可在裂缝两侧设标点和测桩用钢尺和游标卡尺进行测量。

2. 深部位移监测

边坡的深部位移监测比地表位移监测能获取更深层次的反映边坡状态的资料。深部位移监测能较为准确地判断滑面的位置、滑坡主滑方向、滑坡由深到浅的位移量、速率的变化。一般常用方法是钻孔测斜监测，即采用倾斜仪每隔一定时间逐段测量钻孔的斜率，从而获得岩土体内部水平位移及其随时间变化的原位移观测方法。常用仪器有加速度计式测斜仪。主要特点是精度高，性能可靠，稳定性好，测读方便。

3. 支护结构监测

边坡的支护结构监测是通过测试防护与支挡结构所受压力、变形或位移，从而评价结构物的防护效果。防护和支挡结构包括抗滑挡土墙、预应力锚索框架梁、预应力锚索抗滑桩等。

应力测试的元件有：压应力计、土压力盒和锚索计等。在支护结构中的抗滑桩和挡土墙所受的压力，一般采用土压力盒测定；埋设土压力盒与边坡支护结构类型和受力状况有关，一般的抗滑挡土墙和锚索应设置在梁背、墙背；抗滑桩则设置在桩后和桩前，测定位移产生内力变化。对于测试内力状况的抗滑桩及锚索预应力变化情况，则采用钢筋计、锚索计。

4. 环境因素监测

环境因素监测主要指的是自然因素对边坡的作用，这些因素在滑坡的形成演化过程中或多或少地起到了推动作用。环境因素观测内容主要有：气象监测、降雨量监测、地下水地表水变化等。

降雨量可通过雨量计进行自动化监测；土体湿度采用土壤水分仪；地下水位监测采用电测水位计；采用渗压计法监测地下水的渗流压力。

另外，除了以上各种监测方法外，边坡还需要定期巡视，观察坡体的异常，即安排人员在边坡施工过程中按特定路线进行巡视，发现边坡施工过程中可能存在的问题，如坡面出现裂隙、地面鼓胀、局部坍塌等，相比于地表监测和深部位移监测手段，边坡巡视能更加直观、及时地反映边坡变形的异常迹象，通过应急处理能有效地排除危险情况的发生。

8.3 边坡监测设计

8.3.1 监测设计的原则

边坡监测设计必须建立在对滑坡区工程地质环境和滑坡成灾机理、演化过程详细研究的基础上。只有充分了解和掌握滑坡水文地质环境、岩土体形状、滑坡基本特征、成因机制、控制和影响滑坡稳定性的因素、变形特征等，才能合理、有针对性地进行滑坡监测设计。

每个边坡都有自己的特点，对单一的滑坡灾害应根据具体情况来实施监测设计，但大体上监测设计都有一定的共性。一般的监测设计应当遵循以下原则：

（1）针对滑坡防治每一环节的监测应目的明确、突出重点。通常在滑坡监测设计中以滑坡的整体稳定性评价和预警为主，同时针对主要的影响因素提出单项监测方案。

（2）监测应贯穿滑坡防治的全过程。为此，监测工作最重要的一环就是及时，即及时埋设、及时观测、及时整理数据和及时分析反馈信息。任何一个环节的不及时，都可能降低或失去监测工作的意义，甚至造成更大的损失。

（3）滑坡前期地质调查、滑坡防治施工和运行期监测应相互结合、相互衔接，将三个阶段的监测设计有效地结合在一起。

（4）布置仪器力求少而精。仪器数量在保证监测工作顺利完成的前提下尽可能减少。根据前期地质调查，通过分析其他方面的监测数据，预测滑坡可能的最大变形量，采用的仪器应满足精度和量程的要求。

（5）滑坡监测以仪器测量为主，人工巡视、宏观调查为辅，力求仪器测量和人工巡视相结合；仪器量测常以人工测量为主，重点部位少量进行自动化监测；即使进行自动化监测的仪表，仍应进行人工量测，以确保重点万无一失。

（6）力求技术先进、系统可靠、方便适用、经济合理。在确定了监测的重点和关键部位及主要的测量物理参数后，选择技术先进、系统可靠、方便适用、经济合理的观测手段和方法。对涉及整体稳定性的边坡监测，考虑多种方法的结合，以便相互印证。无论采用哪一种观测手段，系统可靠和技术先进都是第一位的。

（7）滑坡治理施工期避免或减少施工干扰。施工干扰主要是指爆破、车辆通行、出渣、打钻、偷盗、破坏等，对监测工作影响较大，应尽量避免。采用抗干扰能力较强的仪器，加强监测设施的保护。

（8）监测设计应留有余地。监测过程常伴有一些不确定因素，如地质条件不清楚、施工开挖过程中发现的地质缺陷、原设计可能出现的考虑不足等问题，需要修改和补充设计。

8.3.2　监测项目选择的依据

滑坡监测防治过程分为：滑坡工程勘察设计阶段、防治工程施工阶段和滑坡治理竣工运行阶段。对于某些滑坡，有些监测项目应当贯穿于整个滑坡防治工程，由于作用因素是长期的，其危害性一时不能确定，故将其监测工作延续至运营期。在滑坡防治过程的各个环节中监测的重点与目的也有所不同，监测技术应当同滑坡各个阶段的目的相结合，根据目的性选择相应的监测项目。下面，将滑坡防治各个阶段监测技术起到的作用分述如下：

1. 勘察设计阶段监测技术的作用

在滑坡防治前期地质调查过程中，监测项目应分步进行。在初步勘察后，应提出一些简易观测和单项观测的项目。在进行定性勘察中，常按照需要对滑坡进行全面的观测，以精密仪器观测为主，结合简易观测来查明滑坡变形特征等性质。某些监测项目可适当用于大部分滑坡，这些监测项目一般是在滑坡的工程地质勘察阶段就应该开展，同滑坡的勘察相结合，以便相互补充说明。

滑坡工程地质勘察阶段监测技术应起到以下作用：

（1）确定滑坡变形范围边界及其发展过程；

（2）确定滑坡的滑动方向及滑坡可能扩大的范围，为滑坡空间范围的预测提供依据；

（3）测定滑坡的滑动速度和滑距，为滑坡发生的时间预测提供依据；

（4）查明滑坡滑动的机理和机制；

（5）查明影响滑坡稳定性的因素。

2. 滑坡治理设计阶段监测技术的作用

在滑坡治理方案确定及设计阶段，滑坡监测项目的设置和选择应当为滑坡治理服务。针对滑坡治理方案制定和支护设计中需要但还不明确的信息，选择合适的监测项目。

滑坡治理设计阶段监测技术应当起到以下作用：

（1）确定正在滑动的滑动面的数量和位置、滑体内部变形特征及滑坡的其他特征信息，为设计荷载及其他设计参数提供依据；

（2）确定滑坡区内各个滑动块体的分类；

（3）为滑坡各个部分的受力关系提供资料，为治理方案的制定提供依据；

（4）滑坡主体、抗滑、牵引地段的划分，为治理方案的制定提供依据。

3. 滑坡治理施工阶段监测技术的作用

在滑坡治理施工阶段，监测的主要任务是确保施工的安全进行，通过分析施工诸多因素对滑坡造成的影响，预测滑坡在施工期间可能的稳定状态。通过监测发现治理措施的效果，及时反馈设计，以便及时修正、完善设计方案。若施工工序或工法对滑坡稳定性产生了不良影响，应当停止施工或者更改施工工序，若出现险情应及时预报。

滑坡治理施工阶段监测技术应当起到以下作用：

（1）施工爆破、震动等对滑坡稳定性的影响，确保施工的安全进行；

（2）施工开挖对滑坡稳定性的影响，为施工工序的调整提供依据。

4. 滑坡治理运行阶段监测技术的作用

由于滑坡体介质及滑动过程的复杂性，加之滑带土强度随外界因素变化而变化，很难准确估算滑坡实际推力状态及其变化过程。当抗滑结构建成后，若结构抗滑能力过大而实际滑坡推力较小则造成浪费，设计显得过于保守；反之，则可能产生变形过大或断桩等危害。抗滑效果如何，是否能达到预期目的，最为直观的评价方法是通过对抗滑结构的变形、位移进行监测及整治后滑坡体地表位移或深部位移进行监测。通过测试抗滑结构所受压力、变形或位移可评价结构物的抗滑效果，同时还可检验施工的质量。

滑坡治理运行阶段监测技术应起到以下作用：

（1）支护结构与滑坡的相互作用；

（2）滑坡治理的效果及边坡的长期稳定性。

8.3.3 监测仪器布置的原则

在滑坡监测中，针对监测点的选择要遵循一定的原则，不能盲目；否则，难以反映滑坡的实际情况，造成浪费。监测仪器的布设应按照以下的原则进行：

（1）按断面集中布置：滑坡监测常按地质剖面布置仪器，以便监测成果能结合地质资料进行分析研究；监测断面应选择地质条件较差、变形较大、可能产生变形破坏的部位；仪器应布置在坡体的不同部位、不同高程，以便对坡体的稳定性在空间上进行整体控制；一般情况下，对规模较大的重要边坡布置多个监测断面，但应分清主次，主要断面的仪器数量适当增加，监测项目多些，次要断面以变形监测为主，仪器数量适当减少。

（2）在主要监测断面也应适当考虑对支护体和抗滑结构的监测，因支护结构的稳定也是边坡整体稳定的重要组成部分。锚索或锚杆加固时，应观测锚索和锚杆的预应力变化过程，一般观测锚索的数量占锚索总量的3%～5%。对重要边坡的主要监测断面，应考虑将此两种观测手段同时布置，以便观测成果的相互验证、校核。

（3）仪器埋设部位、深度的确定和测点布置：变形观测仪器的埋设位置应选在岩土体性能较差、预计变形较大的地方。这些部位可根据坡体的地质条件、地形条件和变形破坏模式，经分析或数值模拟计算后确定，应避免在变形可能不显著的地方安装仪器。支护体的受力监测应选择在受力最大、最复杂的滑动面附近，锚索监测应选择在坡体变形大、锚索预应力可能损失或增加的部位，测缝计应尽量安装在断层、破碎带、裂隙或坡面出现裂缝的部位。

（4）监测布置应考虑实施的可能性和施工、安装、观测的方便，避免或减少对土建工程施工的干扰；同时，应将观测钻孔安排在合适位置，避免观测钻孔之间及观测孔与锚索孔等在空间上的交叉。

（5）对滑坡变形监测的布置应根据滑坡的变形破坏机制与演化的特点，将监测点布置在应力集中或变形明显的关键部位。从对这些监测点的数据分析，可以比其他部位的监测点更准确地判断出滑坡所处的变形演化阶段，从而提出防治措施。

8.3.4 监测仪器选型原则

在实际监测设计选用仪器时，仪器的技术性能、埋设和测读的简繁及费用的合理性，是必须考虑的问题，由于仪器种类繁多，各具特色，技术性能和运用条件各不相同，要做好安全监测，就必须针对仪器型号有所选择。许多工程由于没有质量标准和全面的选型原则，盲目采用进口仪器，或者主观的采用自己习惯和自制的仪器，造成仪器失效和测得的资料不符实际等，无法分析。有些仪器虽然性能可靠，但是由于实际应用较少，在环境恶劣的岩土工程中，不能贸然采用。通常监测仪器的选型应遵循以下原则：

（1）可靠、实用。监测仪器首先必须要求准确，可靠；具有防水、防潮、抗雷电、防磁等性能，能在温差较大的露天环境下工作且零飘小。长期稳定和正常工作，有很好的绝缘度（＞50MΩ）。

（2）监测仪器的精度应当达到要求。精度和量程应根据滑坡的岩性构造不同而不同。对岩体滑坡精度要求较高，如通常水准测量每公里偏差应当小于 ±（1.0～1.5）mm。对破碎、软弱岩体或土质滑坡精度要求可适当低些，每公里偏差不超过 ±3.0mm。量程越小的仪器，精度要求越高。

（3）用于永久监测的仪器要求维修方便，更换和保护牢靠。施工期监测仪器力求结构、安装和操作简单，价格相对较便宜。不因施工期间仪器受开挖、钻孔等扰动容易损坏。

（4）兼顾自动化监测的需要，对于要求自动化监测的仪器，应能满足实现自动化的要求。如测斜仪在有条件的情况下尽量埋设固定式的，通常先采用活动式钻孔测斜仪，确定滑动面的位置后再在滑面上下布置固定式测斜仪，做到节约经费和避免盲目性。

（5）仪器类型应尽量单一，对于同一个工程仪器类型应尽量少或单一，以便二次仪表公用。

（6）综合比较，传统仪器与新技术结合使用。选择仪器要做综合分析比较，在保证可靠、实用和满足其他基本要素的前提下，应进行成本和功能比较，尽量做到功能强、成本低。传统仪器通常是经过多个工程验证的可靠技术方法，以传统为标准来考验新技术的适用性，对新技术进行探索。

8.4 飞凤山边坡监测设计

8.4.1 项目概况

飞凤山中低放固体废物处置场地质灾害包括边坡地质灾害和场地地质灾害，其中边坡地质灾害位于拟建处置场南侧和西侧，东西长约 650.0m，最大高差 130.0m，包括Ⅰ、Ⅱ、Ⅲ三个分区。Ⅰ区位于处置场边坡的西段，主要由 1 号滑坡和变形影响区组成，东西宽约 150m，平均斜长约 220m，最大高差 110m；Ⅱ区位于飞凤山处置场南侧，与 1 号滑坡紧邻，由 2 号滑坡和岩质边坡组成，南北长约 260m，东西宽约 170m，最大高差约 130m；Ⅲ区位于处置场西侧后山的大部分区域，分为 3 个亚区，最大高差约 90m，平均宽约 390m，平均斜长约 90m。场地地质灾害位于拟建处置场北侧和东侧，包括漂草湾不稳定斜坡和车库后缘不稳定斜坡，其中漂草湾不稳定斜坡由上部填方区边坡和中下部两个滑坡组成，车库后缘不稳定斜坡位于处置场北侧，坡脚长度约

150m，平面面积约 6200m²，垂直高差 15～55m。

随着边坡的不断开挖，坡脚逐渐失去支撑，边坡原有的自然平衡被打破，岩体逐渐松弛，在地表水和地下水的不断作用下，边坡的稳定性受到威胁。因此，根据边坡类型、变形破坏特征和坡体结构分三个边坡区进行加固治理，治理措施分为抗滑桩、格构、锚索（杆）、地表截（排）沟、仰斜式排水孔和渗沟等。共布置抗滑桩 294 根，锚索 2759 根，锚杆 4084 根，截排水 9390m，仰斜式排水管 6054m。

为了确保边坡在施工过程中及加固整治后边坡的安全，对边坡进行监测，以分析其变形趋势，判断运行状态的稳定性与危险性，做好实时预警预报。同时，将监测的数据反馈施工单位，施工单位再根据监测结果判断坡体的变形情况，及时调整施工工艺进度，采取相应的措施，防止施工过程中边坡发生滑移、垮塌，保障施工人员的人身及财产安全。

本工程监测工作范围主要是处置场地南侧边坡和场地边坡，包括：边坡Ⅰ区、边坡Ⅱ区、东侧边坡、车库后缘不稳定斜坡和漂草湾不稳定斜坡，具体工作范围为处置单元 606m 平台，向南延伸至已建截洪沟外 50m，向北延伸至场地边坡坡脚（578m），如图 8-1 所示。

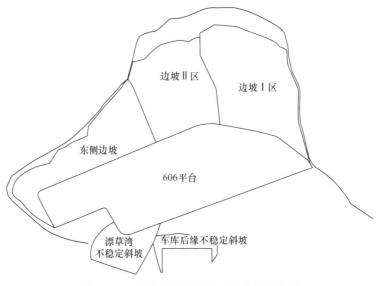

图 8-1　飞凤山处置场监测工作范围示意图

8.4.2　飞凤山边坡监测项目设计

在飞凤山滑坡监测中，综合考虑了飞凤山岩质边坡的特点、监测的目的等，确定了如下监测项目：地表位移监测、深部位移监测、支挡结构顶部位移及应力监测、锚索应力监测、地下水水位和水压监测、雨量监测和边坡巡视。

1. 地表变形监测

飞凤山边坡地表变形监测从项目施工阶段开始，监测内容分为地表水平位移监测、地表垂直位移监测及支挡结构水平位移监测。

水平位移监测采用瑞士莱卡 TM30 型全站仪，垂直位移监测采用瑞士莱卡 DNA03 电子水准仪，主要参数见表 8-2。

地表变形监测仪器参数指标　　　　　　　　　　表 8-2

设备名称	型号	主要技术参数及优点	用途	产地
全站仪	TM30	测角精度 0.5″，测距精度 0.5ppm+1ppm	水平位移监测	瑞士
水准仪	DNA03	0.3mm 铟钢尺（每公里往返）	垂直位移监测	瑞士

2. 深部位移监测

深部位移监测是为了确定坡体内部位移和变化速率，了解变形的机理，得出坡体不同深度的位移值及变化速率，分析滑带深度，了解边坡可能滑动深度范围内的变形情况，确保边坡安全。飞凤山工程项目深部位移监测从项目施工阶段开始。

深部位移监测采用的仪器有滑动式测斜仪和多点位移计。主要参数如下：

（1）HCX-5 滑动式测斜仪

轮距：500mm

量程：±30°

刻度因数：2.5v/g

显示精度：0.01mm

线性度：0.02%FS

重复性：0.002%FS

系统精度：±2mm/25m

温度范围：-20～+50℃

温度系数：0.02%FS/℃

冲击震动：50000g

（2）多点式位移计

在监测对象地面以下不同深度埋置的应变计，根据应变计的相对变形情况判断监测对象的位移，监测精度为 0.01mm；用频率读数仪测读不同深度测点的位移变化，仪器通过 sim 卡自动将监测数据发往电脑终端。

3. 支护结构应力监测

飞凤山边坡工程应力监测包括两个部分：①锚索应力监测；②抗滑桩（主筋）钢筋

应力监测。应力监测分三个阶段，即施工安全监测、防治效果监测、动态长期监测。目前已完成了前两个阶段的监测任务，2015年度的施工安全监测和2016～2018年度的防治效果监测后转入动态长期监测阶段。

（1）针对锚索受力，采用MXR-1020型振弦式锚索测力计进行监测，参数指标见表8-3。

MXR-1020型振弦式锚索测力计主要技术指标 表8-3

规格	600	700
量测范围（kN）	0～600	0～700
分辨率（%F.S）	≤0.08	
温度测量范围（°C）	−25～+60	
温度测量精度（°C）	±0.5	

（2）针对抗滑桩受力，采用GXR振弦式钢筋测力计进行监测，参数指标见表8-4。

GXR振弦式钢筋测力计主要技术指标 表8-4

型号	GXR-110		GXR-111	
规格	$\phi18$			
量测范围（MPa）	最大压应力100	最大拉应力200	最大压应力160	最大拉应力250
分辨率（%F.S）	≤0.05		≤0.04	
温度测量范围（°C）	−25～+60			
温度测量精度（°C）	±0.5			

4. 地下水监测

为掌握施工过程及竣工后处置场地下水动态变化情况，对施工后处置场地下水疏排情况长期动态跟踪，及时发现地下水异常变化情况，分析地下水对飞凤山处置场的影响，了解边坡地下水压力，在处置场边坡及场地内共布置了26个水文长期观测孔，从项目施工开始进行地下水监测。

地下水位监测采用自动监测设备Diver，监测精度为7mm；地下水压力监测设备的量程为1MPa，测量精度为0.3%F.S，分辨率为0.1%F.S。

5. 雨量监测

雨量监测的目的是全面、真实地掌握项目区降雨情况，及时调整各监测分项的汛期监测频率，应对暴雨威胁，提出应急抢险措施。本地区的雨量主要集中在每年7～9月份，本项目雨量采集起始时间为2015年3月19日，除工程竣工后的2016年1～4

月进行仪器升级，采集数据有断续外，其余月份雨量采集均可正常进行，采集频率为每天 / 次。所有雨量数据可以及时汇总到监测采集设备，并通过无线发射装置发送到数据采集终端，分析汇总后上报。

监测仪器为翻斗式雨量计，采用数据采集设备自动记录降雨量。仪器精度如下：

分辨率（精度）：1mm；

降雨强度测量范围：0.01～4mm/min（允许通过最大雨强 8mm/min）；

翻斗计量误差：≤±3%。

6. 边坡巡视

通过人工巡视检查，及时发现巡视检查对象异常和危险情况，并做好检查记录，与仪器监测数据进行对比和综合分析，及时采取相应处理方式。边坡巡视的内容有气温、雨量、风级、水位、边坡裂缝、位移，监测点位完整情况等。

巡视检查以目测为主，同时辅以锤、钎、量尺、放大镜等工具，并以摄像、摄影等设备进行辅助。

8.4.3　飞凤山边坡监测点位设计

在工程项目区地质灾害及其影响范围内建立地表监测网，进行施工安全监测和防治效果监测。针对治理对象采取地表位移和深部位移相结合的监测措施，布置地表位移监测点 43 个，深部位移监测点 17 个；根据采取的综合治理措施，采用位移与应力相结合的监测措施，布置支挡结构顶部位移监测点 35 个，钢筋应力监测点 90 个，锚索应力监测点 140 个；针对项目区复杂的地下水条件，布置地下水位监测点 26 个，地下水压力监测点 4 个；在项目区布置雨量监测 1 站，实时监测降雨情况；同时，安排人工定期巡视，及时发现监测对象的异常和危险情况。

8.5　飞凤山边坡监测数据分析

本项目的监测工作划分为施工安全监测、防治效果监测和动态长期监测三个阶段。其中，施工安全监测从工程开工至项目竣工验收，开始时间为 2015 年 1 月 21 日，结束时间为 2015 年 12 月 30 日；竣工验收以后各个监测点转化为永久性监测点，开始治理效果监测，治理效果监测结束时间为 2018 年 12 月 30 日，治理效果监测结束后即转入动态长期监测。本节监测数据分析及信息反馈的时间段为 2016 年 1 月至 2018 年 12 月，属于治理效果监测阶段。

8.5.1　地表位移监测数据分析

本节选取边坡 I 区典型剖面 a-a′上的监测点 DJ27～DJ30 进行地表位移数据分析，

监测点位高程在 620～703m 之间，各监测点的累计水平位移曲线、累计垂直位移曲线如图 8-2、图 8-3 所示。

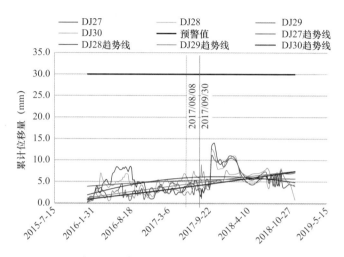

图 8-2　水平位移点 DJ27～DJ30 时间－位移量曲线图

（图中，红线分别代表 2017 年 8 月 8 日九寨沟 7.0 级地震和 2017 年 9 月 30 日青川县 5.4 级地震）

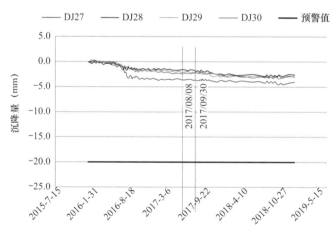

图 8-3　垂直位移点 DJ27～DJ30 时间－位移量曲线图

（图中，红线分别代表 2017 年 8 月 8 日九寨沟 7.0 级地震和 2017 年 9 月 30 日青川县 5.4 级地震）

在 2016～2018 年间，各监测点水平位移量变化波动较大，在 2016 年 6 月～10 月、2017 年 5 月～11 月，2018 年 6 月～10 月形成 3 个位移变化小高峰，此后位移量逐渐回落，分析原因可能为雨期强降雨导致坡体表面发生剧烈变形；Ⅰ区典型剖面 a-a′ 上垂直位移监测点（DJ27～DJ30）中，DJ28～DJ30 点垂直位移变化较缓；DJ27～DJ30 点水平位移变形趋势逐渐收敛。DJ27 点在 2016 年 7 月～9 月垂直位移变化较大，变化量约为 2mm，分析原因可能为雨期所致；在地震作用下，边坡地表发生微量变形，但震后变形回弹，地震对边坡整体没有影响。

分析显示，边坡在监测过程中变形正常，雨期时水平位移较大，但是该变形属于弹性变形，雨期过后有反弹的趋势，累计最大位移及变形速率均未超过预警值及预警速率，边坡处于稳定状态，根据各监测点时间－变形回归曲线分析，各监测点在 2015 年 1 月～2016 年 6 月变形量较大，变形趋势呈快速增加。2016 年 6 月以后，变形减缓，变形量极小，变形趋势呈缓慢增长。根据各监测点的变形趋势，可以推测治理后的边坡趋于稳定，位移值逐渐收敛，后期可转入动态长期监测。

8.5.2 深部位移监测数据分析

理想情况下，测斜管在进入钻孔安装时保持竖直，并将管壁与孔壁之间间隙填充密实，此时测斜管任意高度的水平位移为 0，累积深度位移曲线应为竖直线。但实际操作过程中，监测孔成孔和测斜管安装时无法保证处于绝对竖直。因此，各监测孔的初始曲线不能反映监测对象的变形特征，深部位移监测需通过多次观察，对不同时间的监测曲线进行对比分析确定变化趋势。

本节选取的深部位移监测点 SJ14～SJ17 位于 I 区典型剖面 a-a′，SJ14 位于 I 区顶部，SJ15、SJ16 位于 I 区上部，SJ17 位于 I 区中下部。由于数据过多，在监测期间按照等时间间距，选取监测节点，组成累积深度位移曲线进行对比，各监测点的累计深部位移曲线如图 8-4 所示。从位移与孔深关系看，各监测曲线形态基本吻合，累计位移幅度变化不大，无突变形态，反映各监测点在监测期间无变形。

I 区顶部土体在 2016 年 5 月份之前的枯水期处于近似干燥状态，进入 5 月份后，由于降雨量突增，地表水下渗，该富水区土体迅速吸水达到近饱和状态，深部土层发生略微膨胀，造成 14# 和 15# 监测孔的累积偏移量分别在 5 月和 6 月达到峰值。7 月降雨量继续增加，由于表面土层已达到近饱和状态，入渗量降低，大部分雨水从土体表面流走，所以累积偏移量没有继续增加，随着 8、9 月份降雨量急剧降低，土层含水量减少，造成 14 号和 15 号监测孔的累积偏移量逐渐回落。其原理类似于水库首次蓄水时，塌岸现象发生频率最大，库岸处于最危险状态。

在深部位移监测过程中，对每个监测孔的深部位移相对值进行了汇总统计，并与监测预警值进行了对比，如图 8-5 所示。由相对位移曲线可见，所有监测孔变形速率远未达到 2mm/d。14～16 号孔位的相对位移值变化趋势整体平稳，除在强降雨月份出现异常弹性变形（后恢复正常）外，均在预警值之内。从初始监测日期开始至 2016 年初，受施工开挖影响，数据上下波动较大，范围约 0～50mm，振幅较大；而 2016 年初至 2016 年底，数据上下波动范围缩小，振幅有所减小；2016 年底至今，数据波动振幅明显减小，上下波动范围为 10～30mm，明显可见 14～16 号孔位的变形趋势趋于稳定，变形趋于收敛。

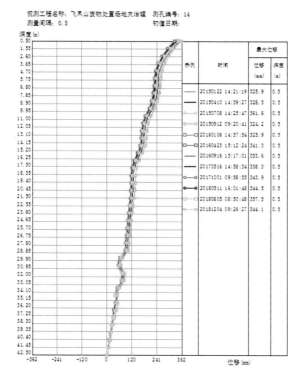

(a) 14号孔监测累积深度位移曲线

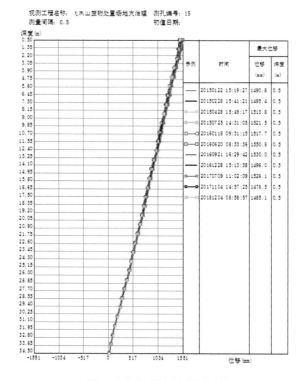

(b) 15号孔监测累积深度位移曲线

图 8-4　累积深度位移曲线（一）

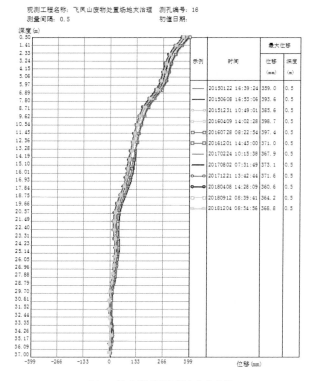

(c) 16号孔监测累积深度位移曲线

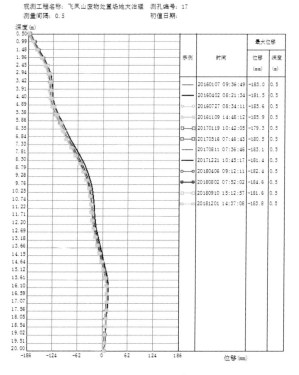

(d) 17号孔监测累积深度位移曲线

图 8-4　累积深度位移曲线（二）

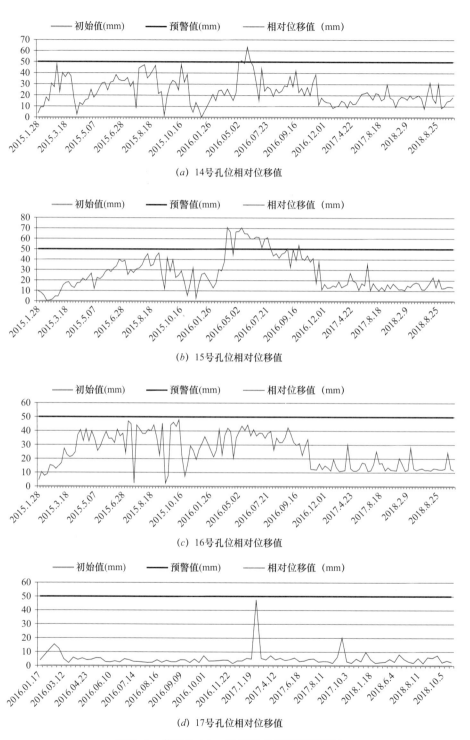

(a) 14号孔位相对位移值

(b) 15号孔位相对位移值

(c) 16号孔位相对位移值

(d) 17号孔位相对位移值

图 8-5　监测孔 14～17 号孔位相对位移统计

另外，除个别数据外，17 号孔位相对位移值上下波动范围始终处于 0～10mm，数据波动振幅很小，明显可见 17 号孔位附近坡体在施工后一直处于稳定状态。根据统计曲线可知，2017 年 2 月 14 日的异常监测数据（47.51mm）位于单峰型曲线顶部。对此峰值进行分析，峰值之前数据为 1 月 19 日所测 4.95mm，峰值之后数据为 2 月 23 日所测 5.45mm，峰值为单一异常数据，其前后数据均为正常，未受其影响。2 月 14 日处于枯水期，查找雨量记录后，发现 2 月份并无降雨，也无地震影响，故判断此次峰值数据为人工测量误差。

8.5.3　应力监测数据分析

飞凤山应力监测主要分为两个部分：锚索应力监测和抗滑桩钢筋应力监测。

1. 锚索应力监测

锚索应力监测点均匀分布于飞凤山Ⅰ区 611～696m 高程段、Ⅱ区 616～726m 高程段、Ⅲ区 636～646m 高程段及 606m 高程桩锚上。将边坡锚索应力监测情况进行了梳理，将相邻两个年度的监测数据均值增量变化情况及监测数据振幅增量变化情况进行了分段统计绘图，选取Ⅰ区高程 616～626m 段应力监测数据进行分析，监测数据变化情况如图 8-6、图 8-7 所示。从图 8-6、图 8-7 中可知，锚索施工完成后的 2015、2016 年度，应力调整较为明显，但整体振荡幅度并不大，且远低于报警阀值；进入 2017～2018 年度，应力调整明显趋于稳定，监测均值增量及监测数据振幅增量总体大幅下降，多趋于零值或负值，反映监测数据更趋于平稳，呈逐年收敛趋势，边坡治理效果良好，边坡锚索应力监测可进入动态长期监测，但是锚索应力监测设备设计使用寿命为 3～5 年，随着使用寿命的临近，会逐渐失效。建议进入动态长期监测后根据锚索应力监测设备损毁情况，调整增加地表位移和深部位移监测，并增加自动监测设备的比例，做到自动采集数据。

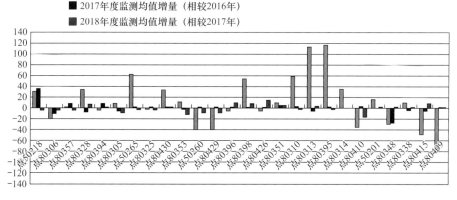

图 8-6　边坡 616～626m 高程段锚索应力各年监测均值增量变化情况统计表

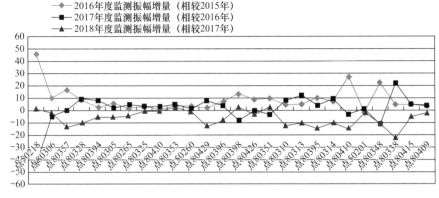

图 8-7　边坡 616～626m 高程段锚索应力各年监测数值振幅增量变化情况统计

2. 抗滑桩钢筋应力监测

抗滑桩钢筋应力监测的结果与锚索应力监测的结果一致，各钢筋应力监测点在监测时间内均未出现报警阀值，各期监测数据均表现正常，在边坡防治效果监测期间，各期数据基本稳定，无奇异点出现。反映出边坡支挡构筑物受力均处于正常状态，边坡治理效果良好，处于稳定状态。

8.5.4　地下水监测

由于监测孔分布区域不同，对地下水监测的分析，按照边坡以及边坡后缘两个部分进行分析。地下水监测从 2015 年 1 月施工开始，根据不同的监测阶段，按照拟设的监测频率实施监测，并在雨期或地震发生后加密了监测频率。2015～2018 年监测期间地下水随雨量变化情况如图 8-8 所示。其中，由于施工影响，边坡内监测孔于 2015 年 11 月完成并开始使用。

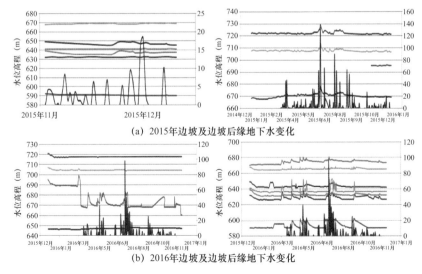

(a) 2015年边坡及边坡后缘地下水变化

(b) 2016年边坡及边坡后缘地下水变化

图 8-8　2015～2018 年地下水随降雨量的变化（一）

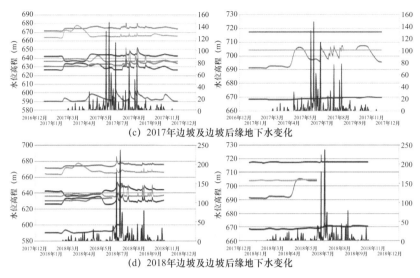

(c) 2017年边坡及边坡后缘地下水变化

(d) 2018年边坡及边坡后缘地下水变化

图 8-8 2015～2018 年地下水随降雨量的变化（二）

由图 8-8 可知，边坡及边坡后缘的地下水变化主要受降雨的影响，水位涨幅与降雨时长、强度呈正相关；从降雨时间和地下水位变化情况可以看出，边坡地下水位变化较降雨时间略有滞后，说明降雨后坡体表面截排水效果较好，降雨后快速地排走了坡体表面的雨水。而地下水的上涨主要是由于整个山体的降雨入渗后，地下水经过了一段时间汇流，才引起了边坡地下水的上涨。

8.5.5 雨量监测

本项目雨量采集起始时间为 2015 年 3 月 19 日，采集频率为每天 / 次。各年度降雨量及各年日均降雨量见表 8-5，各年降雨量对比如图 8-9 所示。

2015～2018 年度飞凤山处置场年降雨量及年日均降雨量统计　　　表 8-5

监测年度	2015 年（mm）	2016 年（mm）	2017 年（mm）	2018 年（mm）
年降雨量	1636.6	798.7	1436	1793.6
日均降雨量	4.48	2.18	3.93	4.91

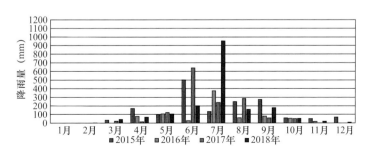

图 8-9 2015～2018 年各月降雨量汇总图

场区四年总降雨总量为 5664.9mm。其中，2018 年降雨量最大，达到 1793.6mm，降雨最多的月份有 6、7、8、9 四个月，其中尤以 6、7 月份降雨最大，合计雨量达 3074.3mm，占四年总量的 54.27%。各年暴雨发生日全部集中于 6～9 这四个月内，每年暴雨发生频次 5～10 次。

结合边坡的地表位移监测数据、深部位移监测数据分析降雨量与边坡特征的关系，可得到数据波动较大总是在大的降雨发生后不久，但变形值都在预警值范围内，边坡并未发生失稳现象。

8.6 小结

通过对水利工程、岩土工程、边坡工程中的安全监测理论和方法的回顾，对岩质边坡安全监测的目的、内容和方法的总结，可以看出监测在岩土工程领域已经得到了足够的重视，通过监测来指导设计、施工已经成为边坡工程建设中的重要环节。本章对飞凤山处置场软岩边坡在施工过程中和竣工前后采用的监测方案进行了详细的介绍，并对监测结果进行了分析，结果显示：

（1）在边坡监测期间，各监测点水平位移量和垂直位移量变化波动较大，系强降雨所致。但累计最大位移及变形速率均未超过预警值及预警速率，边坡处于稳定状态。

（2）在监测期间，各监测点累计位移幅度变化不大，无突变形态，反映各监测点在监测期间无变形；相对位移值变化趋势整体平稳，除在强降雨月份出现异常弹性变形（后恢复正常）外，均在预警值之内，坡体处于稳定状态。

（3）抗滑桩钢筋应力监测的结果与锚索应力监测的结果一致，各监测点在监测时间内应力值均未出现报警阀值，各期监测数据均表现正常。在边坡防治效果监测期间，各期数据基本稳定，无奇异点出现。反映出边坡支挡构筑物受力均处于正常状态，边坡治理效果良好，处于稳定状态。

（4）边坡及边坡后缘的地下水变化主要受降雨的影响，水位涨幅与降雨时长、强度呈正相关；边坡地下水位变化较降雨时间略有滞后，说明降雨后，坡体表面截排水效果较好，降雨后快速地排走了坡体表面的雨水；而地下水的上涨主要是由于整个山体的降雨入渗后，地下水经过了一段时间汇流，才引起了边坡地下水的上涨。

（5）场区四年总降雨总量为 5664.9mm。其中，2018 年降雨量最大，降雨最多的月份有 6、7、8、9 四个月，其中尤以 6、7 月份降雨最大，每年暴雨发生频次 5～10 次。在预警值范围内，边坡在监测期间内稳定，并未发生大的变形。

参 考 文 献

［1］ A Geuze E C W, K Tan T. 1954. The mechanical behavior of clays. Processing of the 2nd International Conference on Rheology, New York, 247－259.

［2］ Anderson R S. 1994. The growth and decay of the Santa Cruz Mountains. Journal of Geophysical Research, 99: 20161－20180.

［3］ Bieniawski Z T. 1976. Proceedings of the symposium on exploration for rock engineering. Rock massclassificationin rock engineering, Johannesburg: 97－106.

［4］ Bieniawski Z T. 1976. Rock mass classification in rock engineering. Proceedings of the symposium on exploration for rock engineering. Johannesburg: 97－106.

［5］ Burchfiel B C, Z Chen, Y Liu et al. 1995. Tectonics of Longmen Shan and adjacent regions. Central China. Int Geol Rev, 37: 661－735.

［6］ Chen Zhiliang, Buchifiel B C, Liu Yuping, King R W et al. 2000. Global positioning system measurements from eastern Tibet and their implication for India/Eurasia intercontinental deformation. J. Geophys.Res., (B7): 16215－16228.

［7］ Clark M K, Royden L H. 2000. Topographic ooze: building the eastern margin of Tibet by lower crustal flow. Geology, 28(8): 703－706.

［8］ Cui X F, Hu X P, Yu C Q et al. 2011. Research on focal mechanism solutions of Wenchuan earthquake sequence. Acta Scientiarum Naturalium Universitatis Pekinensis (in Chinese), 47(6): 1063－1072.

［9］ Dai L M, Li S Z, Tao C H et al. 2012. Kinematic characteristics of Longmenshan active fault zone and its tectonic implication. Journal of Jilin University (Earth Science Edition) (in Chinese), 42(sup.2): 320－330.

［10］ Densmore A L, Ellis M A, Li Yong, Zhou Rongjun, Hancock G S, Richardson N. 2007. Active tectonics of the Beichuan and Pengguan fault at the eastern margin of the Tibet Plateau. Tectonics, 80(8): 113－127.

［11］ Dirks P H G M, C.J.L Wilson, S Chen, Z.L Luo, S Liu. 1994. Tectonic evolution of the NE margin of the Tibetan Plateau; evidence from the central Longmen Mountains, Sichuan Province, China. Journal of Southeast Asian Earth Sciences, 9(1－2): 181－192.

［12］ Dimitar Jurukovski. 1982. Experimental testing of materials. Elements and Components of Structures, university of "Kiril Metodij", Skopje.

［13］ D.N.Petley, F.Mantocani, M.H.Bulmer, A.Zannoni. 2005. The use of surface monitoring data for the interpretation of landslide movement patterns. Geomorphology, 66: 133−147.

[14] Harris N. 2007. Channel flow and the Himalayan−Tibetan orogen: a critical review. Journal of the Global Society, 164(3): 511−523.

[15] Helmut Krawinkler. 1982. Dynamic Modeling of concrete structure. Harry G. Harris Editor ACI Publication.Hui−ping Zhang, Peizhen Zhang, Eric Kirby et al. 2011.

[16] Along−strike topographic variation of the Longmen Shan and its significance for landscape evolution long the eastern Tibetan Plateau. Journal of Asian Earth Sciences, 40: 855−864.

[17] J.Zvelebil & M. Moser. 2001. Monitoring based time−prediction of rock falls: three case−histories. Phys. Chem. Earth, 26(20): 159−167.

[18] Kane W F, Beck T J. 1999. Advance in slope instrumentation: TDR and remote data acquisition systems. Field measurements in Geomechanics. Singapore: A.A.Ball, ema. 101−115.

[19] Kirby E, Whipple K X, Tang W. 2003. Distribution of active rock uplift along the eastern margin of the Tibetan Plateau: inferences from bedrock channel longitudinal profiles. Journal of Geophysical Research, 108(B4): 2217.

[20] Kirby E, Whipple K X. 2001. Quantifying differential rock−uplift rates via stream profile analysis. Geology, 29(5): 415−418.

[21] Li S J, Feng X T, Wu W P. 2003. Long−term monitoring and dynamic remedial measles in a large sere landslide. Proceedings of International Conference on Slope Engineering. Hong Kong: Department of Civil Engineering. The University of Hong Kong, 262−267.

[22] Meng Q R, Wang E, Hu J M. 2005. Mesozoic sedimentary evolution of northwest Sichuan Basin: implications for continued clockwise rotation of the South China Block. Geologic Society of American Bulletin.

[23] Meng Q R, Zhang G R. 1999. Timing of collision of North and South China blocks: controversy and reconciliation. Geology.

[24] Molnar P, Lyon−Caen H. 1989. Fault plane solutions of earthquakes and active tectonics of the Tibetan Plateau and its margins, Geophys.J. Int., 99:123−153.

[25] Shefa Chen & C.J.L. Wilson. 1996. Emplacement of the Longmen Shan Thrust−Nappe Belt along the eastern margin of the Tibetan Plateau. Journal of Structural Geology, 18(4): 413−430.

[26] Snyder N, Whipple K X, Tucher G, Merritts D J. 2000. Landscape response to tectonic forcing: digital elevation model analysis of stream profiles in the Mendoeine triple junction region, northern California. Geological Society of America Bulletin, 112: 1250−1263.

[27] Toshitaa Kamai. 1998. Monitoring the process of ground failure in repeated landslides and associated stability assessments. Engineering Geology, 50: 71−84.

[28] Wobus C, Whipple K X, Kirby E, Snyder N, Johnson J, Spyropolou K, Crosby B, Sheehan D. 2006.

Tectonics from topography: procedures, promise. Tectonics, Climate, and Landscape Evolution: Geological Society of America Special Paper 398, Penrose conference Series, 55-74.

［29］ Y. C. Han, M. Novak. 1988. Dynamic behavior of single piles under strong harmonic excitation. Journal of Canadian Geotechnical, 25(3): 523-534.

［30］ 工程地质手册编委会. 工程地质手册（第四版）. 北京：中国建筑工业出版社，2007.

［31］ 国家标准. 滑坡防治工程勘察规范（GB/T 32864—2016）. 北京：中国标准出版社，2016.

［32］ 国家标准. 岩土工程勘察规范（GB 50021—2001）. 北京：中国建筑工业出版社，2009.

［33］ 中国地震局监测预报司. 实用数字地震分析. 北京：地震出版社，2009.

［34］ 曹伯勋. 地貌学与第四纪地貌学. 武汉：中国地质大学出版社，1995，1-15.

［35］ 唐辉明. 工程地质学基础. 武汉：中国地质大学出版社，2007.

［36］ 行业标准. 滑坡防治工程设计与施工技术规范（DZ/T 0219—2006）. 北京：中国标准出版社，2006.

［37］ 尚彦军，王思敬，岳中琦. 全风化花岗岩孔径分布－颗粒组成－矿物成分变化特征及指标相关性分析. 岩土力学，2004，（10）：1545-1550.

［38］ 陈宗基. 固结及次时间效应的单向问题. 土木工程学报，1958，（1）：1-10.

［39］ 刘树根. 龙门山冲断带与川西前陆盆地形成演化. 成都：成都科技大学出版社，1993，17～117.

［40］ 许志琴. 中国松潘－甘孜造山带的造山过程. 北京：地质出版社，1992，1～190.

［41］ 孟庆任，渠洪杰，胡健民. 西秦岭和松潘地体三叠系深水沉积. 中国科学，2007.

［42］ 曾华霖. 重力场与重力勘探. 北京：地质出版社，2005，189-234.

［43］ 熊斌辉. 下扬子地台油气勘探前景和方向. 中国海上油气地质，1998，12（5）.

［44］ 谢富仁，崔效锋，赵建涛. 全球应力场与构造分析. 地学前缘，2003，10（特刊）：22～30.

［45］ 肖富森，李政文，张华军，等. 龙门山构造带北段地震、地质综合解释. 地质与勘探，2005，25（5）：37-39.

［46］ 江在森，方颖，武艳强，王敏，杜方，平建军. 汶川 8.0 级地震前区域地壳运动与变形动态过程. 地球物理学报，2009，52（2）.

［47］ 江在森，杨国华，王敏，等. 中国大陆地壳运动与强震关系研究. 大地测量与地球动力学，2006，26（3）：1-9.

［48］ 孟文,陈群策,吴满路,等. 龙门山断裂带现今构造应力场特征及分段性研究. 地球物理学进展，2013，28（3）：1150-1160.

［49］ 邓起东，陈社发，赵小麟. 龙门山中段推覆构造带及相关构造的演化历史和变形机制（一）. 地震地质，1994，16（4）：404-412.

［50］ 亓亮. 西秦岭中新生代的造山作用及隆升. 中国地质大学（北京），2007.

［51］ 刘护军. 秦岭新生代构造隆升研究. 陕西师范大学学报（自然科学版），2002，30（1）：121-

124.

[52] 谷德振. 论岩体工程地质力学的基本问题. 中国地质学会工程地质专业委员会, 全国首届工程地质学术会议论文选集, 中国地质学会工程地质专业委员会, 工程地质学报编辑部, 1979, 8.

[53] 张国伟, 张本仁, 袁学诚, 等. 秦岭造山带与大陆动力学. 北京: 科学出版社, 2001.

[54] 车自成. 中国及邻区区域大地构造学 (第三版). 北京: 科学出版社, 2016.

[55] 周荣军, 马声浩. 甘孜－玉树断裂带的晚第四纪活动特征. 中国地震, 1996, (3): 250-260.

[56] 易桂喜, 闻学泽. 四川地区强震地震学短期预报指标及其预测效能的初步研究. 地震研究, 2003, (S1): 25-32.

[57] 金文正, 汤良杰, 杨克明, 等. 川西龙门山褶皱冲断带分带性变形特征. 地质学报, 2007, 81 (8): 1073-1080.

[58] 钱洪. 鲜水河断裂带的断错地貌及其地震学意义. 地震地质, 1989, (04): 43-49.

[59] 闻学泽. 鲜水河断裂带未来三十年内地震复发的条件概率. 中国地震, 1990, (04): 10-18.

[60] 李天袑, 杜其方, 游泽李, 等. 鲜水河活动断裂带及强震危险性评估. 成都: 成都地图出版社, 1997.

[61] 周荣军, 蒲晓虹, 何玉林, 等. 四川岷江断裂带北段的新活动、岷山断块的隆起及其与地震活动的关系. 地震地质, 2000, 22 (3): 285-294.

[62] 崔政权, 李宁. 边坡工程－理论与实践最新发展. 北京: 中国水利水电出版社, 1999.

[63] 邓起东, 于贵军, 叶文华. 地震地表破裂参数与震级关系研究, 活动断裂研究理论与应用 (2). 北京: 地震出版社, 1992.

[64] 边兆祥, 朱夔玉, 金以钟, 等. 四川龙门山印支期构造发展特征. 四川地质学报, 1980. 1: 1-10.

[65] 陈智梁, 刘宇平, 唐文清, 等. 青藏高原东北缘大陆岩石圈现今变形和位移. 地质通报, 2006, 25 (1-2): 20-28.

[66] 赵小麟, 邓起东, 陈社发. 岷山隆起的构造地貌学研究. 地震地质, 16 (4): 429-439.

[67] 代建全. 四川省青川断裂的特征及形成的物理条件. 四川地质学报, 1992, 12.

[68] 葛晓光, 等. 矿区大型断层碎屑分维及其水文地质工程地质意义. 合肥工业大学学报 (自然科学版), 2010, 33: 1558-1562.

[69] 李海兵, 司家亮, 付小方, 邱祝礼, 李宁. 2008年汶川地震同震滑移特征、最大滑移量及构造意义. 第四纪研究, 2009, 3 (3): 387-402.

[70] 李细光, 等. 三峡九湾溪断裂带断层泥的特征及分段研究. 地学前缘, 2003, 10: 356-371.

[71] 林茂炳, 等. 四川龙门山造山带造山模式研究. 成都: 成都科技大学出版社, 1996.

[72] 刘玉海. 活断层工程地质分类及其评价. 西安地质学院学报, 1987, 9: 40-47.

[73] 罗志立, 赵锡奎, 刘树根, 等. 龙门山造山带的崛起和四川盆地的形成与演化. 成都: 成都科技大学出版社, 1994.

［74］ 王恭先. 滑坡防治中的关键技术及其处理方法. 岩石力学与工程学报，2005，24（21）：3818-
3827.

［75］ 王士天，等. 龙门山北段及其邻近区域的地应力场和现代构造活动的基本特征. 构造地质论丛，
第 4 集，1988.

［76］ 吴珍汉，张作辰. 四川汶川 Ms 8.0 级地震的地表变形与同震位移. 地质通报，2008，27：
2067-2075.

［77］ 于苏俊. 四川龙门山北段推覆构造的厘定. 四川地质学报，1989，9：11-20.

［78］ 赵友年，赖样福，余如龙. 龙门山推覆构造初析. 石油与天然气地质，1985，6（4）：359-368.

［79］ 周济元. 论龙门山地区构造体系的演变及其形成机制. 中国区域地质，1987，（4）：341-349.

［80］ 李勇，周荣军，Densmore A L，等. 青藏高原东缘大陆动力学过程与地质响应. 北京：地质
出版社，2006.

［81］ 赵国华，李勇，等. 龙门山中段山前河流 Hack 剖面和面积 - 高程积分的构造地貌研究. 第四
纪研究，2013.

［82］ 李奋生，赵国华，等. 龙门山地区水系发育特征及其对青藏高原东缘隆升的指示. 地质论评，
2015.

［83］ 陈国光，计凤桔，周荣军，等. 龙门山断裂带晚第四纪活动性分段的初步研究. 地震地质，
2007，29（3）：657-673.

［84］ 李奋生，李勇，颜照坤，闫亮，赵国华，马超. 构造、地貌和气候对汶川地震同震及震后地
质灾害的控制作用—以龙门山北段通口河流域为例. 自然杂志，2012，（4）：216-218.

［85］ 姜德义，朱合华，杜云贵. 边坡稳定性分析与滑坡防治. 重庆大学出版社，2005.

［86］ 唐然. 监测技术及其在滑坡防治过程中的应用研究. 成都理工大学，2007.

［87］ 唐然，于宁，唐晓玲，等. 丹巴县城后山滑坡应急加固深部位移监测成果. 四川地质学报，
2014，34（3）：443-446.

［88］ 王恭先，徐峻龄，刘光代，李传珠. 滑坡学与滑坡防治技术. 北京：中国铁道出版社，2004.

［89］ 张倬元，王士天，王兰生. 工程地质分析原理（第三版）. 北京：地质出版社，2009.

［90］ 黄润秋，张倬元，王士天. 当前环境工程地质领域的几个主要问题及研究对策. 工程地质学报，
1996，4（3）：10-16.

［91］ 黄润秋，等. 边坡块体稳定性分析系统用户手册. 成都理工学院工程地质研究所，1998.

［92］ 许强，黄润秋，李秀珍. 滑坡时间预测预报研究进展. 地球科学进展，2004，19（3）：478-
483.

［93］ 中国地质调查局. 地质灾害调查与监测技术方法论文集. 中国大地出版社，2005.

［94］ 董文文，朱鸿鹄，孙义杰，施斌. 边坡变形监测技术现状及新进展. 工程地质学报，2016，
24（6）：1088-1095.

［95］ 彭欢，黄帮芝，杨永. 滑坡监测技术方法研究. 资源环境与工程，2012，26（1）：45-50.

［96］ 陈云敏，陈赟，陈仁朋，等. 滑坡监测 TDR 技术的试验研究. 岩石力学与工程学报，2004，23（16）：2748-2755.

［97］ 范青松，汤翠莲，陈于，等. GPS 与 InSAR 技术在滑坡监测中的应用研究. 测绘科学，2006，31（5）：60-62.

［98］ 赵志峰. 基于位移监测信息的岩石高边坡安全评价理论和方法研究. 河海大学，2007.

［99］ 刘立平，姜德义，郑硕才，等. 边坡稳定性分析方法的最新进展. 重庆大学学报（自然科学版），2000，23（3）：115-118.

［100］ 蔡路军，马建军，周余奎，等. 岩质高边坡稳定性变形监测及应用. 金属矿山，2005，（8）：46-48.

［101］ 张洪林，扬柯. 边坡工程监测资料的稳定性判断和利用. 岩石力学与工程学报，2000，19（增刊）：1136-1140.

［102］ 陈志波，简文斌. 位移监测在边坡治理工程中的应用. 岩土力学，2005，26（增刊）：306-309.

［103］ 王尚庆，徐进军. 滑坡灾害短期临滑预报监测新途径研究. 灾害与防治工程，2006，（2）：1-5.

［104］ 陈竹新，等. 龙门山冲断带北段前锋带新生代构造变形. 地质学报，2008，82：1178-1185.

［105］ 邓龙胜，等. 倾滑断层对公路的致灾机理分析. 安全与环境学报，2009，9：126-131.

［106］ 樊春，王二七，王刚，等. 龙门山断裂带北段晚新近纪以来的右行走滑运动及其构造变换研究 - 以青川断裂为例. 地质科学，2008，43（3）：417-433.

［107］ 刘侠，等. GPS 结果揭示的龙门山断裂带现今形变与受力. 地球物理学报，2014，57（4）：1091-1099.

［108］ 刘玉海. 活断层工程地质分类及其评价. 西安地质学院学报，1987，9：40-47.

［109］ 孙广忠. 孙广忠地质工程文选. 北京：兵器工业出版社，1997.

［110］ 孙玉科，姚宝魁，许兵. 矿山边坡稳定性研究的回顾与展望. 工程地质学报，1998，6（4）：305-311.

［111］ 唐红涛，等. 近年来龙门山断裂 GPS 剖面变形与应变积累分析. 地震研究，2014，37（3）：373-378.

［112］ 唐胜传，柴贺军，冯文凯. 三峡库区岸坡类型划分. 公路交通技，2005，（5）：37-39.

［113］ 唐荣昌，等. 四川活动断裂与地震. 北京：地震出版社.

［114］ 王金琪. 安县构造运动. 石油与天然气地质，1990，11（3）：223-234.

［115］ 王士天，等. 龙门山北段及其邻近区域的地应力场和现代构造活动的基本特征. 构造地质论丛，1988.

［116］ 文德华. 龙门山北段断裂活动特征. 四川地震，1994，（1）：53-57.

［117］ 吴碧军，唐义彬. 苍岭隧道断裂破碎带工程地质特征与围岩失稳特点. 石家庄铁道学院学报，

2006，19：118-121.

[118] 巫德斌，徐卫亚. 岩石边坡力学参数取值的 GSMR 法. 岩土力学，2005，26（9）：1421-1426.

[119] 吴珍汉，张作辰. 四川汶川 Ms 8.0 级地震的地表变形与同震位移. 地质通报，2008，27：2067-2075.

[120] 肖富森，等. 龙门山构造带北段地震、地质综合解释. 天然气工业，2005，25（5）：37-39.

[121] 肖建勋，程远帆，王利丰. 岩体结构面连通率研究进展及应用. 地下空间与工程学报. 2006，2（2）：325-334.

[122] 杨晓平，冯希杰，戈天勇，等. 龙门山断裂带北段第四纪活动的地质地貌证据. 地震地质，2008，30：644-657.

[123] 周济元，黄丁发，廖华，等. 基于 GPS 的四川地区现时地壳形变分析. 测绘科学，2008，33（6）：30-32.

[124] 周建文，曾庆，徐世琦，等. 龙门山北段推覆构造带变形特征研究. 天然气工业，2005，25（增刊）：66-71.

[125] 曲宏略，张建经. 桩板式抗滑挡墙地震响应的振动台试验研究. 岩土力学，2013，34（3）：743-749.

[126] 曲宏略，张建经，王富江. 预应力锚索桩板墙地震响应的振动台试验研究. 岩土工程学报，2013，35（2）：313-320.

[127] 杨长卫，张建经. 高山河谷场地地震动响应研究. 岩石力学与工程学报，2013，32（7）：1-9.

[128] 刘小生，王钟宁，汪小刚，等. 面板坝大型振动台模型试验与动力分析. 北京：中国水利水电出版社，2005.

[129] 范刚，张建经，付晓. 含泥化夹层顺层和反倾岩质边坡动力响应差异性研究. 岩土工程学报，2015，37（4）：692-699.

[130] 张建经，范刚，王志佳，张明，彭盛恩. 小角度成层倾斜场地动力响应分析的大型振动台试验研究. 岩土力学，2015，36（3）：617-624.

[131] 张建经，廖蔚茗，欧阳芳，曲宏略，谈一平. 重复荷载作用下岩锚体系力学特性和黏结性能的试验研究. 岩石力学与工程学报，2013，32（4）：829-834.

[132] 董金玉，杨国香，伍法权，祁生文. 地震作用下顺层岩质边坡动力响应和破坏模式大型振动台试验研究. 中国岩石力学与工程学会岩石动力学专委会，2011.

[133] 许强，刘汉香，邹威，范宣梅，陈建君. 斜坡加速度动力响应特性的大型振动台试验研究. 岩石力学与工程学报，2010，12：2420-2428.

[134] 冯春，李世海，王杰. 基于 CDEM 的顺层边坡地震稳定性分析方法研究. 岩土工程学报，2012，04：717-724.

[135] 成永刚. 长晋高速公路 K28～K32 顺层岩质滑坡研究. 西南交通大学，2004.

[136] 陈志坚. 层状岩质边坡工程安全监控建模理论及关键技术研究. 河海大学，2001.

［137］ 杨俊杰. 相似理论与结构模型试验. 武汉：武汉理工大学出版社，2005.

［138］ 林皋. 研究拱坝震动的模型相似律. 水利学报，1958，（1）：79-104.

［139］ 林皋，朱彤，林蓓. 结构动力模型试验的相似技巧. 大连理工大学学报，2000，409（1）：1-8.

［140］ 吕西林，程海波. 钢筋混凝土框架结构的动力相似关系研究. 地震工程与工程振动，1997，17（1）：162-170.

［141］ 吕西林，陈跃庆. 结构—地基相互作用体系的动力相似关系研究. 地震工程与工程振动，2001，21（3）：85-92.

［142］ 张敏政. 地震模拟试验中相似律应用的若干问题. 地震工程与工程振动，1997，7（2）：52-58.

［143］ 江宏. 振动台模型试验相似关系若干问题研究. 武汉理工大学，2008.

［144］ 尚守平，刘方成，卢华喜，杜运兴. 振动台试验模型地基土的设计与试验研究. 地震工程与工程振动，2006，4：199-204.

［145］ 姜忻良，徐炳伟，李竹. 土-桩-结构振动台模型试验相似理论及其实施. 振动工程学报，2010，2：225-229.

［146］ 王志佳，张建经，闫孔明，吴金标，邓小宁. 考虑动本构关系相似的模型土设计及相似判定体系研究. 岩土力学，2015，05：1328-1332.

［147］ 范晓军，宋东升. 大连开发区大小窑湾港址区域及场地稳定性研究. 防灾减灾学报，2010，01：12-18.

［148］ 陈福恩，陈庆丰，王凯，何芳军，李剑锋，张海，杨万喜. 对铁路客运专线穿越采空区场地的稳定性检算分析. 化工矿产地质，2010，01：61-64.

［149］ 赵殿有，陆清有. 青海玉树藏娘佛塔震后场地稳定性的研究. 中国勘察设计，2011，4：66-69.

［150］ 彭柏兴，刘颖炯. 长沙市委、市政府大楼工程场地稳定性研究. 城市勘测，1996，03：3-8.

［151］ 郭书泰. 某电视发射塔工程场地稳定性评价. 工程勘察，1995，06：15-16.

［152］ 崔振华，陈建强，杨建元，张科. 宁海"十里红妆"博物馆拟建场地稳定性评价. 安全与环境工程，2012，4：12-16.

［153］ 邓学晶. 城市垃圾填埋场振动台模型试验与地震稳定性分析方法研究. 大连理工大学，2007.